생애주기영양학

정지영 · 최향숙 · 이정실 · 김소영 · 박혜진 · 김미옥 공지

光 文 閣

머리말

현대는 급속한 경제발전과 산업화로 세계 여러 나라와의 문화 및 경제 교류가 활발해지면서 식생활의 서구화 시대를 맞이하였다. 또한, 저출산 및 고령화 시대로 진입하면서 생애주기별 질병의 양상 및 건강에 대한 기준도 변화를 맞고 있다. 따라서 새로운 시대 환경과 식생활의 패턴 변화로 각종 질병 및 인구 구성 변화에 대비하기 위여 생애주기영양학의 중요성이 강조되고 있는 시점이다.

과거에는 영양 결핍 해결이 영양학 분야의 주요 관심이었으나, 현재는 영양 과잉을 예방하고 생활습관으로 유발되는 여러 만성 질환을 예방하기 위한 영양 지식이 생애주기별로 강조되고 있다. 인간은 임신을 시작으로 다양한 생애주기를 거치면서 성장과 발달, 그리고 노화가 일어난다. 이와 같이 인체 내에서 일생 동안 일어나는 생물학적 변화는 매우 역동적이며 생애주기마다 특성이 뚜렷하다. 인체는 생애주기마다 성장 속도에 차이가 있으며, 성장하는 조직과 기관이 다르다. 이와 같이 생애주기별로 성장의 속도와 양상이 다르며 신체를 구성하고 있는 성분이 다르므로 각 생애주기에 따라 체내 영양 필요량이 달라진다. 그러므로 시기별로 적절한 영양 공급이 필요하게 된다.

생애주기영양학이란, 인간이 건강을 유지하고 증진시키기 위해 임신기, 수유기, 영아기, 유아기, 아동기, 청소년기, 성인기 및 노인기의 영양학적 이론과 영양관리를 다루는 학문이다. 그러므로 생애주기별로 적절한 영양소를 균형 있게 섭취하여 태아기부터 청소년기까지는 최적의 성장 및 발달을 유도하고, 성인기와 노인기는 질병이 없는 건강한 삶을 영위할 수 있도록 영양의 중요성을 다루는 분야라고 할 수 있다.

이 책에서는 모성 영양, 성장 영양, 성인 영양으로 나누어 각 생애주기별 영양의 중요성, 영양문제 및 식생활 지도에 관해 다루었고, 특수 환경과 영양 단원에서는 운동과 영양 및 스트레스와 영양에 관해 다룸으로써 현대인의 관심이 증가되고 있는 운동에 따른 영양관리와 실생활에서 직면하고 있는 스트레스에 대처하기 위한 영양에 관한 문제까지 다룸으로써 다른 교재와의 차별화를 시도하였다.

이 책이 식품영양학을 전공하는 학생들과 보건학, 간호학, 아동학, 보육학, 가정학, 운동영양학 등 다양한 분야에서 생애주기별 영양 문제에 관심을 갖고 계시는 분들께 미흡하나마 도움이 될 것을 기대하며, 이 책이 나오기까지 많은 정성과 노고를 아끼지 않으신 광문각출판사 박정태 사장님을 비롯하여 임직원들께 심심한 사의를 표한다.

2012년 2월
저자 일동

목차

CHAPTER 01 생애주기영양학의 의의와 중요성

CHAPTER 02 임신기 영양

CHAPTER 03 수유부 영양

CHAPTER 04 영아기 영양

CHAPTER 09 노인기 영양

CHAPTER 10 운동과 영양

CHAPTER 11 스트레스와 영양

CHAPTER

01

생애주기영양학의 의의와 중요성

1. 생애주기영양학의 의의
2. 생애주기영양학의 중요성
3. 생애주기별 영양적 특징 개요

CHAPTER

01

생애주기영양학의 의의와 중요성

1. 생애주기영양학의 의의

영양학은 근본적으로 인간이 생명을 유지하는 데 필요한 물질, 즉 영양소의 섭취, 소화 및 대사 등을 다루는 학문 분야이다. 생애주기영양학은 이러한 영양학의 내용을 생애주기별로 세분화하여 탐구하는 영역이다. 따라서 생애주기영양학이란 인간이 건강을 유지하고 증진시키기 위해 수태에서 사망에 이르기까지의 단계별, 즉 임신기, 수유기, 영아기, 유아기, 아동기, 청소년기, 성인기와 노인기의 생리학, 생화학, 영양학적인 이론과 영양관리를 다루는 학문이다.

인간은 생애주기별로 성장의 속도와 양상이 다르며 신체를 구성하고 있는 성분이 다르므로 각 생애주기에 따라 인체의 대사에 차이가 있고 영양필요량도 다르다. 그러므로 생애주기영양학의 의의는 생애주기별로 적절한 영양소를 균형 있게 섭취하여 각 생애주기별로 건강한 삶을 지낼 수 있도록 영양의 역할 및 중요성을 이해하고 적용하는 데 있다.

2. 생애주기영양학의 중요성

인체는 생애주기마다 성장 속도에 차이가 있으며 성장하는 조직과 기관이 다르다.

이와 같이 생애주기별로 성장의 속도와 양상이 다르며 신체를 구성하고 있는 성분이 다르므로 각 생애주기에 따라 체내 영양필요량이 달라진다. 그러므로 시기별로 적절한 영양 공급이 필요하게 된다.

세포나 조직의 증식에 의해서 체위의 형태가 증대되는 변화를 성장 또는 발달이라 하는데, 영유아기의 특징은 육체적 정신적으로 빠른 속도로 성장 발육한다는 점이다. 사춘기의 특징으로는 육체적 정신적인 발달과 동시에 남녀별로 급격히 나타나는 성적 발달을 들 수 있다.

성장 발달 단계에 따라 신체의 변화 속도와 그에 따른 영양필요량도 다르게 나타난다. 세포의 분열과 분화로 모체 내에서 각 조직과 기관을 형성하며 빠르게 성장하는 태아기를 비롯해 출생 후 일정 기간 동안 모유 수유에 의존하다가 반 고형식과 고형식을 수용하게 되는 영아기, 점차 개체의 독립성을 나타내는 유아기와 아동기, 그리고 자아로서의 정체성을 형성하는 청소년기는 각각 그 특성이 뚜렷하다. 태아는 모체를 통해 영양소를 공급받아 대사를 영위하므로, 임신기 모체의 영양필요량은 자신의 평형유지량 이외에 태아의 성장 발달은 물론 임신으로 인해 새로이 형성되는 모체 조직의 형성에 필요한 양이 추가되어야 할 것이다. 수유기 모체는 평형유지량 이외에 모유 분비와 수유 활동에 필요한 양을 필요로 한다.

생애주기별로 인체의 생장 속도는 신체 기관에 따라서도 다르게 나타난다. 두뇌의 성장을 비교해 보면 생후 3세 정도에 두뇌의 80% 이상이 완성된다. 그만큼 지능 발달을 수반하는 두뇌의 성장은 생후 3~4세경에 거의 완성된다는 것을 알 수 있다. 생식기 계통은 13세 전후의 사춘기 이후부터 급격한 성장을 나타내고 있다. 따라서 급격한 성장 발달이 이루어지는 유아기(0~5세)를 제1차 성장급등기, 사춘기(13세 전후)를 제2차 성장급등기로 나눈다. 한편 성인기에 들어서면 성장을 위한 대사는 중지되나 최대 성장을 이룬 시점에서 획득한 각 기관의 조직과 기능을 유지하고자 하는 대사는 계속된다. 노인기에는 노화에 따른 생리기능의 저하를 보상할 수 있는 양이 고려되어야 한다.

3. 생애주기별 영양적 특징 개요

인간은 출생 후 1년의 급성장 단계에서 사춘기 전까지 완만한 성장을 보이다가 다시 사춘기에는 빠른 성장을 보여 이 시기를 제2의 성장기라고 한다. 그러므로 성장기의 영양은 최적 성장을 이루도록 하는 데에 초점을 맞추어야 한다.

인간을 비롯한 유기체는 성장 발달 단계에서는 물론 성장이 완료된 이후 유지 단계에서도 건강을 유지하고 장수를 누리는 데 있어서도 식이 섭취 및 영양 상태에 의존적이다. 유지 단계에서도 개체의 영양 상태가 신체 조직의 기능에 중요하게 영향을 미치기 때문이다. 그러므로 성인기 이후 양호한 영양 상태의 유지는 신체 기능의 저하를 가져오는 노화를 예방하는 데 있어 필수적인 전제 조건이다. 성장과 성숙이 정점을 이룬 이후, 어느 시점부터 노화가 시작되는지 분명하지 않으나, 노화의 개시 시기와 진행 속도는 개인마다 상당히 다르다.

따라서 생애주기별 영양적 필요를 고려하여 적절한 식생활 관리를 해야 함은 중요한 사실이다. 즉 영아기는 완전 영양식의 공급과 위생관리가 중요하며, 유아기는 식생활의 독립에, 아동기는 식생활과 환경과의 균형에, 청소년기는 식생활 습관 확립에, 성인기는 성인병 예방에, 노인기는 만성 질환 관리에 주안점을 두어야 할 것이다. 나라와 학자에 따라 다소 차이가 있지만, 이와 같은 성장 차이에 근거하여 전 생애주기를 다음 표와 같이 구분한다.

〈표 1-1〉 생애주기별 특징

생애주기	연 령	특 징
배아기	임신 전기	세포의 급속한 분열, 신체의 기관과 구조 형성
태아 전기	임신 중기	성장의 가속화, 신체 구조의 정교화, 초기 단계의 기능적 활동
태아 후기	임신 말기	신체질량의 급격한 증가, 출생 후 변화에 대한 준비기, 지방세포의 증가
	분만	개구, 만출, 후산기, 경련과 산소 결핍의 위험, 태반 기능의 종료
신생아기	출생~4주	환경에 대한 적응, 호흡 기능의 시작
영아기	4주~1세	급속한 성장과 발달, 신체 기능과 뇌 기능의 성숙
학령 전기	만 1~5세	성장 속도 완만, 신체 활동의 증가, 신체 기능의 숙련, 학습 능력의 발달
학령기	만 6~11세	지속적인 성장, 지적 발달
청소년기	남아 만 12~20세 여아 만 10~18세	성장의 가속화, 급격한 체중 증가, 성기관과 내분비 기관의 변화, 2차성징 발현, 최대 성장 속도를 보이다가 감퇴함, 급격한 근육 성장, 성기관의 성장과 기능의 성숙, 자아 신뢰와 독립성 요구
성인기	만 19~64세	형성된 신체 형태의 유지
노년기	만 65세 이상	신체적 능력과 건강의 쇠약, 노쇠 현상

《생애주기영양학》, 김정숙 외, 광문각, 2007

〈표 1-2〉 생애주기별 영양소 필요량

연령		체중 (kg)	신장 (cm)	에너지 (kcal)	단백질 (g)	비타민A (μg RE)	비타민D (μg)	비타민E (mg α-TE)	비타민C (mg)	비타민 B_1 (mg)	비타민 B_2 (mg)	니아신 (mg NE)	비타민 B_6 (mg)	엽산 (μg)	칼슘 (mg)	인 (mg)	철분 (mg)	아연 (mg)
영아	0~5 (개월)	6.5	61.9	600	9.5	350	5	3	35	0.2	0.3	2	0.1	65	200	100	0.26	1.73
	6~11 (개월)	9.1	72.3	730	13.5	400	5	4	45	0.3	0.4	3	0.3	80	300	300	7	2.5
소아	1~2(세)	12.2	85.9	1000	15	300	10	5	40	0.5	0.6	6	0.6	150	500	500	7	3
	3~5	16.3	102	1400	20	300	10	6	40	0.5	0.7	7	0.7	180	600	500	7	4
남자	6~8(세)	23.8	122	1600	1600	25	400	10	60	0.7	0.9	9	0.9	220	700	700	9	5
	9~11	34.5	138	1900	1900	35	550	10	70	0.9	1.1	12	1.1	300	800	1000	12	7
	12~14	49.6	159	2400	2400	50	700	10	100	1.2	1.5	15	1.5	360	1000	1000	12	8
	15~19	63.8	172	2700	2700	60	850	10	100	1.4	1.8	18	1.8	400	1000	1000	16	10
	20~29	65.8	173	2600	2600	55	750	5	100	1.2	1.5	16	1.5	400	700	700	10	10
	30~49	63.6	170	2400	2400	55	750	5	100	1.2	1.5	16	1.5	400	700	700	10	9
	50~64	60.6	166	2200	2200	50	700	10	100	1.2	1.5	16	1.5	400	700	700	10	9
	65~74	59.2	164	2000	2000	50	700	10	100	1.2	1.5	16	1.5	400	700	700	10	9
	75 이상	59.2	164	2000	2000	50	700	10	100	1.2	1.5	16	1.5	400	700	700	10	8
여자	6~8(세)	22.9	120	1500	25	400	10	7	60	0.6	0.7	9	0.8	220	700	600	9	5
	9~11	32.6	138	1700	35	500	10	9	70	0.8	0.9	10	1.0	300	800	900	12	7
	12~14	46.5	155	2000	45	650	10	10	90	1.0	1.2	13	1.4	360	900	900	12	7
	15~19	53.0	160	2000	45	700	10	10	100	1.0	1.2	13	1.4	400	900	800	16	9
	20~29	56.3	160	2100	45	650	5	10	100	1.1	1.2	14	1.4	400	700	700	14	8
	30~49	54.2	157	1900	45	650	5	10	100	1.1	1.2	14	1.4	400	700	700	14	8
	50~64	52.2	154	1800	45	600	10	10	100	1.1	1.2	14	1.4	400	800	700	9	8
	65~74	50.2	151	1600	45	600	10	10	100	1.1	1.2	14	1.4	400	800	700	9	7
	75 이상	50.2	151	1600	45	600	10	10	100	1.1	1.2	14	1.4	400	800	700	9	7
임산부			+0/3/40/450	+340	+25	+70	+5	+0	+10	+0.5	+0.4	+4	+0.8	+200	+300	+0	+10	+2.5
수유부				+320	+25	+500	+5	+3	+35	+0.4	+0.5	+4	+0.7	+150	+400	+0	+0	

〈표 1-3〉 한국인 영양섭취기준(에너지 적정 비율)

생애주기		1~2세	3~18세	19세 이상	비고
탄수화물		55~70%	55~70%	55~70%	
단백질		7~20%	7~20%	7~20%	
지질	총 지방	20~35%	15~30%	15~25%	
	n-6계 지방산	4~8%	4~8%	4~8%	
	n-3계 지방산	1% 내외	1% 내외	1% 내외	
	포화지방산*	-	-	4.5~7%	
	트랜스지방산*	-	-	1% 미만	
	콜레스테롤*	-	-	300mg/일 미만	목표섭취량

*1~2세, 3~18세 섭취기준을 설정할 과학적 근거가 부족함
〈한국영양학회, 한국인영양섭취기준위원회, 2010〉

1) 태아기

수태에서부터 출생까지의 기간을 의미한다. 수정란은 처음 며칠 동안은 난황낭에 저장된 영양분을 이용해 분열하지만, 착상 이후에는 태반을 통해 모체로부터 영양분을 얻어 성장 발달한다. 수정 후 60일까지의 배아기는 세포의 급격한 분열로 주요 조직과 기관이 형성되는 기간이다. 이 시기는 영양소의 양적 필요량은 매우 적지만 과잉이나 결핍에 매우 민감한 시기이다. 이후 태아기는 양적인 성장 속도가 빨라져서 영양필요량이 크게 증가한다. 모체는 임신 기간 식사를 통해 섭취한 영양소와 모체의 체내 저장분으로부터 동원한 영양소를 끊임없이 태아로 수송한다. 따라서 태아의 생화학적 환경은 전적으로 모체의 영양에 의존적이므로 모체 혈액에 여러 영양소의 항상성 유지가 중요하다.

2) 영아기

영아기는 출생 후 1년간으로 태아기 다음으로 성장 속도가 빠른 기간이며, 생애주기 중 식생활에 가장 많은 변화가 일어나는 시기라고 할 수 있다. 이 시기는 뇌세포를

포함한 신경세포의 분열이 활발하고 신경 조직의 구조가 복잡해지는 때다. 신경, 골격 및 근육의 발달로 앉고, 기고, 서고, 뛰는 등 운동 기능이 점차 발달함은 물론 운동 기술도 정교해진다. 생후 3개월이 되면 출생 시 체중의 약 2배가 되며, 그 후에는 체중의 증가 속도가 느려져서 생후 1년경에는 출생 시 체중의 약 3배에 불과하게 된다. 출생 시에는 머리 부분이 몸 전체에 비해 크다. 이 시기에는 두뇌와 신경 조직이 급격히 발달하므로 정상적인 두뇌 발달을 유지하기 위해서는 필요한 영양소를 충분히 섭취해야 한다.

3) 아동기

아동기는 6~11세로 초등학교에 재학하는 시기이나 생리적으로는 사춘기 이전까지로 정의된다. 신장과 체중이 점차 늘어나고 학교에서의 규칙적인 생활과 신체 활동량의 증가로 인해 영양필요량은 유아기에 비해 크다. 소화 흡수 능력이나 질병에 대한 저항력도 향상되는 시기이다. 이 시기는 운동 기능이 향상되고 지능과 자아 발달이 빠르게 일어남으로써 사회 규범과 문화의 기초를 습득하기도 한다. 특히 음식에 대한 기호, 식사 예절, 위생 습관 등이 형성되는 시기이므로 올바른 식생활 습관 형성을 위한 식사관리가 요구된다. 이 시기에 확립된 식생활 습관은 일생에 거쳐 영향을 미치게 되므로 올바른 식생활 습관 형성을 위한 영양교육이 강조되어야 한다.

4) 청소년기

사춘기에서 시작해 성인기에 들어서기까지의 기간, 즉 12세에서 19세까지의 기간이며, 청소년기는 신체적인 면뿐만 아니라 정신적 심리적, 그리고 사회적인 면에서도 큰 변화가 일어나는 시기다. 신체의 성장 속도가 사춘기 초기에 현저히 증가하면서 동시에 성 성숙이 일어난다. 사춘기의 시작은 개인마다 다르고 성장이 완료되는 시기도 다양해서 개인별로는 청소년기가 더 어린 나이에 시작되기도 하고 가끔은 더 늦은 나이까지 연장되기도 한다. 따라서 이 시기의 영양필요량은 다른 어느 시기보다 많다는 점과 함께 개인차가 심해서 평균을 논하기 어렵다는 특성을 보인다. 영양필요량은 체중보다 신장을 기준해 설정하는 것이 보다 타당하다고 본다.

청소년기는 신체적인 면뿐만 아니라 정신적, 심리적, 그리고 사회적인 면에서도 큰 변화가 일어나며, 자신의 체형에 대해 높은 관심을 보이게 된다. 청소년기는 자신의 체형에 대해 높은 관심을 보이는 시기이다. 최근의 사회적 경향이 지나치게 마른 체형을 선호하고 있어, 일부 청소년, 특히 여자의 경우 성장이나 성적 성숙에 필요한 영양필요량을 충족하지 못하기도 하며 거식증이나 폭식증 같은 섭식 장애 현상을 보이기도 한다. 이 시기에 영양이 부족하면 성장과 성숙이 지연될 뿐 아니라 건강한 사회인으로의 성장에 지장을 받게 된다.

5) 성인기

성장 · 발달이 완전히 끝나는 만 19세 이후부터 64세까지의 아주 넓은 기간을 의미한다. 성인기에 들어서면 성장 속도는 급격히 느려져 거의 멈춘다. 그러나 성숙 과정은 계속 진행된다. 성장이 완료된 후 상당한 기간 동안 신체 기능의 성숙이 계속되며 정신 기능의 성숙은 노인기에도 지속될 수 있다.

이 시기에는 나이가 들면서 체지방이 증가하는데 이는 다양한 질병의 원인이 될 수 있다. 즉 성인기에는 퇴행성 질환을 예방하기 위한 식생활의 실천이 중요하다. 또한, 여성의 경우에는 폐경이라는 큰 생리적 변화를 경험한다. 성인기는 정신적, 육체적으로 사회활동을 가장 왕성하게 하는 시기이므로 최적의 건강을 유지하기 위해 적절한 영양과 운동 관리가 필요하다.

6) 노인기

만 65세 이후의 기간을 의미하며, 노인기는 성숙이 정점을 이룬 후 점차 각 조직의 세포 수가 감소하면서 소화 흡수, 감각, 내분비, 면역 등 제반 신체 기능이 쇠퇴하는 시기이다. 이 시기에는 체중과 신장 및 신체 기능의 조절 능력, 기능적 예비 능력, 세포 수 등이 감소하고, 질병에 대한 감염도가 증가한다. 노화 과정 자체가 영양소의 소화 흡수 기능을 감소시키고, 소변을 통한 영양소의 배설을 증가시킬 수 있으며, 대사의 효율성을 저하시킬 수 있어 영양 불량을 일으키는 원인으로 작용한다. 이와 같은 신체적인 변화 외에도 외로움, 우울, 치아 결손, 만성질환 등으로 식욕이 감퇴하고 경제적인 어려움과 거동의 불편함으로 음식을 준비하기 어려우므로 이 시기의 영양 상태는 대체로 불량하며, 질병 이환율도 다른 시기에 비해 높다. 우리나라에서도 노년층 인구가 빨리 늘어나고 있어 노인 질병 발생률이 중요한 사회문제로 대두하고 있다. 건강한 식사와 생활습관은 노후에도 건강과 활력을 보장하는 데 크게 기여한다. 따라서 노인의 영양적 특성을 충분히 고려하고 질병 예방과 치료를 위한 영양 및 건강관리가 이루어져야 한다.

참고문헌

김정숙 · 김현오 · 이선희 · 정현숙 · 이혜 · 남정혜 · 이정실, 《생애주기영양학》, 광문각, 2007
이명천 · 김기진 · 김미혜 · 김영수 · 박현 · 이대택 · 조정호 · 차광석, 《운동영양학 길라잡이》, 라이프 사이언스, 2009
정현숙 · 민정기 · 허채옥 · 이난희 · 원선임 · 이경연, 《새로운 생애주기영양학》, 수학사, 2010
이현옥 · 오세인 · 조혜경 · 최미경 · 김미현, 《생애주기영양학》, 교문사, 2011
이연숙 · 임현숙 · 안홍석 · 장남수, 《생애주기영양학》, 교문사, 2011
구재옥 · 김정희 · 변기원 · 손정민 · 이정원 · 이종현 · 최영선, 《생활주기 영양학》, 파워북, 2011
김갑순 · 김영현 · 김현오 · 김현주 · 안창순 · 정현숙 · 한정순, 《생애주기영양학》, 지구문화사, 2009

CHAPTER

02

임신기 영양

1. 임신기 영양의 중요성
2. 임신 · 생리
3. 태아의 성장
4. 임산부의 질병과 식사관리
5. 임신에 영향을 미치는 요인
6. 임신부의 영양관리
7. 임신부의 영양 필요량

CHAPTER

02

임신기 영양

여성에게 있어 가족을 구성하게 되는 임신과 출산은 개인적으로 자신의 일생을 통해 가장 큰 변화이며 사회 구성원을 탄생시키는 깊은 의미가 있다. 현대는 취업 여성의 증가와 기혼 여성들의 일과 가정을 양립해야 하는 어려움 속에서 저출산 현상이 두드러져 사회적으로 해결해야 할 중요한 과제로 대두되고 있기도 하다. 또한, 여성들의 결혼과 취업모들의 원활한 임신과 육아를 돕는 사회적 요인과 자녀 양육에 따른 부모들의 부담을 줄여주는 방안 등이 시급하다. 이처럼 임신기는 임신부와 태아의 건강을 유지하고 증진시키는 것이 전 생애에 걸쳐 질적으로 높은 수준의 삶을 살아갈 수 있도록 전반적인 사회적 여건 조성이 마련되어야 하는 중요한 시기이다.

1. 임신기 영양의 중요성

임신기 영양은 임신부와 태아에게 충분한 열량과 영양을 보급하여 임신으로 인한 대사장애를 예방하면서 태아의 성장과 발육을 돕기 위하여 중요한 목표를 가지고 있다. 특히 임신기는 모체와 태아가 직접적으로 이뤄지기에 건강한 아기를 출산하려면 임신을 계획한 여성은 임신을 하기 전부터 여성의 완전한 영양 상태가 요구되는 중요한 시점이다. 여성은 임신 전부터 평소의 건강과 영양관리에 신중을 기해야 정상적인 태아 발육 및 순조로운 출산, 산욕, 그리고 풍부한 모유 수유를 가능하게 한다. 임신이 성립되면 태아의 성장 및 발육과 밀접하게 의존되어 임신부에게 충분한 영양소 제공이 중요한 요인이다. 태아는 모체의 융모 조직에 둘러싸여 자궁벽을 통해서 모체로부터 영양분을 전달받고 태아의 융모 조직에서 특별한 호르몬이 대량 분비되므로 모체에도 여러 가지 변화가 일어난다. 태아의 발육과 성숙에 필요한 영양분은 전부 모체로부터 받으며 신진대사의 결과에서 생긴 불필요한 물질은 모두 모체로 돌아가 배설된다. 임신부의 저영양 상태는 선천성 기형, 조산, 사산 등이 발생하기 쉽고 과잉영양의 경우는 태아에게 미치는 영향을 억제해서 영양 환경을 일정하게 유지하지만 극단적이고 만성화될 때는 태아에게 여러 가지 좋지 못한 영향을 주게 된다. 따라서 영양학적으로 모체와 태아가 대단히 밀접한 상관관계를 유지하고 있기에 임신부의 영양 상태가 태아에게 영향을 준다는 점에서 대단히 중요하다.

1) 여성의 특징

(1) 성호르몬

성호르몬은 생식에서 중추적인 역할을 담당하여 여성의 경우는 난소에서 여성호르몬을 분비하고 난자를 생산하고 남성의 경우는 정소에서 남성호르몬을 분비하고 정자를 생산한다. 난자와 정자는 난관 팽대부에서 수정을 통하여 수정란이 되며, 수정란은 여성의 자궁 내막에 착상되어 임신 기간을 거쳐 분만을 통하여 한 생명체가 탄생하게 된다. 이러한 생식 과정을 조정하고 성호르몬의 생산을 지시하는 것은 뇌하수체 전엽에서 분비되는 성선자극호르몬이다.

① 여성호르몬

여성호르몬인 에스트로겐과 프로게스테론은 난소에서 생산되는 호르몬으로서 자궁 점막과 유선의 발육, 여성의 2차 성징 발현, 성주기의 조절 및 임신 유지 등에 관여한다.

• 에스트로겐

에스트로겐은 난소의 여포에서 분비되어 난포를 자극하여 난자의 성숙을 촉진시키고 모든 생식 조직의 크기와 양을 증가시키는데 임신 기간에는 태반에서도 분비되고 정소에서도 소량이지만 분비된다. 에스트로겐은 자궁에 대하여 상피세포를 증식시켜 자궁의 크기를 크게 해주며 월경 후 탈락된 자궁내막 상피세포의 재생을 촉진한다. 또한, 배란을 촉진하고 자궁내막의 성장과 동시에 자궁근의 운동을 촉진하며, 자궁 내막 근육의 자발적 수축과 성욕을 촉진하기도 한다. 그뿐만 아니라 유선관의 발달을 촉진하여 유방의 발달을 도모하고 피하지방을 축적시켜 유방과 골반부를 크게 하며, 액모와 음모를 촉발시켜 사춘기의 일반적인 성장을 촉신한나.

• 프로게스테론

프로게스테론은 황체에서 분비되어 수정란이 자궁에 착상하여 발육될 수 있도록 임신의 성립과 그 상태를 유지해준다. 또한, 프로게스테론은 자궁점막에서 점액의 분비를 촉진하여 착상되기 쉬운 상태로 만들며, 자궁근의 운동을 억제하여 자궁을 안정시킴으로써 착상된 수정란을 유지 · 보호한다. 착상 후에는 수정란에 영양을 공급하기 위해 자궁내막 조직을 조성한다. 그리고 프로게스테론은 배란을 억제하며 임신이 끝날 때까지 계속 분비되지만 수정이 이루어지지 않았을 때에는 그 분비가 갑자기 감소하고 월경이 시작된다. 만일 임신부에게서 프로게스테론의 분비가 결핍되면 조산아를 분만할 위험이 따른다.

② 남성호르몬

남자는 출생 후 사춘기 이전까지는 정소의 활동이 거의 없으나 사춘기에 이르면 남성호르몬인 테스토스테론이 분비되면서 남성의 제2차 성징이 발현된다. 또한, 남성으로서의 생식기관 발육이 두드러지고 정자의 생성을 촉진하며 성욕을 증진시킨다. 더욱이 체내에서 단백질 합성을 촉진하여 근육의 발달이 왕성하게 되어 성장과 발육을 촉진시킨다.

(2) 배란 및 월경

① 배란

난소에서 난자가 성숙 분열을 완료하였을 때 난자가 난소로부터 배출되는 현상을 배란이라고 한다. 사람의 성주기는 대부분 28일로 배란기는 그 중간인 14~15일에 해당되며, 배란은 28일 간격으로 양측 난소에서 교대로 일어나는 것을 배란주기라고 한다. 배란의 과정은 뇌하수체전엽에서 난포자극호르몬이 분비되고 난소 속에서 난포가 발달하며 그 속의 난포 세포가 성숙해 간다. 이때 에스트로겐이 분비되고 뇌하수체로 하여금 황체 형성 호르몬을 분비하게 하여 난포가 깨뜨려지면서 배란을 일으킨다〈그림 2-1〉. 또한, 배란 기간에 기초 체온의 변화가 일어나는데, 배란 전까지 36.5℃를 유지하다가 배란이 되면서 기초 체온이 0.3~0.5℃ 가량 상승하기 때문에 배란 시기를 알기 위해서 여성은 아침에 일어나기 전 안정된 상태에서 체온을 측정하기도 한다.

② 월경

월경이란 난소로부터 배출된 난자가 정자와 만나서 수정을 못할 때 황체는 퇴행되어 황체호르몬의 분비가 중단되고 자궁내막이 떨어지게 되는 현상을 말한다. 성숙기의 여성이 24~35일간의 비교적 규칙적인 간격으로 3~5일 동안 자궁내막의 상피층이 탈락됨으로써 출혈되는 현상이며, 출혈량은 개인 차이는 있으나 약 20~200mL로 혈액 외에 탈락된 점막 상피, 점액, 외음 피지선으로부터 분비된 분비물이 포함된다. 월경 2~3일 전부터 자궁내막이 수축되므로 자궁내막은 국소 빈혈을 일으키면서 서서히 월경 출혈이 시작된다〈그림 2-1〉.

2) 임신

임신이란 배란된 난자와 정자가 결합되어 수정란이 된 것이 모체 내의 자궁내막에 착상되어 새로운 생명체가 생김으로써 일어난다. 임신이 성립되는 과정은 정자가 자궁경관에 도달하고 30분 후에는 자궁강에 이르러 배란된 난자는 난관벽의 운동과 섬모상피 세포의 운동으로 수동적으로 난관으로 이동된다. 난관 내에서 정자가 난자 세포 속으로 들어가 결합하여 수정이 되면서 세포 분열을 할 수 있는 수정란이 된다. 수정란은 난관 내 섬모운동과 난관의 수축 작용으로 약 6일 후에 자궁 내에 도달한다. 수정란은 자궁내막에 단백질 분해효소인 트립신을 분비하여 자궁내막을 녹이고 자궁상피 안으로 침투하여 매몰되어 착상되는데, 착상은 수정란이 자궁내막에서 모체로부터 영양소를 흡수하기 시작하는 단계이다〈그림 2-2〉. 착상란은 크게 두 부분으로 나뉘어 자궁 안쪽을 향하는 부분은 후에 태아로 성장하고 자궁벽 쪽은 영양막 세포로 구성되어 자궁내막과 결합하여 태반을 형성한다. 그후 태반을 통해서 영양소를 공급받아 태아가 성장하게 되고 임신 280일경이면 출산하게 된다.

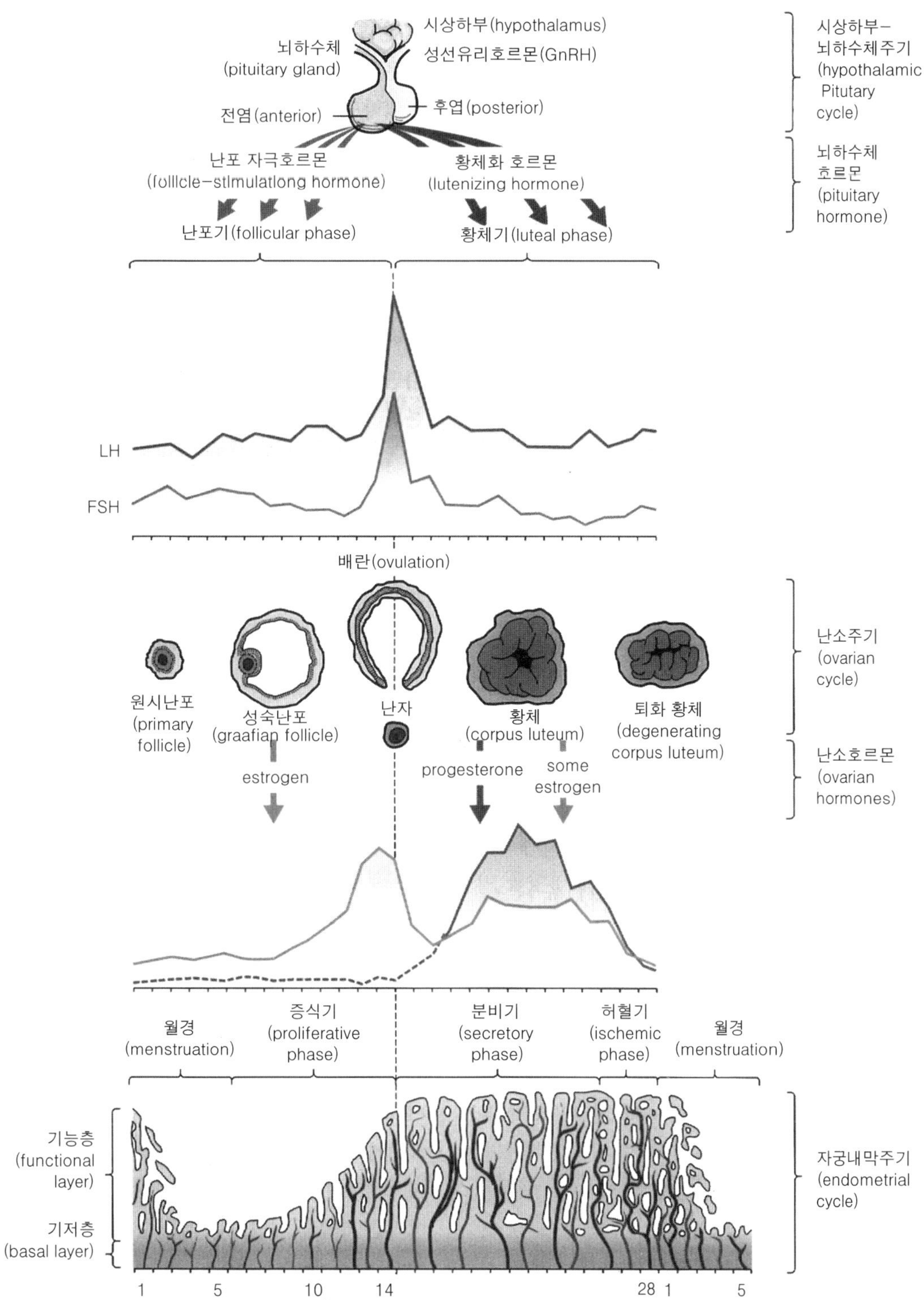

〈그림 2-1〉 여성의 월경주기와 호르몬 변화
〈Martini, F., Fundamentals of anatomy and physiology, Prentice-Hall Int., 1989〉

임신의 지속 일수는 최종 월경의 첫날부터 분만할 때까지의 일수로서 정상 임신의 경우는 280일(40주)이며, 한 달을 4주, 즉 한 달을 28일로 하면 10개월이 된다.

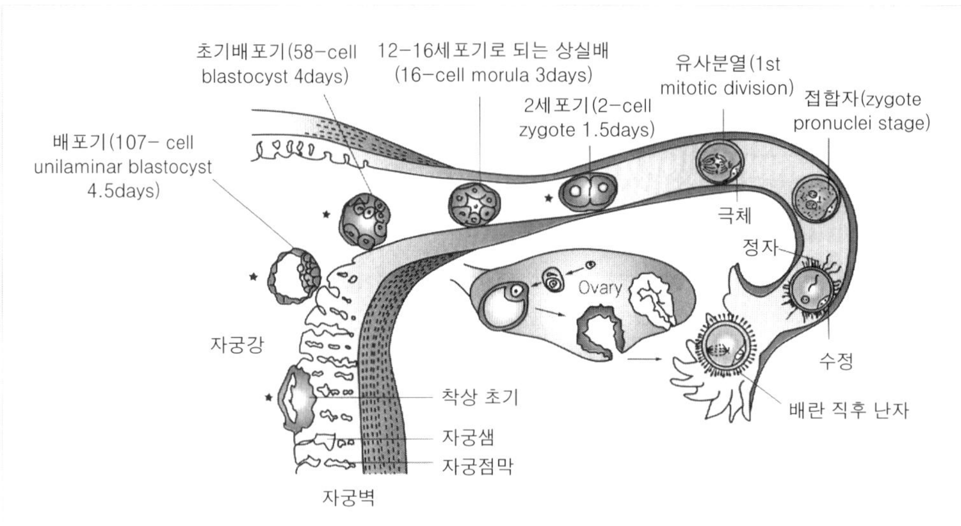

〈그림 2-2〉 배란에서 착상까지의 과정

〈Tuchmann-Duplessis et. al., Embryogenesis, 1972〉

3) 분만

분만은 만출력, 산도, 태아 및 부속물 등을 포함하여 지칭하며 태아 및 부속물이 모체 밖으로 분만 시 배출되는 힘을 만출력이라고 한다. 태아와 부속물이 모체 밖으로 배출되는 통로를 산도라고 한다.

4) 유즙 분비

여성은 사춘기에 이르면 에스트로겐과 프로게스테론에 의하여 유방이 발육하게 된다. 임신 기간 에스트로겐과 프로게스테론은 유선 상피 조직이 유즙 생산을 방해하고, 유즙의 분비를 촉진하는 프롤락틴의 기능을 억제하여 임신 중에는 유즙 분비가 억제된다. 그러나 출산 후에는 분만과 함께 태반이 밖으로 배출되어 혈중의 에스트로겐과 프로게스테론의 농도가 급격히 낮아지고 프롤락틴의 분비가 급격히 증가되면서 수유가 가능하게 된다.

5) 폐경

배란과 월경이 정지되는 시기를 폐경이라고 한다. 난소에 있던 원시 난포의 수가 점차 줄어들면서 폐경이 시작된다. 폐경기에는 에스트로젠과 프로게스테론의 혈중 농도가 감소하고 이러한 호르몬 분비의 변화는 자궁이나 유방의 크기를 축소시키고 자궁 내벽을 얇게 한다. 폐경은 일반적으로 50세를 전후하여 나타나지만 60세까지도 규칙적인 난소주기와 월경주기가 지속되는 경우도 있다.

2. 임신 · 생리

1) 체중 변화

임신기는 대부분의 체중 증가가 단백질 조직의 증대에서 비롯되는 성장의 시기로 정상적인 임신 유지 과정에서 체중의 증가는 태아와 모체 조직의 성장을 위해 대단히 중요하다. 임신 기간 중 임신부에 대한 체중관리의 근본적인 목적은 태아와 모체의 적절한 영양을 도모하는 데 있다. 일반적으로 약 9~13kg의 체중 증가가 바람직하지만 개인에 따라 차이가 많다. 임신부의 체중 증가량보다 체중 증가의 구성 내용과 체중 증가 속도가 실제로 더 중요하다. 체중 증가의 주요 구성 내용은 태아, 태반, 양수, 자궁 및 유선의 성장이며 나머지는 모체의 신체 조직 증대와 영양소 저장분의 증대로 이뤄진다. 임신부가 충분히 식품을 섭취한다면 임신 초기 3개월 말까지는 0.9~1.8kg의 체중이 증가하지만 그 이후부터는 1주일에 0.45kg 정도의 증가가 유지되어야 한다. 이 같은 정상적인 체중 변화가 이뤄지면 임신 말기에는 태아의 성장이 체중 증가의 가장 큰 부분을 차지하게 된다.

2) 혈액량과 혈액 구성 성분의 변화

혈장은 혈액의 액체 성분으로 임신 초기에 혈장량이 증가하기 시작하여 임신 말기가 되면 임신 전보다 약 50% 이상이 증가한다. 적혈구 생성은 임신기에 촉진되어 점차적으로 증가하지만 그 양이 혈장량의 증가만큼 크지는 않다. 또한, 임신 전에 비해 임신 시에는 적혈구 수, 헤마토크리크값, 혈색소량은 저하된다. 그리고 총 혈청 단백질은 임신 기간에 점차적으로 감소하다가 알부민의 급격한 저하로 농도가 감소한다. 이러한 혈청 알부민의 감소로 혈액의 교질 삼투압이 변화하여 혈장량의 확장이 수반되면 부종이 발생하게 된다.

3) 소화기계의 변화

임신기에는 식품에 대한 선택 기호도가 강해지고 체내 위, 장, 그리고 간 등의 소화기에 기능적 변화가 일어난다. 또한, 소화기관 평활근의 활동이 저하되면서 공복감이 지연되고 소량의 식사에도 포만감을 느낀다. 임신 후반기에는 특히 자궁이 커지면서 근육의 긴장이 약해지고 위와 장의 위치가 변화한다. 이때 입덧이 사라지면 식욕은 좋아지나 확대된 자궁의 압력이 하복부에 가해져 장의 활동이 다소 어렵게 되어 변비에 걸리기도 한다.

4) 순환기계의 변화

임신기에는 임신부와 태아 성장을 위해 충분한 영양소와 산소 공급이 필요하며, 심혈관계 기능이 증가하게 된다. 또한, 심장이 비대해지고 1분간의 심박출량이 증가하는 경향을 나타내며 하반신의 정맥은 확대되고 정맥류가 생기기 쉽다.

5) 비뇨기계의 변화

신체의 균형을 유지하기 위하여 포도당, 아미노산, 수용성비타민은 대부분 네프론에서 여과되고 세뇨관에서 재흡수된다. 그러나 임신기에는 신장을 관류하는 혈액의 유속과 네프론의 사구체 여과율이 상승하여 이러한 영양소가 상당량 소변에서 검출된다. 이러한 현상은 태아나 모체의 대사 산물인 크레아티닌, 요소 및 노폐물을 쉽게 제거하기 위한 것이다. 또한, 임신기에는 신장 기능이 항진되어 방광염, 신우염에 걸리기 쉽다.

6) 피부의 변화

임신 후반기 동안 부신피질자극호르몬의 작용에 의해 임신선이 생기고 색소침착이 증가하고 정맥이 노장하고 정맥류가 생긴다.

7) 유방의 변화

임신이 성립되면 에스트로겐과 프로게스테론의 영향을 받아서 유방의 발육이 계속 증대한다. 유륜과 유두는 비대해지고 갈색으로 착색되며 혈액 공급의 증가로 피하의 혈관이 확장된다. 유선 발달이 완료되더라도 에스트로겐과 프로게스테론의 분비가 저하될 때까지 유즙 분비는 억제된다.

8) 자궁의 변화

임신은 수정란의 착상과 동시에 월경이 정지되며 자궁은 에스트로겐과 프로게스테론의 분비로 비대해지면서 무게, 모양, 위치에 변화가 온다. 자궁 근육벽은 강해지고 탄력성이 있게 되며 임신 과정이 진행될수록 자궁벽도 더욱 두꺼워진다. 자궁의 비대로 위장관이 압박을 받아 연동운동을 방해하여 변비 증세를 나타내거나 방관의 압박을 받기도 한다.

3. 태아의 성장

태아의 성장과 발달은 모체의 영양 상태가 중요한 영향을 미친다. 태아의 성장 속도는 일생 중 가장 빠르고 태아의 발달은 수정란에서 점차 분화되어 조직과 기관이 생기면서 신체 기능이 발달하게 된다. 수정 후 2주 정도가 지나면 세포가 분화되어서 배아가 된다. 〈그림 2-3〉에서 보면 정상적인 태아 발달과 함께 태아 기관의 성장이 부진한 경우와 성장 결손 등으로 인한 기형 발생 위험 기간에 노출되는 기간을 확인할 수 있다.

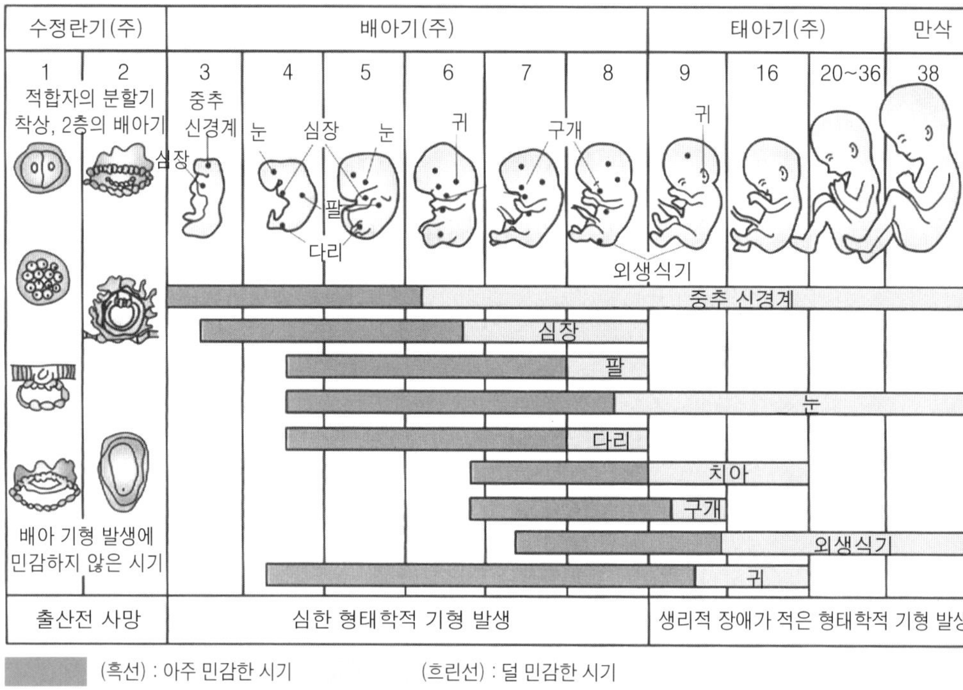

(Moore. K.L.:The developing human clinically oriented embryology,ed.2.philadelphia, 1977, W.B.Saunders Co.)

〈그림 2-3〉 태아 발달 및 태아 기관의 기형발생 위험 기간

1) 임신 1개월

임신 1개월째는 배란하고 수정된 다음부터 약 14일이 경과된 상태로 다음 달의 월경예정일에 해당된다. 임신 1개월 말의 태아는 아직 사람의 형체가 아니며 비둘기 알만한 크기로 융모 조직에 둘러싸여 모체의 자궁벽을 통해서 영양분을 섭취한다.

2) 임신 2개월

임신 2개월은 수정된 다음 약 6주 후이며 경도가 없어지고 두 번째의 월경 예정일이 된다. 태아의 지느러미와 꼬리는 없어지고 머리와 상체가 확실해지면서 머리가 매우 커서 신장의 약 반가량을 차지한다. 이때쯤이면 눈, 귀, 입, 사지 등을 분별할 수 있으며 사람의 형체를 갖추게 된다. 태아는 융모막강 안에 자리 잡고 융모막까지 포함해서 거의 달걀만 한 크기에 달하며, 태아의 영양은 융모막 혈관을 통해서 자궁점

막으로부터 흡수된다. 모체에게는 무월경 다음에 오는 것이 구토증으로 대개 임신 2개월 중순경부터 구토증이 시작된다.

3) 임신 3개월

임신 3개월부터 태아는 머리, 목, 배의 형체가 구분될 만큼 크고 내장의 원형이 생기기 시작한다. 태아를 보호하고 있는 융모막의 자루는 크게 자라고 속은 양수로 채워져 있다. 임신 3개월이 되면 구토증은 차츰 안정되므로 영양을 충분히 섭취하게 된다.

4) 임신 4개월

임신 4개월이 되면 태아의 얼굴에는 솜털 같은 털이 생기며 조금씩 운동하기 시작하는데, 이때는 태반이 완성되어 모체로부터 영양분의 흡수가 왕성해진다. 태아는 태반에서 한 개의 제대동맥을 통해서 영양분을 흡수하고 노폐물을 가진 혈액은 제대정맥을 통해서 태반으로 운반된다.

5) 임신 5개월

임신 5개월이 되면 임신 전반기의 위험한 시기도 지나서 신체 기능도 활발해지고 우선 안심할 수 있는 달이기도 하다. 이때가 되면 태아에게는 머리털이 돋기 시작하며 얼굴 모습도 뚜렷해진다. 태아는 계속 빠른 속도로 발육, 성장한다.

6) 임신 6개월

임신 6개월이 되면 두발이 명백해지며 눈썹, 속눈썹이 나고 골격도 견고해지며 모체의 복부를 진찰하면 태아의 위치도 어느 정도 알 수 있게 된다.

7) 임신 7개월

임신 7개월이 되면 모체의 배는 점점 커지며 복부의 옆, 유방, 엉덩이에 붉은 선이 갈라진 것처럼 나타나기 시작하는데 이를 임신선이라 한다. 임신선은 분만 완료 후에는 하얗게 남고 소실되지 않으며 이는 호르몬의 작용에 의해 생긴다. 임신 7개월이면 태아의 피부 빛깔은 진홍색이며 주름투성이이고 눈을 뜨게 된다.

8) 임신 8개월

임신 8개월이 되면 남 태아는 음낭 속에 고환이 들어가며, 여 태아는 좌우에 대음순이 생긴다. 만일 이 시기에 태아가 모체 밖으로 분만되면 아기는 울음소리를 낸다. 이 때에 출생한 아기에 대해서는 각별히 주의를 하여 많은 노력을 해야 한다.

9) 임신 9개월

임신 8개월 말부터 9개월 초에 이르게 되면 횡경막은 임신 중에서는 가장 윗부위까지 눌리게 되므로 가장 고통스러운 시기이다. 태아는 9개월에서 10개월 사이의 2개월간에 두 배로 발육하기 때문에 모체는 영양 섭취에 특별히 주의할 필요가 있다. 이 시기에는 만기 임신중독증이 발생되기 쉬우므로 요단백의 유무 및 부종의 유무 또는 고혈압을 검토할 필요가 있다.

10) 임신 10개월

임신 10개월에 태아는 피하지방이 침착하여 피부가 윤이 나고 탄력도 있고 머리털과 손톱이 멋지게 자란다.

4. 임신부의 질병과 식사관리

1) 임신부의 질병

(1) 입덧

임신 초기에 임신으로 인해 일어나는 소화기 증상을 주로 한 임신 초기 증후군 중에 메스꺼움과 구토 증상이 가볍고 영양 장애를 일으키지 않는 정도이면 보통 입덧이라고 한다. 대개 임신 2~3개월 동안 계속되며 4개월경부터는 차츰 가시게 되지만 개별 차이를 나타낸다. 입덧의 원인으로는 임신 초기에 발생하는 호르몬 분비의 변화에 근거한 생리적인 것일 수도 있으며, 임신 자체에서 오는 긴장과 불안감에서 오는 심리적인 영향일 수도 있다. 입덧은 고단백 식이와 저탄수화물 식이에서 증세가 심해지며 임신 이전의 영양 상태도 영향을 주는 것으로 알려져 있다.

(2) 변비

임신기의 호르몬 분비의 변화는 위장기관을 이루고 있는 근육의 이완을 증가시킨다. 특히 임신 후반기에는 확대된 자궁의 압력으로 인해 장의 활동이 다소 저하된다. 이를 예방하기 위해 음료 섭취를 증가시키고 섬유소가 많이 들어 있는 전곡, 과일, 채소, 마른 과일, 자두 등을 먹게 되면 배변에 도움을 준다.

(3) 임신성 빈혈

빈혈은 철분이나 엽산의 섭취 부족 또는 출혈 등 다양한 형태로 발생하며 임신과 출산에 위험요소가 된다. 임신 기간에 철분은 모체의 적혈구와 헤모글로빈 증대 및 모체 조직의 이용에 쓰인다. 태아는 성장이 빠른 임신 후반기에 철분을 많이 필요로 하므로 태반을 통해서 모체의 철분이 태아에게 이동되어야 한다. 충분한 양의 철분이 필요하므로 임신부의 식사에 철분 함유 식품을 더 많이 첨가해야 한다.

(4) 임신중독증

임신중독증이란 임신부의 부종, 단백뇨, 고혈압 중 한 가지 이상의 증상이 생긴 경우에 발생한다. 임신이 성립되면서 처음으로 고혈압, 단백뇨, 부종 등의 증상이 나타나는 경우와 임신 전부터 발생하던 증상이 임신에 의해 더욱 악화된 경우가 있다. 또한, 임신중독증에 의해 일어난 경련 발작을 자간이라 한다. 임신중독증의 기본 치료는 안정이며 섭취 에너지가 증가되지 않도록 주의하고 양질의 단백질을 충분히 섭취하도록 한다. 또한, 체중이 갑자기 증가하고 부종이 생기고 요량이 줄면 나트륨과 수분 감소를 해야 한다.

(5) 임신성 고혈압

임신성 고혈압이나 자간전증의 원인은 아직 알려지지 않았다. 칼슘, 마그네슘, 비타민 B_6, 단백질 등의 몇 가지 영양소의 섭취 불량으로 추측되지만 영양소 결핍으로 인하여 임신성 고혈압이 발생하는지, 영양 보충물이 임신성 고혈압 예방에 도움이 되는지의 여부는 확증되지 않았다. 현재 권장되는 영양소가 적절하게 포함된 식이를 섭취하는 것이 임신성 고혈압의 발생 위험을 감소시키는 가장 적절한 방법으로 생각되고 있다.

(6) 임신성 당뇨

임신 기간에 혈액량과 대사 산물이 증가하여 신장의 부담이 커져서 일시적으로 당뇨 현상이 나타나는 경우가 있다. 그러나 당뇨 증상이 있는 임신부의 20~30%는 비정상적인 포도당 내성을 나타내고 출산 후에는 당뇨병으로 진전하기도 한다. 임신 이전부터 당뇨병을 갖고 있는 여성이 임신을 하면 여러 분야의 임상 전문의와 영양사의 철저한 관리를 받아야 한다. 그래야 태아의 성장 발달에 위험 요소를 줄일 수 있고 성공적인 출산을 기대할 수 있다. 임신 중에는 인슐린 필요량이 증가하지만 분만 후에는 크게 감소한다.

2) 임신부의 식사관리

(1) 임신기의 기본 식사

임신 전기에는 태아의 뼈와 중요한 장기 형성을 위해 양질의 단백질과 칼슘, 그리고 비타민과 무기질을 충분히 섭취한다. 식사는 규칙적으로 하며 생리적 변화와 음식의 기호가 변경되므로 편식으로 인한 영양 장애가 발생하지 않도록 한다. 임신 후기에는 태아의 발육, 모체의 분만, 산후의 체력 유지를 위해 영양소의 필요량이 증가하므로 단백질, 철분, 칼슘, 그리고 열량 섭취를 증가되어야 한다. 영양소의 균형이 잘 집힌 식사 섭취를 통하여 비만을 예방하고 부종과 임신중독증 등의 질병을 예방한다.

(2) 입덧이 있을 때의 식사

임신기 영양은 심신을 안정하게 유지하고 먹고 싶을 때 먹고 싶은 음식을 섭취하도록 한다. 입덧이 있을 때는 소량씩 자주 식사를 하는 것이 좋으며 식욕 증진과 변비 예방을 위해서 신선한 채소나 과일류, 그리고 수분을 충분히 섭취하도록 한다. 또한, 임신부가 공복감을 느끼지 않도록 영양권장량에 구애받지 않고 기호에 맞는 것으로 여러 번에 나눠서 섭취하도록 한다.

(3) 변비를 개선하는 식사

임신기에는 복부의 압박에 의해 변비가 일어나기 쉬우므로 식사요법에 주의하여 섭취한다. 섬유가 많은 잡곡, 두류, 채소나 잔사가 많은 해조류, 한천 등을 섭취하거나 수분이 많은 식품 등을 적당량 섭취하면 개선된다. 또한, 당류, 꿀, 엿, 과즙, 우유, 요구르트, 버터, 크림 등의 화학적 자극으로 연동을 높이는 식품을 섭취하도록 한다.

(4) 임신성 빈혈의 식사

임신기에 단백질과 철의 부족으로 발생하기 쉬운 임신성 빈혈을 예방하기 위해서는 규칙적인 식생활과 영양적으로 균형 있는 식사를 섭취해야 한다. 특히 충분한 양질 단백질과 철분이 많은 식품과 함께 비타민 C를 섭취하면 철의 흡수를 돕는데 효과적이므로 동물성 단백질인 육류, 생선, 조개류, 달걀 등과 함께 신선한 채소와 과일 등을 충분히 섭취한다.

(5) 임신중독증의 식사

임신중독증은 절대 안정을 취하고 보통 임신부의 경우보다 에너지 섭취량을 제한한다. 총 에너지 섭취량을 줄이기 위해서는 탄수화물과 지방의 섭취량을 줄이되 필수지방산 섭취를 위해 식물성 기름의 섭취는 중요하다. 또한, 단백질은 태아의 발육에 필수적인 영양소이므로 단백질은 제한하지 않고 충분히 섭취해야 한다. 그리고 혈압 상승을 예방하기 위하여 소금의 섭취량을 제한하지만 비타민은 충분히 섭취하도록 한다.

5. 임신에 영향을 미치는 요인

1) 알코올

임신 기간 중 과량의 알코올 섭취가 태아의 성장 지연과 왜소한 머리 둘레, 정신 발달의 부진 등을 보인다. 이러한 증상들을 태아의 알코올증후군이라고 하는데, 생명에 지장을 줄 뿐만 아니라 비정상적인 증후가 영구적일 수 있다. 일반적으로 알코올은 태반을 쉽게 통과하여 태아에게 전달되고 특히 세포 분열이 일어나는 임신 초기에는 알코올의 직접적인 독성 효과가 나타날 수 있다. 또한, 알코올의 영향 중 일부는 모체의 영양 불량에서 비롯된다고 할 수 있다. 음주로 인한 영양소 결핍은 태아에게 심각한 영향을 미치므로 임신 초기에는 알코올 섭취는 절대 삼가야 한다.

2) 카페인

임신부에 대한 카페인의 영향은 확실하지 않지만 임신 중에 매일 적은 양의 카페인을 섭취하면 임신 초기와 중반기에 자연 유산의 위험률이 높다는 보고가 있으므로 임신기에 필요 이상의 커피를 마시는 것은 바람직하지 않다.

3) 흡연

임신부가 흡연을 계속하면 일산화탄소와 니코틴이 체내로 흡수되어 태반에서 태아 조직으로 산소 이동이 감소하기 때문에 성장 지연이 초래될 수 있다. 또한, 흡연은 불임을 초래하고 폐경 연령을 낮추고 폐경 후의 골다공증 발생률을 증가시킨다. 임신기에는 흡연을 절대적으로 삼가는 것이 바람직하다.

4) 이미증

이미증은 음식이 아닌 물질(진흙이나 세탁용 전분 등)이나 영양가가 낮은 많은 양의 식품을 섭취하는 행위로 임신부의 문화적 배경에 의해 영향을 받는다. 영양가 높은 식품들 대신에 영양가가 낮은 물질을 규칙적이고 과다하게 섭취하게 되면 무기질과 같은 영양소 흡수가 어려우므로 임신부의 습관을 주의 깊게 파악해야 한다. 이식증은 정상적인 식품 섭취를 방해하고 영양 흡수 불량으로 임신중독증, 사산, 조산, 빈혈 등을 초래하기 때문에 주의한다.

5) 10대 임신

10대 여성들은 에너지, 칼슘과 철분 등의 주된 영양소가 권장섭취량 이하인 식사를 하므로 10대 임신부와 이들의 태아는 임신 동안이나 출산 시 합병증의 위험이 증가한다. 또한, 골반 성장이 신장 성장과 비교하여 느리기 때문에, 분만과 연관된 골반아두 불균형이나 다른 물리적 문제들이 청소년 임신부에게 흔하게 발생할 수 있다. 10대 임신부에게 적절한 체중 증가 목표를 선택하도록 격려하여 저체중 출생아 출산의 발생을 감소시킨다. 10대 임신부의 영양 상태를 증진시키기 위하여 임신부가 영양 지식, 식사 계획, 음식 준비 및 선택 기술, 산전 간호에 참여하도록 권장하며, 효과적인 영양 중재와 교육적 프로그램을 개발하고 10대의 성장을 방해하는 요인들을 이해하려고 노력해야 한다.

6. 임신부의 영양관리

여성의 좋은 영양 상태는 건강한 임신부가 되는 필수적인 요소이다. 균형 있는 식사는 질병을 예방하고 건강 문제를 해결하지만 잘못된 식생활 습관은 비만이나 식이장애 등의 질병을 유발하게 된다. 임신을 계획한 여성은 평소의 건강관리와 영양관리에 신중을 기하여 건강한 아기를 출산하도록 신경을 써야 한다.

여성은 사춘기가 시작되면서 성장 속도가 급속히 증가하여 성호르몬 분비가 자극된다. 신체는 성인의 모습으로 변화되고 월경 생리를 경험하면서 젊은 여성으로 성숙된 모습을 갖추게 된다. 특히 10대 여성은 무엇보다도 올바른 영양 상태가 미래의 건강 유지에 매우 중요하다는 것을 인식하여 적절한 영양교육을 통해 일반적인 영양과 건강 및 식생활에 대한 지식을 습득하고 실천해야 한다. 이때 월경혈의 손실에서 비롯되는 빈혈 방지를 위한 철분 보충과 빠른 성장에 요구되는 필수영양소의 섭취 증가는 매우 중요하다.

성인기에 접어든 여성은 균형된 식생활과 규칙적인 운동, 그리고 스트레스 해소를 통한 성인기 건강 유지에 힘써야 한다. 임신과 출산, 양육으로 이어지는 여성의 입장에서 영양적으로 많은 요구량이 필요하게 되므로 가임기 여성의 영양관리는 매우 중요하다. 여성은 임신과 수유로 인해 태아와 영아의 성장 발달을 도모해야 하므로 자신의 영양적 요구가 증가한다. 또한, 정상적인 분만과 함께 성공적인 임신으로 만족스런 모유의 양과 질의 확보를 위해 양호한 영양 상태를 유지해야 한다. 그리고 태아와 영아의 두뇌 발달은 모체의 양호한 영양 상태와 정서적 환경에 의해서 지배를 받는다. 끝으로 자녀 양육을 위한 모체의 제반 활동을 감당해 나가려면 평소보다 많은 시간과 열량 소모가 있기에 가임기 여성의 영양관리는 중요하다.

7. 임신부의 영양 필요량

임신부의 영양관리는 태아의 발육과 밀접하게 의존되어 있어 큰 영향을 미친다. 모든 영양소는 에너지 생성을 비롯하여 세포 합성 및 세포 구조와 기능 유지, 그리고 신체 각 기능의 조절 등 주요한 대사 과정에 관여한다. 임신부에게 필요한 영양섭취기준을 〈표 2-1, 표 2-2, 표 2-3〉에 나타내었다.

〈표 2-1〉 임신부의 체위, 에너지 및 다량영양소 영양섭취기준

연령 (세)	신장 (cm)	체중 (kg)	에너지(kcal)	단백질(g)		식이섬유소(g)	수분(mL/일)
			필요추정량	평균필요량	권장섭취량	충분섭취량	충분섭취량
19~29	160	56.3	2,100	40	50	20	2100
30~49	157	54.2	1,900	35	45	20	2000
임신부	-	-	+0/+340/+450	+0/+12/+25	+0/+15/+30	+5	+200

〈한국영양학회, 한국인영양섭취기준위원회, 2010〉

1) 에너지

임신기에는 임신부의 육체적 활동의 변화와 태아의 성장으로 인하여 에너지 요구량이 증가한다. 임신 기간에는 체내 조직들의 대사 활동이 증가하고, 이를 유지하기 위하여 기초대사량의 변화가 따른다. 하루 영양섭취기준의 에너지 필요추정량은 임신 전반기에는 추가 열량 없이 비임신기 때와 동일한 양을 섭취하고 임신 중반기에는 340kcal를 추가하고 임시 후반기에는 450kcal를 추가하여 섭취한다.

2) 단백질

임신기에 요구되는 단백질 영양섭취기준은 비임신 여성의 요구량에 태아의 성장에 필요한 단백질 양이 추가로 요구된다. 평균필요량의 경우, 임신 전반부에는 추가량이 없으나 임신 중반부와 후반부에는 각각 12g과 25g을 각각 추가한다. 또한, 권장섭취량은 임신부 전반부에는 추가량이 없고 중반부에 15g, 후반부에 30g을 추가한다.

또한, 질이 우수한 동물성 단백질을 최소 1/3 가량 포함된 혼합 식이를 하여 단백질의 보족 효과를 유도한다. 단백질 섭취의 부족은 열량 이용을 제한하므로 출생 시 체중 감소로 인한 문제점을 일으키기도 한다. 임신기에 하루 필요한 평균필요량은 임신 전반기에는 추가 열량없이 비임신기 때와 평균필요량과 권장섭취량 모두 동일한 양을 섭취하고 임신 중반기에는 평균필요량을 12kcal 추가하고 권장섭취량은 15kcal 추가한다. 임시 후반기에는 평균필요량과 권장섭취량을 각각 25kcal과 30kcal를 추가하여 섭취한다.

3) 무기질

(1) 칼슘

칼슘은 임신 초기부터 충분히 섭취해야 태아가 요구할 때 충분히 사용할 수 있다. 임신이 되면 모체에게서 칼슘은 체내 각 기관의 증식과 비대를 위해 이용되거나 체내의 산과 염기의 평형 유지에 이용된다. 태아에게는 신체 구성 성분으로 필요하며, 임산 후기에 섭취한 칼슘의 대부분은 골격 성장과 치아 형성 등에 사용된다.

모체의 칼슘 섭취가 낮으면 태아가 요구하는 칼슘은 모체의 칼슘 저장분에서 방출되어야 하기에 태아의 형성과 발육에 큰 영향을 미치게 된다. 임신기에 하루 필요한 평균필요량은 230mg 추가, 권장섭취량은 280mg 추가한다. 상한섭취량은 2500mg 이다.

(2) 철

임신 기간 동안 철분은 모체와 태아의 적혈구에서 헤모글로빈 생성에 이용된다. 태아는 임신 후반기에 필요한 철분을 대부분 체내에 축적한다. 임신부의 철분 결핍은 임신 유지에 나쁜 영향을 준다. 헤모글로빈 농도의 감소는 태반이나 태아의 세포에 적절한 산소를 공급하기 위해 모체의 심장 운동의 증가를 유도하여 위험에 처하게 한다. 임신기에는 혈액이 증가되며 태아의 혈액이 신생되어 태아의 단에서도 철이 축적되므로 비임신기와 비교하면 철이 부족되기 쉽다. 철은 모체로부터 태아로 쉽게 이행되나 태아로부터 모체로 이행되기 어려우며 태반은 철 조절기구로서 태아가 모체로부터 철을 충분히 필요할 만큼 흡수하여 확보할 수 있으므로 모체가 극심한 빈혈 상태가 되기 전에는 태아의 빈혈은 일어나지 않는다. 임신부는 철분 저장을 유지하기 위해 하루에 필요한 평균필요량은 7.8mg 추가하고 권장섭취량은 10mg 추가한다. 상한섭취량은 45mg이다.

〈표 2-2〉 임신부의 무기질 영양섭취기준

구분	칼슘(mg)			인(mg)			나트륨(g/일)		염소(g/일)
연령(세)	평균필요량	권장섭취량	상한섭취량	평균필요량	권장섭취량	상한섭취량	충분섭취량	목표섭취량	충분섭취량
19~29	530	650	2500	580	700	3500	1.5	2.0	2.3
30~49	510	650	2500	580	700	3500	1.5	2.0	2.3
임신부	+230	+280	2500	+0	+0	3000	+0	2.0	+0

칼륨(g/일)	마그네슘(mg/일)			철(mg)			아연(mg)		
충분섭취량	평균필요량	권장섭취량	상한섭취량	평균필요량	권장섭취량	상한섭취량	평균필요량	권장섭취량	상한섭취량
3.5	235	280	350	10.8	14	45	7.0	8	35
3.5	235	280	350	10.5	14	45	6.8	8	35
+0	+33	+40	350	+7.8	+10	45	+2.0	+2.5	35

구리(㎍/일)			불소(mg/일)		망간(mg/일)		요오드(㎍/일)		
평균필요량	권장섭취량	상한섭취량	충분섭취량	상한섭취량	충분섭취량	상한섭취량	평균필요량	권장섭취량	상한섭취량
600	800	10,000	3.0	10	3.0	11	95	150	2400
600	800	10,000	2.5	10	2.5	11	95	150	2400
+100	+130	10,000	+0	10	+0	11	+65	+90	

셀레늄(㎍/일)			몰리브덴(㎍/일)
평균필요량	권장섭취량	상한섭취량	상한섭취량
45	55	400	600
45	55	400	600
+3	+4	400	600

〈한국영양학회, 한국인영양섭취기준위원회, 2010〉

(3) 아연

아연은 체내 대사 과정에 중요한 역할을 담당하는데 인슐린의 구성 요소가 되고 조직에서 산염기 평형을 유지에 관여하고 생식에 필요한 DNA와 RNA의 합성에 관여한다. 아연의 섭취가 결핍되면 임신의 유지와 출산에 좋지 못한 영향을 끼치는 것으로 알려져 있다. 임신기에 하루 필요한 평균필요량은 2.0mg 추가하고 권장섭취량은 2.5mg 추가한다. 상한섭취량은 35mg이다.

(4) 요오드

우리나라는 어패류나 해조류의 이용률이 높아 요오드 결핍의 위험성이 비교적 적은 편이다. 임신기에 하루 필요한 평균필요량은 65㎍ 추가하고, 권장섭취량은 90㎍ 추가하여 섭취한다.

4) 지용성 비타민

(1) 비타민 A

비타민 A와 카로틴은 태반을 통과할 수 있으며 태아 체내의 비타민 A 축적이 임신부의 권장량에 주요한 요소가 된다. 일반적으로 비타민 A는 식이를 통하여 태아에게 저장될 수 있을 만큼 충분한 양이 섭취된다. 비타민 A를 과다 섭취한 임산부의 태아에게 선천성 기형이 발생할 수 있으므로 임신 중 보충제는 대개 복용하지 않는다. 임신기에 하루 필요한 평균필요량은 50㎍RE 추가하고, 권장섭취량은 70㎍RE 추가한다. 상한섭취량은 300㎍RE이다.

(2) 비타민 D

비타민 D는 칼슘 흡수 및 대사에 중요한 역할을 한다. 임신부가 비타민 D가 결핍되면 태반으로부터 태아로의 비타민 D 이동이 제한받게 된다. 임신기에 하루 필요한 충분섭취량은 5㎍RE 추가하고 상한섭취량은 60㎍RE이다.

(3) 비타민 E

임신기 비타민 E 요구량은 다소 증가되나 사람에게서 그 결핍은 거의 일어나지 않는다. 임신기에 하루 필요한 충분섭취량에 별도로 추가되는 양은 없고 상한섭취량은

540μgRE이다.

(4) 비타민 K

비타민 K는 혈액 응고를 위해 필요한 비타민으로 임신 시에 대사가 항진하므로 충분한 양의 섭취가 필요하지만, 일상 식사로도 충분하므로 임신기에 하루 필요한 충분섭취량에 별도로 추가되는 양은 없다.

5) 수용성 비타민

(1) 비타민 B_1, B_2, 니아신

비타민 B_1, B_2, 니아신은 체조직에서 에너지 생성 과정에 참여하고 있기에 열량 섭취에 의존하다. 임신기에는 추가 에너지 요구량에 따라 비타민의 필요량 증가에 따라 권장량이 추가된다. 하루 섭취해야 하는 비타민 B_1의 평균필요량과 권장섭취량은 0.4mg 추가하고, 리보플라빈의 평균필요량은 0.3mg 추가, 권장섭취량은 0.4mg 추가한다. 그리고 니아신의 평균필요량은 3mg 추가하고, 권장섭취량은 4mg 추가한다. 상한섭취량은 니코틴산 형태로 섭취했을 때 35mg이다.

(2) 비타민 B_6

비타민 B_6는 아미노산 대사 및 단백질 합성과 관계하여 아미노기 전이 반응에서 조효소 역할을 담당한다. 태아의 성장 과정에서 비필수 아미노산의 요구량이 더 커지고 태아의 신체 조직은 비타민 B_6를 더욱 요구하게 된다. 태반의 비타민 B_6의 농도는 비교적 높으며 태아의 혈액 내 비타민 B_6 농도가 모체 혈액에서보다 훨씬 높다고 알려져 있다. 비타민 B_6의 결핍은 임신 유지와 출산에 좋지 못한 영향을 보여주는 동물실험 연구가 있다. 임신기에 필요한 하루 영양섭취기준의 평균필요량이 0.6mg 추가하고 권장섭취량은 0.8mg 추가한다. 상한섭취량은 100mg이다.

(3) 비타민 C

비타민은 조직 형성 및 철분 흡수 증가에 중요한 역할을 한다. 대부분 신선한 채소와 과일을 충분히 섭취를 요구한다. 임신 시 하루에 추가되는 양은 평균필요량과 권장섭취량은 각각 10mg 추가하고, 상한섭취량 2000mg이다.

(4) 엽산과 비타민 B_{12}

엽산과 비타민 B_{12}는 임신 중 태아의 세포 분열 과정에 요구되는 영양소로서 빈혈을 예방하여 임신과 출산의 위험성을 막아준다. 임신 시 엽산이 부족하게 되면 자연유산, 임신 중독증, 태아의 기형, 영아의 발달 이상 등이 발생할 수도 있다. 이 시기에 필요한 엽산의 하루 영양섭취기준의 평균필요량과 권장필요량은 모두 200μg 추가하고, 비타민 B_{12}은 모두 0.2μg 추가한다. 비타민 B_{12}는 상한섭취량이 없지만 엽산은 1000μg이다.

〈표 2-3〉 임신부의 비타민 영양섭취기준

구분	비타민 A (μgRE/일)			비타민 D (μg/일)		비타민E (mg α-TE/일)		비타민K (μg/일)
연령(세)	평균 필요량	권장 섭취량	상한 섭취량	충분 섭취량	상한 섭취량	충분 섭취량	상한 섭취량	충분 섭취량
19~29	460	650	3000	5	60	10	540	65
30~49	450	650	3000	5	60	10	540	65
임신부	+50	+70	3000	+5	60	+0	540	+0

비타민 C (mg/일)			티아민 (mg/일)		리보플라빈 (mg/일)		니아신 (mgNE/일)		니코틴산 (mg/일)	니코틴아미드 (mg/일)
평균 필요량	권장 섭취량	상한 섭취량	평균 필요량	권장 섭취량	평균 필요량	권장 섭취량	평균 필요량	권장 섭취량	상한 섭취량	상한 섭취량
75	100	2000	0.9	1.1	1.0	1.2	11	14	35	1000
75	100	2000	0.9	1.1	1.0	1.2	11	14	35	1000
+10	+10	2000	+0.4	+0.4	+0.3	+0.4	+3	+4	35	1000

비타민 B_6 (mg/일)			엽산 (μgDEF/일)			비타민 B_{12} (μg/일)		판토텐산 (mg/일)	비오틴 (μg/일)
평균 필요량	권장 섭취량	상한 섭취량	평균 필요량	권장 섭취량	상한 섭취량	평균 필요량	권장 섭취량	충분 섭취량	충분 섭취량
1.2	1.4	100	320	400	1000	2.0	2.4	5	30
1.2	1.4	100	320	400	1000	2.0	2.4	5	30
+0.6	+0.8	100	+200	+200	1000	+0.2	+0.2	+1	+0

참고문헌

이정림, 〈한국아동패널 1차년도 자료 분석 : 한국 여성의 임신 및 출산 특성〉, 육아정책연구소 부연구소, 육아정책포럼

김춘숙, 〈여성의 임신-출산 결정에 영향을 미치는 요인〉, 이화여자대학교 대학원 2007학년도 박사학위논문

안홍석, 《여성과 영양》, 교문사, 1996

《한국인 영양섭취기준》, 한국영양학회, 2010

윤옥현, 〈임신기 영양이 태아에 미치는 영향〉, 김천대학교 논문집 제 9집. p. 341~361, 1988

안홍석, 〈임신기 모체영양과 Pregnancy outcome과의 상관성 연구〉, 과학기술부. p. 88, 2000

김은주, 《여성과 건강》, 보문각, 2009

윤진숙, 〈임신 여성의 철분 영양상태 개선을 위한 영양교육 자료 개발〉, 계명대학생활과학연구소 논문집 제30집. p. 1~12, 2004

안태훈 · 박석천 · 안태규, 〈임신 여성에서 옥시토신과 그 길항제의 대사〉, 대한산부인과학회잡지, 45(6). p. 921~925, 2002

이윤혁 · 정우철 · 노의선, 〈10대 여성의 임신에 관한 임상적 산과적 결과에 대한 연구〉, 대한조산의학회잡지. 12(2). p.114~121, 2001

이종임 · 임현숙, 〈임신 여성의 철 영양상태와 철 결핍상태 판정을 위한 Hb, Hct, TIBC, sTfR 및 sTfR : ferritin비의 임계수준 평가〉, 한국가정과학회지, 4(1). p. 36~45, 2001

김철환, 〈한국인 여성에서 월경-임신-수유 요인과 여성호르몬과의 상관성에 관한 연구〉, 서울대학교 석사학위논문, 1988

이순곤 · 이권해, 〈한국인 여성의 임신성 당뇨병〉, 한국의학사 《진단과 치료》 187. p. 551~553, 1997

이동형, 〈임신성 당뇨병 여성의 임신 결과에 대한 고찰〉, Journal of Pusan national University hospital. 제29호. p. 69~182, 2011

민은정 · 김성곤 · 김현경 · 이동형 · 김희진 · 이성근 · 김충락, 〈한국 여성의 임신 중 음주 예측 인자에 관한 연구〉, Journal of the Korean Neuropsychiatric Association. 50(2). p. 125~130, 2011

여성건강간호교과연구회편, 《여성건강간호학》, 수문사, 2007

유은광 · 김명희 · 김순애 · 박선애 · 신혜숙 · 안숙희 · 여옥남 · 최병순 외, 《모성 · 여성건강간호학》, 현문사, 2005

구재옥 · 이정원 · 최영선 · 김정희, 《생활주기영양학》, 효일출판사, 2006

구재옥 · 모수미 · 이정원 · 최혜미, 《생활주기영양학》, 한국방송대학교출판부, 1998

Moore. K. L. The developing human clinically oriented embryology, ed.2. philadelphia, 1977, W.B. Saunders Co.

Martini, F., Fundamentals of anatomy and physiology, Prentice-Hall Int., 1989

Tuchmann-Duplessis et. al., Embryogenesis, 1972

CHAPTER

03

수유부 영양

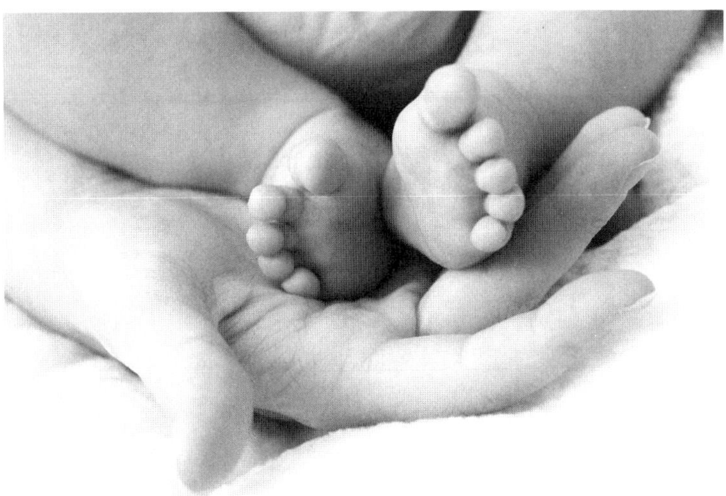

1. 분만과 산욕
2. 수유기전
3. 모유의 영양 성분
4. 수유부의 영양섭취기준
5. 수유부의 식사관리
6. 모유 수유

CHAPTER

03 수유부 영양

일반적으로 분만 12~48시간 후부터 모유가 분비되는데, 초기에는 소량이지만 수유를 시작하면서 서서히 모유 분비량이 증가한다. 수유기는 산욕기를 거치므로 산후의 회복과 건강 유지, 영아의 건강 유지와 정상적인 성장 및 발육을 위하여 분비되는 모유의 양과 질을 생각하여 각 영양소를 충분히 섭취하여야 한다. 전통적으로 수유부에게 쌀밥과 미역국 위주로만 제공하는 식사는 에너지 섭취량만 초과하게 되며, 이로 인하여 체중을 증가시킬 우려가 있다.

수유부의 영양 상태는 신생아의 성장과 건강 및 두뇌 발달에 직접 영향을 미치며 수유부 자신의 산후 회복과 건강 유지를 위해서도 영양에 대한 충분한 배려가 필요하다.

1. 분만과 산욕

분만(labor)은 태아와 그 부속물인 태반, 난막 및 제대를 자궁으로부터 외부로 배출되는 것을 말하는데, 태아를 모체 밖으로 내보내는 만출(delivery)과 구별된다. 대개 임신 28주 이후부터 분만이란 용어를 사용하며, 그 이전에 끝나는 것은 유산(abortion)이라 한다.

1) 분만의 시작

분만이 시작되는 원인은 불확실하나 몇 가지 설이 있다.

(1) 옥시토신 자극설

임신 말기가 되면 옥시토신(oxytocin)이 분비되어 자궁 수축이 되고 분만이 시작된다는 설로 만삭 시에 자궁 수축제를 주사하여 유도 분만을 하고 있어 이를 뒷받침한다.

(2) 프로게스테론 감소설

태반에서 분비되는 프로게스테론(progesterone)이 자궁 수축을 억제하는데, 임신 말기가 되면 혈중 농도가 저하됨에 따라 이의 억제 작용이 감소되어 분만이 시작된다고 본다.

(3) 프로스타글란딘설

프로스타글란딘(prostaglandin)의 전구물질은 아라키돈산으로 분만 중 산모의 양수 내에 현저히 증가된다. 임신 말기에 프로스타글란딘의 합성이 증가되어서 자궁이 수축되고 이로써 분만이 시작된다고 본다. 또한, 임신 중반기에 아라키돈산을 양막강 내에 주사하면 유산시킬 수 있다.

(4) 기타

자궁이 지나치게 신전되어 분만이 시작된다고도 하며, 또한 임신 말기에 선진부가 하강하여 자궁경관부에 분포된 신경절을 자극하여 분만이 시작된다고도 본다.

2) 분만의 요소

정상 분만의 3요소는 태아[passenger], 산도[passage], 만출력[power]의 3가지이며, 3가지 요소가 모두 협조적이어야만 정상 분만을 하게 된다.

(1) 태아

태아가 산도를 통과하는데, 태아 머리의 크기, 위치에 따라 분만에 많은 영향을 미친다. 분만 전 태아의 정상 위치는 〈그림 3-1〉과 같다.

(2) 산도

골반 등 경산도와 경관, 질 등의 연산도로 구성되며 골반의 크기 경관의 소실과 개대 상태, 골반상의 이완 정도에 따라 많은 영향을 준다.

(3) 만출력

자궁 근육의 수축과 이완에 의한 일차적인 힘과 복부 근육과 횡격막의 수축에 의한 2차적인 힘이 있는데, 태아와 태반을 만출시키는 힘은 불수의적인 자궁 수축, 수의적으로 내려미는 힘 및 항문근육의 수축력에 의한다.

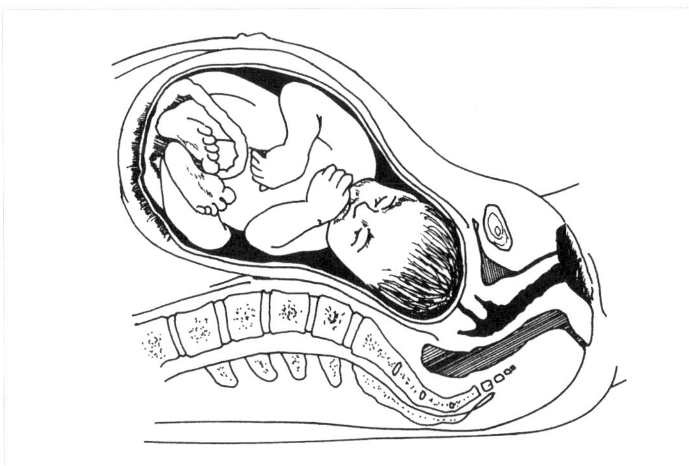

〈그림 3-1〉 분만 시 태아의 정상 위치

3) 분만의 경과

분만 수주 전 태아가 하강하면서 방광을 압박하여 자주 소변을 보게 된다. 또한, 분만 수일 전부터 모체대사의 현저한 변화로 체중이 0.5~1.0kg 정도 감소하고 약간의 이슬(혈액)이 비치면서 분만의 전구 증상이 나타난다.

(1) 전구기

분만이 시작되기 3주 전쯤으로 분만기로 이행되는 중요한 시기이다. 일반적인 증상은 불수의적인 자궁 수축과 이완 현상에 따른 간헐적인 진통과 이슬[show]의 분비가 분만을 알려주는 첫 징후이며, 빈뇨와 대하가 증가하면서 점차 자궁경관이 소실되어 분만의 준비가 시작된다.

(2) 분만 제1기(개구기)

규칙적인 자궁 수축 및 진통의 개시부터 자궁경관이 완전히 열릴 때까지의 시기를 말한다. 만출력과 복압에 의해 태아의 머리가 밀려서 자궁체의 하부로 내려가고 자궁경관이 확장되며, 자궁 하부의 난막이 떨어져 소량의 출혈이 보인다. 초산부는 12~14시간, 경산부는 6~8시간 정도 소요된다.

(3) 분만 제2기(만출기)

전개대 이후부터 아기 출생까지로 양막의 파열과 자궁경관이 완전히 소실되고 확장되고 난 후에 태아가 만출된다. 산부에게 진통이 가장 심하고 태아에게도 위험한 시기이다. 초산부는 45분~2시간 정도 소요되며, 경산부는 더 빠른 시간에 출산한다. 간혹 파수에 이어 급속하게 분만이 끝나는 수도 있다.

(4) 분만 제3기(후산기)

태반과 막의 박리 및 배출까지로 태아가 만출되고 자궁이 수축되면 태반의 일부가 자궁벽에서 떨어지게 되므로 태반 만출 시 다소의 출혈이 동반되며 출혈량은 대개 200~300mL 정도이다. 태반이 만출되면 자궁은 더욱 빨리 수축된다. 이때의 시간은 혈액 손실량과 비례하며 평균 10~20분 정도 소요된다. 출산 직후 혈액 손실량이 500mL 이상인 경우 위험할 수 있으므로 산후 2시간은 출혈량 및 자궁 수축에 대한 자세한 검사와 관찰이 중요하다.

4) 분만 중의 영양 관리

분만 초기에는 물이나 보리차로 수분을 섭취시킨다. 분만 중 통증과 신경의 긴장으로 입맛도 없고 장의 흡수력이 감소한다. 고형식은 분만 중 소화 작용을 지연시키기 때문에 금한다. 분만 후 첫 한 시간은 산모에게 가장 위험한 시기로 충분한 휴식과 수면은 분만으로 인한 긴장과 피로를 풀어주는 데 많은 도움이 된다.

5) 산욕의 생리

임신 및 분만에 의해 생긴 모체의 해부학적, 기능적인 변화가 임신 이전의 상태로 회복될 때까지의 기간을 산욕기라 하며 분만 후 6~8주간을 가리킨다. 산욕기 중에는 신체 및 장기에 생긴 여러 변화가 임신 전의 상태로 서서히 회복되며, 신진대사도 정상으로 회복되고 유방이 더욱 발육되면서 모유가 생산된다.

(1) 산욕 중 모체의 변화

① 체온

분만 시 신체 노출과 출혈에서 오는 생리적인 현상으로 오한을 느끼며 보온이 필요하다. 산후 1~2일간은 미열이 있으나, 38℃ 이상의 열이 산후 3일 이후에도 있으면 산욕열로 생각할 수 있으며 진찰을 받아야 한다.

② 배뇨 및 배변

방광의 수축력이 약해지고 분만으로 인한 일시적 마비로 배뇨가 잘 안 되거나 배변이 안 되어 변비가 생기기 쉽다. 자연 배뇨가 어려운 경우 인공 배뇨를 유도하며 3~4일간 배변이 없으면 의사의 처방으로 관장을 하거나 가벼운 하제를 처방받아 직장 팽만으로 인한 자궁 회복의 방해를 미리 예방한다.

③ 성기의 회복

분만 후 자궁 근섬유의 지속적인 수축으로 임신 전의 상태로 회복이 되며 질의 변화도 약 4주가 경과하면 원상으로 회복된다.

④ 후산통

출산 후 자궁 수축에 따른 약간의 진통으로 산욕 1일에 가장 심하고 2~3일 후면 차차 가벼워진다.

⑤ 오로의 변화

산욕기에 나타나는 질 분비물을 오로(lochia)라 하며 태반, 난막이 떨어진 부분면의 분비물과 혈액이 혼합된 것이다. 분만 후 수일간은 혈성 오로가, 산욕 4~5일에서 8~9일에는 혈색소의 분해에 따라 복합 색을 띤 갈색 오로가, 10~15일 사이에는 백혈구의 증가가 심하며 약간 악취가 나는 백색 오로가 나타난다. 모유 수유를 하는 경우 이의 정상 회복이 더욱 빠르다.

(2) 산욕열

산욕열은 분만 시 혹은 산욕기에 생식기 부위로 세균의 침입으로 인한 감염 증상을 말한다. 분만 첫날을 제외한 분만 후 10일까지 38℃ 이상의 발열이 2일 이상 나타난다. 산욕열의 원인은 출혈, 분만 시 외상, 분만 전의 조기파수, 심한 빈혈과 영양실조 및 전신 쇠약 등이다. 오랜 임신 및 출산으로 인하여 체력이 소모되어 있는 상태에서 자가 감염과 교차 감염에 의해 산욕열이 발생할 수 있다. 자가 감염은 자궁강 내로 외음균의 감염이나 임산부 자신의 손 등이 원인이 되며, 교차 감염은 분만 보조자에 의한 감염, 비위생적인 기구의 사용, 분만실 환경, 목욕 및 성교 등도 원인이 된다. 산욕열을 예방하기 위해 임산부 자신의 위생에 대한 지식이 중요하며 분만 도구나 의복 및 재료의 소독을 충분히 하여야 하고, 출산부의 오로 배설 관리도 중요하다.

2. 수유기전

1) 유방의 해부학적 구조

수유가 잘되도록 유지되기 위해선 유선 조직의 해부학적 구조가 잘 발달되어 있어야 한다. 유방은 선 조직, 지방 조직 및 섬유 조직으로 이루어져 있다. 유선 조직에는 혈관과 림프관이 분포되어 있으며 사춘기에 황체호르몬의 작용으로 발육하게 된다. 유즙 분비선은 15~20개의 엽(lobe)으로 되어 있고, 엽은 각기 수 개의 소엽(lobule)으로 구성되어 있다. 소엽에는 유즙을 생성하는 유포(alveolus)가 포도송이처럼 모여 있으며 유포들은 작은 유관(duct)으로 연결되어 있다〈그림 3-2〉.

2) 유방의 발달과 성숙

유선은 태생기 4주경에 태아의 피부에서 발생하는데, 태아 말기에 유관, 분비선의 소엽, 유두륜 및 유두가 분화된다. 출산 후 15~20일경에 영아의 유관이 커지고 수분, 지방 세포들로 구성된 유즙이 소량 나오기도 한다. 사춘기가 되면 유관이 확장되고 소엽이 증식하며 유선 주위에 지방 조직이 축적되어 유방이 커지고 유두가 갈색으로 착색된다. 유방이 커지면서 분비 조직보다 지방과 결합 조직이 더 많아진다. 임신기에는 에스트로겐(estrogen), 프로게스테론(progesteron), 프로락틴(prolactin) 및 태반 락토겐(placental lactogen)에 의해 유선 조직이 더욱 발달하고 유방의 무게도 증가한다. 분만 후에는 에스트로겐과 프로게스테론 양이 급격히 감소하고 반면에 프로락틴의 수준이 증가한다. 신경호르몬의 영향에 따라 유방에서 유즙의 분비를 시삭할 순비를 갖추며 유즙을 합성한다.

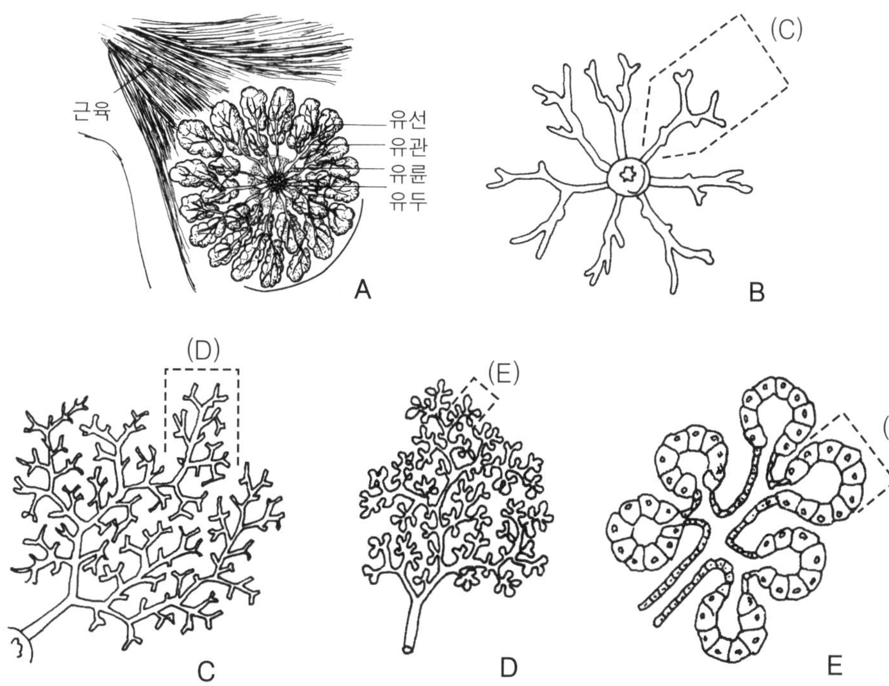

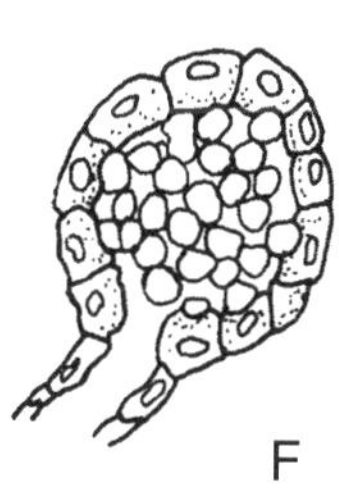

A : 유방의 구조

B : 유두로 나 있는 간단한 유관

C : B의 한 부분을 확대한 것으로 성숙기에 에스트로겐의 작용으로 유관이 발달한다.

D : C의 한 부분을 확대한 것으로 임신 기간 중 프로게스테론과 프로락틴의 작용으로 유포가 발달한다.

E : D의 끝 부분을 확대하여 본 것으로 수유 기간 중 유포가 더욱 발달한다.

F : 단일 유포로 그 안에 유즙이 축적된다.

〈그림 3-2〉 유방의 구조와 유선의 발달

3) 수유 과정

출산 후 12~48시간 후부터 모유가 분비되기 시작되는데, 유즙의 분비 과정은 유포세포에서 유즙 성분이 합성되어 분비되는 과정과 유관을 따라 유즙이 흘러내리는 과정으로 나뉜다.

유즙의 합성은 영아가 젖꼭지를 빠는 힘에 의해 자극받는다. 분만 후 유선 조직의 발달에 관여하였던 에스트로겐, 프로게스테론 및 태반 락토겐의 작용이 저하되고 반면에 뇌하수체전엽에서 생성되는 프로락틴의 분비가 증가한다. 프로락틴은 유포세포에 작용하여 모유를 생산하게 된다.

일반적으로 수유에 관여하는 호르몬의 작용은 〈표 3-1〉과 같다.

〈표 3-1〉 수유에 관여하는 호르몬의 종류와 작용

호르몬	분비 장소	임신 기간 중 작용	임신 기간 중 작용
prolactin	뇌하수체전엽	혈청 중 농도 상승	수유의 개시와 유지
oxytocin	뇌하수체후엽	작용 없음	유선 내 근육을 수축시킴
estrogen	난소, 태반	뇌하수체 자극하며 prolactin의 분비 촉진, 유선에 대한 prolactin의 작용 저해	분만 후 혈액 내 농도 감소
progesterone	난소, 태반	유선의 발달과 발육 촉진 모유의 분비 저해	분만 후 혈액 중 농도 감소, 분비 개시에 도움
ACTH	뇌하수체전엽	corticosteroid의 분비 촉진	수유의 유지

기타 유즙의 분비에 관여하는 호르몬은 염류코티코이드, 당코티코이드, 갑상선호르몬, 갑상선자극호르몬 등이며 인슐린도 수유를 지속하는 데 중요하다.

유즙의 분비는 옥시토신의 작용에 의해 이루어지는데, 옥시토신은 유포의 상피 세포에서 유관으로, 그리고 유관동으로 유즙을 운반한다.

유즙의 분비는 심리-신경-호르몬의 상호 작용에 의한다. 유두와 피부에는 신경이 많이 있어 영아의 흡인력에 의한 자극을 수유부의 시상하부로 전달하고 여기서 뇌하수체후엽으로부터 옥시토신을 분비시킨다. 옥시토신은 유포와 유관 주위의 그 상피

세포를 수축시켜 유즙이 유관으로 흐르게 한다. 수유 중 유방으로 흐르는 혈류의 양이 증가하여 옥시토신의 유즙 분비 작용이 더욱 수월해진다.

3. 모유의 영양 성분

1) 초유

초유(colostrum)는 분만 후 5~7일 정도까지 분비되는 황색의 반투명한 모유로 그 분비량은 적으나 면역체와 효소의 함량이 높다. 영양적으로도 매우 중요하며 영아의 태변 배설을 돕는다. 산이나 열에 응고되기 쉬우며, 지방구 이외에 단핵구, 다핵 백혈구, 림프구, 초유구가 함유되어 있다. 출산 1~2일째의 초유는 성숙유에 비하여 2배 이상의 단백질을 함유하고 있으며, 대부분은 락트알부민(lactalbumin)과 락토글로불린(lactoglobulin)이다. 지질은 불포화도가 높으며 콜레스테롤과 레시틴의 함량이 높다. 무기질 중에는 철분, 구리, 칼륨 및 나트륨이 많다. 소의 초유도 일반 우유에 비하여 단백질, 지질 및 무기질 성분의 함량이 높다.

2) 이행유

이행유(transitional milk)는 분만 약 5~7일 이후부터 성숙유가 분비되기까지 분비되는 젖으로 그 양이 점차 증가되며 영양 성분도 초유와 성숙유의 중간 성분으로 서서히 성숙유가 된다.

3) 성숙유

분만 후 15일 이상 경과하면 초유 중에 보였던 세포가 없어지고 분비량이 점차 증가하며 영양 성분도 일정해진다. 이를 성숙유(mature milk)라 하며 약알칼리성으로 특유의 방향과 단맛을 낸다. 화학적 조성은 유당 약 7%, 단백질 약 1.2%, 무기질 약 0.2% 및 지질 약 3.5%이며, pH는 6.97~7.10, 비중은 1.027~1.034 수준이다.

〈표 3-2〉 모유 100g 중 성분의 변화

	초기 초유(2일)	이행유(7일)	성숙유(30일)
유당(g)	4.09	5.75	7.10
단백질(g)	5.80	2.04	1.20
지질(g)	4.08	2.89	3.40
무기질(g)	0.48	0.34	0.20
에너지(kcal)	110.0	67.5	63.8

4. 수유부의 영양섭취기준

1) 에너지

에너지는 체온 유지, 신체의 활동, 호흡과 순환 등의 기능을 유지하기 위하여 필수적이다. 식품 섭취를 통한 에너지는 체내에서 산화되어 화학 에너지로 바뀌어 육체 활동, 대사, 신경전달, 호흡과 순환에 이용되며 이때 발생하는 열은 체온을 유지하는데 사용된다. 한국인 영양섭취기준에서 에너지는 권장섭취량과 상한섭취량 개념을 적용하지 않는다. 필요량 이상의 에너지 섭취는 체지방으로 축적되어 비만을 유발하기 때문이다. 수유부의 에너지 필요추정량의 부가량은 수유 기간 중 에너지 소비량의 변화, 모유 분비로 인한 에너지 필요분과 모체의 저장 지방 조직에서 동원된 에너지로부터 추정하였다. 수유부의 에너지 소비량은 비임, 비수유 여성과 별다른 차이가 없는 것으로 보고되므로 수유로 인하여 방출되는 에너지를 더하고 저장 지방 조직으로부터 동원되는 잉여 에너지를 빼서 계산한다. 모유의 에너지 밀도는 65kcal/100mL이며, 1일 모유 분비량은 평균 750mL/일로 약 490kcal/일이다. 체내에 저장되어 동원되는 잉여 에너지를 170kcal/일을 적용하여 고려하면 수유부의 추가 에너지 필요 추정량은 320kcal/일이 된다.

2) 당질

정제된 형태의 당질을 과잉 섭취하면 과체중과 비만의 위험이 증가하고, 혈액 내 중성지방이 증가되며 HDL-콜레스테롤은 감소되며 LDL-콜레스테롤은 증가하면서 여러 가지 만성질환의 위험을 증가시키므로 적절한 당질의 섭취가 필요하다. 수유부의 당질 섭취 기준은 별도의 지침 없이 일반 성인과 같은 수준으로 설정한다. 우리나라 성인의 당질의 에너지 적정 비율을 55~70%로 하되 도정하지 않은 곡식, 채소, 콩 및 과일 등의 섭취를 통하여 혈당지수가 낮은 복합 탄수화물을 많이 섭취하도록 권장한다.

3) 단백질

단백질은 인체의 정상적인 성장과 유지를 위하여 아미노산과 질소화합물을 공급하는 역할을 한다. 근육, 피부, 뼈, 모발 등의 신체 조직의 구성 외에도 효소와 호르몬 및 항체로 작용하고 영양 성분이나 활성 물질의 운반 및 저장, 체액과 산-염기 균형 유지 등의 중요한 기능을 가지고 있다. 단백질의 결핍증은 저개발국가 어린이에게 흔히 나타나며 질병에 대한 저항력이 저하된다. 과잉의 단백질 섭취는 여분의 아미노산이 산화되어 체지방을 축적시키고 질소 노폐물의 배설로 간과 신장에 부담을 주며 뼈의 칼슘을 용출시킨다.

수유부의 단백질 평균필요량은 일반 성인 여성에 비하여 다르지 않고 모유 생산에 필요한 단백질은 모유 분비량에 비례하여 증가한다. 모유에는 비단백성 질소 함량이 높고 모유 내 총 질소의 20~27%를 차지하므로 모유를 통하여 분비되는 단백성 질소뿐 아니라 비단백질성 질소까지 포함하여야 한다. 한국인 수유부의 모유 분비량 750 mL/일을 기준으로 하고 모유 중 단백질 함량은 우리나라 모유 분석 자료의 11.3g/L이나 국제 자료인 12.6g/L를 적용하였다. 식이 단백질이 모유 단백질로 전환되는 효율은 미국과 캐나다의 자료인 47%를 적용하면 부가 단백질 필요량은 (12.6g/L × 0.75L/일)/0.47 = 20.1g/일로 산출되므로 약 20g으로 정하였다. 부가되는 권장섭취량은 변이계수인 12.5%를 적용하여 1.25를 곱하면 약 25g/일이 된다. 즉 수유부의 단백질 필요량과 권장섭취량은 각각 20g/일과 25g/일로 책정하였다.

4) 지질

지질은 세포막의 중요한 구성 성분으로 지용성비타민과 카로티노이드의 흡수를 돕는다. 필수지방산은 세포 신호 전달, 영양소 대사의 유전자 발현 조절 인자로 작용하며 생리활성 물질인 아이코사노이드(eicosanoid)의 전구체로 이용된다. 지질의 대표적인 결핍증은 성장 지연, 피부염 등이며 필수지방산과 지용성비타민의 결핍으로 인한 증상이 나타날 수 있다. 지질의 과잉 섭취는 비만, 고혈압, 뇌·심혈관계 질환, 당뇨와 함께 나타나는 인슐린 저항성을 기반으로 하는 대사증후군을 유발한다.

수유부에게 총 지질의 에너지 적정 섭취 비율은 일반 성인 여성과 같은 수준인 15~25%로 설정한다. 수유부에게 총 지질 경우 에너지 책정 비율의 변화가 없더라도 수유로 인해 추가되는 에너지와 비례적으로 지질섭취량이 부가된다. 그러므로 수유부에게 지질의 추가섭취량을 산정할 필요가 없다. 수유 과정 중에서 모유로 분비되는 필수지방산은 모체의 지방 조직이나 식사를 통하여 공급되어야 하므로 이 시기의 필수지방산 섭취는 모유 및 영아의 건강에 매우 중요하다. 우리나라 수유부의 지질섭취량 조사에서 평균 59.5g/일을 섭취하고 있는 것으로 나타났다.

5) 무기질

(1) 칼슘

수유기에는 영아에게 공급해야 하는 유즙의 분비와 모체의 골격 건강을 유지하기 위하여 칼슘요구량이 크게 증가한다. 종단적 연구에서 수유 중 요추와 대퇴부 등에서 골밀도가 많이 감소되며, 또한 수유를 한 여성이 수유를 하지 않았던 여성에 비하여 노년기에 골절의 발생 비율이 더 증가한다고 하였다. 한편 다른 연구에서 수유기에 발생하는 모체의 뼈 재흡수 현상은 식이 칼슘 섭취와 독립적으로 나타난다고 하며, 이는 수유 중 정상적인 생리현상으로 자궁의 기능이 정상으로 되면 골 손실도도 정상으로 되돌아온다. 따라서 수유기의 칼슘 추가 필요량은 모유로 분비되는 칼슘 양으로 정한다. 우리나라 모유의 칼슘 함량은 평균 270mg/L이며, 한국 영아의 모유 섭취량은 약 750mL/일로 이를 통하여 배출되는 칼슘의 양은 평균 202.5mg/일이므로 수유부는 이와 동량을 체내로 흡수하여야 한다. 수유부의 칼슘 흡수율 65%를 적용하면 약 310mg/일의 칼슘이 추가로 필요하다. 수유 시 추가되는 칼슘의 권장섭취량은 여기에 변이계수 10%를 적용하면 374mg/일이므로 370mg/일로 정하였다.

(2) 인

인은 인체에서 칼슘 다음으로 많은 무기질이다. 85%가 골격과 치아에 칼슘과 결합되어 존재하고 나머지는 세포 내와 세포외액에 존재한다. 골격 내 칼슘과 인의 비율은 2:1로 존재하며 혈액 중 인은 적혈구의 인지질과 혈장지단백을 구성한다. 또한, 인체의 주요 장기에서 기능을 수행하고 DNA와 RNA의 기본 구조를 이루고 있다.

수유 시에는 유즙으로 배출되는 인을 추가로 공급해 주어야 한다. 1일 평균 유즙 분비량 750~780mL로 배출되는 인은 90~120mg 정도가 된다. 그러나 수유 중에는 식이 인 섭취량과 상관없이 뼈의 재흡수와 소변 중 인 배설량의 감소로 인하여 유즙 중 인 필요량을 공급할 수 있다. 우리나라 임신 수유부의 인 섭취량은 칼슘 흡수를 고려하여 1,180mg/일로 매우 높았는데, 칼슘 흡수율을 고려할 때 인의 공급량을 증가시켜야할 필요성이 없으므로 수유부의 인 권장량은 일반 성인 여성에 준하여 700mg/일로 설정하였다.

(3) 나트륨

나트륨은 세포외액의 중요한 양이온으로 삼투압 유지, 수분 평형에 관여하여 산·염기의 균형을 조절하고 정상적인 근육의 흥분성 유지와 신경 자극 전달에도 중요한 역할을 한다. 또한, 소장에서 포도당과 아미노산의 흡수에 관여한다. 한국인은 식사를 통한 나트륨 섭취량이 높다. 나트륨의 과잉 섭취로 고혈압, 뇌졸중, 심근경색 등의 발병 위험이 증가된다. 특히 염화나트륨(NaCl)의 과다 섭취는 갈증을 유발하고 간접적으로 탄산음료의 섭취량이 증가되어 비만을 증가시키며 신장결석, 골다공증 등의 위험을 증가시키는 요인이 된다.

수유기에는 세포외액의 증가와 모유를 통한 나트륨 배출이 있기는 하지만 부가적인 나트륨의 섭취는 고려하지 않고 일반 여성과 동일하게 설정하였다. 수유부의 나트륨 섭취량에 관한 국내 자료 중 수유 초기에서 수유 4개월까지 3,800~4,300mg/일로 보고한 연구가 있다. 수유기의 나트륨 충분섭취량은 일반 성인 여성과 동일하게 1.5g/일로 설정하였다.

(4) 칼륨

칼륨은 세포내액의 중요한 양이온으로 정상적인 삼투압과 수분 평형의 유지에 필요하다. 나트륨과 더불어 신경근육의 흥분성과 자극, 전기화학적 충격의 전달, 근육섬유의 수축 등을 조절한다. 혈당이 글리코겐으로 전환되어 저장되거나 단백질이 저장될 때 칼륨도 함께 저장된다. 건강인의 칼륨 결핍은 나타나지 않지만 지속적인 설사, 구토, 알코올 중독, 이뇨제 복용, 수술 등은 저칼륨혈증을 유발한다. 저칼륨혈증 시에 심부정맥, 근육약화, 당불내성 등의 증세가 나타난다.

수유기 6개월간 모유를 통하여 분비되는 칼륨의 함량은 0.4g/일이며, 식사를 통하여 섭취한 칼륨이 모유로 전환되는 효율이 100%라고 추정된다. 그러므로 수유부의 칼륨 충분섭취량은 성인 여성의 3.5g에 0.4g을 더하여 3.9g/일로 설정하였다.

(5) 마그네슘

마그네슘은 여러 효소의 보조 인자로 작용하여 에너지 생성에 관여하며 지질, 단백질 및 핵산의 합성, 근육의 수축 등 체내에서 일어나는 생화학적 혹은 생리적 과정에 필요하다. 마그네슘이 결핍되면 혈중 칼슘 농도도 낮아져서 저칼슘혈증이 나타나고 근육경련, 고혈압, 관상혈관과 뇌혈관의 경련이 일어난다. 골격과 무기질의 항상성에 중요한 역할을 하며, 골격세포의 기능과 성장에 직접적인 영향을 주어 마그네슘 결핍은 폐경 이후 골다공증의 발생 요인이 될 수 있다. 또한, 마그네슘 고갈은 인슐린 분비 손상뿐만 아니라 인슐린 저항을 일으켜 당뇨관리를 악화시킬 수 있다.

모유의 마그네슘 함량은 25~35mg/L이며, 한국인 수유부의 1일 모유 분비량 750mL 중에는 마그네슘이 19~26mg/일이 된다. 수유부의 마그네슘 섭취량은 모유의 마그네슘 함량에 영향을 주지 않으나 수유부의 소변 중 마그네슘 배설량은 일반 성인 여성에 비하여 더 낮다. 수유기의 골 분해 증가가 모유의 생성이 이용되는 것인지 또는 신장에서 재흡수 증가가 수유부의 증가된 마그네슘 요구량을 충족시키는데 충분한지 확실치 않지만 수유기의 소변 배설 감소와 골 분해 증가는 모유 생성에 필요한 마그네슘의 공급에 기여할 것이다. 그러므로 수유부의 마그네슘 평균필요량은 일반 성인 여성과 같은 235mg/일, 권장섭취량은 280mg/일로 책정하였다.

(6) 철

철은 생명 유지에 필수적인 역할을 담당하는 다양한 단백질의 구성 요소로 존재한다. 산화 형태의 철로 시토크롬, 헤모글로빈, 미오글로빈과 결합하여 산소의 운반에 관여한다. 신체 균형을 유지하기 위하여 흡수되는 철의 양은 성인 남자 1.0mg/일, 여성 1.5mg/일 수준이다. 여성의 경우 월경으로 인하여 철 흡수량이 3.4mg/일까지 증가할 수 있다. 기능 단백질과 결합하거나 세포대사 조절에 이용되고 남은 철은 간, 비장, 골수에 저장된다. 소장에서 트랜스페린(transferrin)과 결합하지 못한 철은 소장세포가 탈락될 때 변으로 배설된다. 소장세포의 주기적인 탈락으로 손실되는 철은 0.6mg/일, 소변으로 0.1mg/일, 피부 탈락으로 0.3mg/일 정도가 손실된다. 성인 여성의 기본적인 철 손실량은 14㎍/kg/일이며, 20~49세 성인 여성의 표준체중 56.3kg으로 보면 1일 기본적인 철분의 손실량은 0.79mg이다. 여기에 월경에 의한 1일 평균 철 손실량 0.5mg을 합하면 1일 평균 생리적 철분 손실량은 1.29mg이 된다. 철분의 평균 흡수율 12%로 계산하면 식이 중 철분 필요량은 10.8mg으로 약 11mg이 된다. 철분의 권장섭취량은 여기에 개인차를 고려한 변이계수 15%를 고려하여 14mg/일이다.

수유부의 경우 모유 내 철의 농도는 수유 4주를 기준으로 0.39mg/L로 1일 모유 분비량 750mL를 고려하면 모유로 분비되는 철분의 양은 0.29mg/일이다. 하루 기본 손실량과 모유 분비량을 더하면 월경이 시작되지 않은 수유부의 1일 철 요구량은 1.08mg/일이 된다. 수유부의 경우 일반 성인 여성처럼 철분 흡수율을 12%로 가정하면 9.0mg/일이 되며, 변이계수 15%를 적용하여 9.0mg/일 × 1.3 = 10.2mg/일로 성인 여성의 권장섭취량인 14mg보다 적으므로 더 부가하지 않고 성인 여성과 동일하게 14mg/일로 책정하였다.

(7) 아연

아연은 면역 체계에 중요한 역할을 한다. T 세포의 발달과 림프 세포의 분화에 관여하며 아연이 결핍되면 감염에 민감해지고 세포성과 체액성 면역 과정을 저해한다. 또한, 세포 분열과 증식에 필요한 효소와 호르몬의 구성 성분으로 DNA와 RNA 합성을 조절하여 아연 결핍 시 세포 증식이 저해되어 성장 지연을 초래한다.

수유부의 아연 추가 필요량은 모유로 분비되는 아연의 양으로 결정하였다. 우리나라 모유의 평균 아연 농도는 수유 4주에서 5개월 사이에 2.2mg/L이며, 1일 모유 분비량 750mL를 고려하면 1일 평균 아연 분비량은 1.65mg이 된다. 수유부의 아연 흡수율도 성인과 같이 40%로 적용하여 4.1mg/일이 추가로 필요하다. 수유부에게 권장되는 아연의 양은 개인 변이율 10%를 적용하여 5mg으로 정하였다. 즉 일반 성인 여성의 아연 권장섭취량 8mg/일에 5mg/일을 부가하여 13mg/일로 책정하였다.

(8) 구리

구리는 여러 효소의 구성 요소로 산소나 산소 래디컬을 소비하는 산화환원반응에 관여한다. 셀룰로플라스민(ceruloplasmin)은 철이온의 산화를 촉진하며 트랜스페린과 결합을 촉진하여 저장된 철과 장관 내의 철을 헤모글로빈의 생성 장소로 운반한다. 따라서 구리가 결핍되면 철의 이용률이 낮아지고 적혈구의 합성이 저하된다.

수유부의 구리 추가 평균필요량은 모유로 분비되는 구리의 양으로 정하였다. 우리나라 모유의 평균 구리 농도는 300㎍/L이며, 1일 평균 모유 분비량 750mL를 적용하면 모유로 분비되는 구리의 양은 225㎍/일이다. 구리의 흡수율을 65%로 간주하여 구리의 추가 평균필요량은 350㎍/일로 책정하였고, 개인 간의 변이계수를 15%로 계산하여 수유부의 추가 권장섭취량은 450㎍/일로 책정하였다.

(9) 불소

수유기의 불소대사에 대한 연구는 수행된 바가 없다. 외국의 연구 결과 모유의 불소함량은 0.007~0.011mg/L로 매우 낮으며, 수유부의 불소 섭취량이 모유의 불소 함량에 크게 영향을 주지 않으므로 수유기 여성의 불소 충분섭취량은 일반 성인 여성과 같이 2.5mg/일로 정하였다.

(10) 망간

수유부의 망간 필요량을 직접 평가할 자료는 거의 없다. 모유의 평균 망간 농도는 10㎍/L로, 1일 모유 분비를 통한 평균 망간의 양은 7.5㎍/일이고 망간의 흡수율이 3~5%임을 감안하면 망간의 추가필요량은 150~250㎍/일로 추정된다. 그러나 동물실험에서 비수유기에 비하여 수유기의 망간 흡수율이 3배 증가하였다는 것을 고려하여 수유로 인해 증가되는 망간의 추가 필요량이 매우 적은 양이므로 수유부의 망간 충분섭취량은 일반 성인 여성과 동일한 3.5mg/일로 산정하였다.

(11) 요오드

요오드는 갑상선호르몬의 구성 성분으로 뇌, 근육, 심장, 뇌하수체 및 신장에서 단백질 대사와 효소 활성을 조절한다.

수유부의 요오드 섭취기준은 모유로 분비되는 요오드이 양을 추가하여 산출한다. 우리나라 모유의 요오드 농도는 평균 175㎍/L이며, 1일 모유 분비량 750mL를 적용하면 모유로 분비되는 요오드의 양은 130㎍/일이 된다. 수유부의 요오드 추가 권장섭취량은 개인 간의 변이 20%를 적용하여 180㎍/일로 정하였다.

(12) 셀레늄

수유부의 셀레늄 부가량은 1일 모유로 분비되는 셀레늄의 양으로 계산하였다. 우리나라 모유의 평균 셀레늄 농도는 11.0㎍/L이며, 1일 모유 분비량 750mL를 적용하면 1일 평균 셀레늄 분비량은 8.25㎍이다. 여기에 변이계수 10%를 사용하여 120%인 9.9㎍이 되므로 수유부의 셀레늄 추가필요량을 10㎍/일로 산정하였다.

6) 비타민

(1) 비타민 A

비타민 A는 동물의 성장과 시각, 세포 분열 및 증식 및 세균에 대한 저항력의 증진에 중요한 역할을 한다. 일부 저개발 국가에서 어린이에게 비타민 A 결핍으로 각막장애 등이 나타나는데, 비타민 A 결핍은 단백질과 지질 섭취 부족 및 흡수 장애, 호흡기질환 등과 더불어 나타날 수 있다. 과잉 섭취하여도 독성이 나타나는데 급성 과잉증으로 오심, 두통, 무력감, 가려움증과 만성 과잉증으로는 두통, 탈모, 피부건조, 가려움증, 골관절통증 등이 있다. 반면에 식물성인 카로티노이드를 과량 섭취하여도 흡수율이 감소되며 장과 간에서 비타민 A로 전환이 감소되므로 독성 효과가 거의 나타나지 않는다.

우리나라 산모의 모유 중 비타민 A 함량이 48㎍RE/100mL로 조사된 것과 수유부의 1일 모유 분비량을 750mL로 산정하면, 수유부에게 비타민 A의 평균필요량은 약 350㎍RE/일의 수준이다. 수유부의 비타민 A 권장섭취량은 평균필요량에 2배의 변이계수 20%를 더하여 설정하였다. 즉 350㎍RE × 1.4 = 490㎍RE을 부가량으로 성인 여성의 권장섭취량인 650μgRE에 더하여 1,140μgRE/일로 설정하였다.

(2) 비타민 D

비타민 D는 혈중 칼슘과 인의 수준을 정상 범위로 조절하고 평형을 유지하는 기능을 한다. 신생아는 출생 후 수개월까지 필요한 비타민 D를 자궁 내에서 저장하고 태어난다. 최근 연구에서는 임산부에서 태아에게로 비타민 D의 이동은 신생아의 성장속도에 영향을 미친다고 하였다. 또한, 겨울에 태어나 아기의 골밀도와 제대혈 비타민 D 농도가 여름에 태어난 아기에 비해 낮았으며, 피부 노출을 금지하는 이슬람 국가에서 모유 수유아의 구루병 발생이 높다고 하였는데, 이는 임산부의 비타민 D 결핍이 영아의 비타민 D 영양 상태에 영향을 미치는 것으로 사료된다. 국내는 임산부와 신생아의 비타민 D 결핍 여부나 정도에 대한 연구가 부족한 실정이다. 그러므로 미국과 일본의 영양섭취기준을 참조하여 수유부의 경우 일반 여성보다 5μg/일을 더하여 10μg/일로 설정하였다. 상한섭취량은 고칼슘혈증을 독성종말점으로 정하여 최대 무독성량을 60μg으로 정하였다.

(3) 비타민 E

비타민 E는 free radical의 연쇄 반응을 차단하는 항산화 작용을 한다. 인체의 비타민 E 결핍은 드물지만 근육과 신경의 공조가 제대로 이루어지지 않아 발생하는 운동실조와 골격근증, 색소침착망막증 등이 있다. 비타민 E가 결핍되는 것은 식사 부족보다는 지단백대사(abetalipoproteinemia)나 α-TPP 유전자의 결함 때문이다. 한국인 수유부의 모유에는 비타민 E가 300~540μg/100mL 함유되어 있고 영아의 1일 모유 섭취량을 750mL/일로 고려하면 모유로 분비되는 비타민 E는 2.3~4.0mg/일로 평균 3.0mg/일이 된다. 따라서 수유부의 1일 평균 충분섭취량은 일반 성인 여성의 충분섭취량 10mg에 3mg을 가산하여 13mg α-TE/일로 설정하였다.

(4) 비타민 K

비타민 K는 프로트롬빈(prothrombin)을 카르복실화(carboxylation)시켜서 일련의 혈액응고 반응이 일어날 수 있도록 한다. 수유부의 비타민 K 영양 상태는 비수유부의 비교하여 섭취량에 차이가 없었다. 수유부에게 비타민 K를 보충시키면 모유의 필로퀴논(phylloquinone) 함량이 증가하나 수유부의 비타민 K 섭취량과 모유의 비타민 K 농도와는 유의적인 상관관계가 없다고 보고되었다. 따라서 수유부의 비타민 K의 충분섭취량은 일반 성인 여성과 동일하게 65㎍/일로 제시하였다.

(5) 비타민 C

비타민 C는 인간을 제외한 대부분의 포유동물에서 포도당으로부터 체내 생성이 가능하다. 비타민 C는 강한 환원력으로 수용성 환경에서 생성되는 자유기를 제거하는 기능이 있다. 비타민 C가 관여하는 체내 기능은 전자 제공, 콜라겐 합성, 강력한 항산화 작용 외에도 카르니틴 합성, 철분의 흡수, 이동, 저장에 관여하고, 콜레스테롤을 담즙산으로 전환시키는 데도 관여한다.

수유기에는 모유 분비로 비타민 C의 요구량이 증가한다. 모유에는 비타민 C가 40~60mg/L로 풍부하게 함유되어 있고, 한국인 수유부의 모유 분비량이 750mL/일이므로 모유로 배출되는 비타민 C는 30~45mg/일이다. 그러므로 수유부의 비타민 C 평균필요량은 일반 성인 여성의 평균필요량 75mg/일에 35mg/일을 추가로 설정하였다. 권장섭취량은 개인별 변이계수 10%를 고려하여 135mg/일이므로 추가 권장섭취량은 35mg/일이다.

(6) 비타민 B_1

비타민 B_1(thiamin)은 주로 당질대사에 관여하며 단백질과 지질의 대사적 연결에도 관여하므로 에너지 소모량과 관련이 깊다. 비타민 B_1의 결핍증은 식욕부진, 체중감소 무감각, 심장비대 등이며 심한 경우 신경계와 심혈관계 장애를 유발한다. 영아의 각기병은 비타민 B_1 결핍증을 가진 모체의 모유 영양으로 나타날 수 있다. 티아민의 평균필요량은 적혈구 트랜스케톨라아제 활성(erythrocyte transketolase activity)과 티아민의 소변 배설량을 적절히 유지할 수 있는 섭취량으로 일반 성인 여성에서 0.9mg/일로 설정하였다.

수유 기간 중 에너지 대사 항진과 모유를 통한 티아민 분비로 인하여 수유기의 티아민 필요량은 30~50% 증가한다. 모유로 분비되는 티아민 함량은 평균 0.16mg/일이고, 수유 기간 중 모유 생산에 필요한 에너지 이용 증가분 20%(0.9×0.2=0.18)을 고려하면 0.9mg/일 + 0.16mg/일 + 0.18mg/일 = 1.24mg/일이 된다. 이는 약 1.2mg/일로, 즉 수유부의 티아민 필요량은 일반 여성의 평균 필요량에 0.3mg/일을 추가하는 것으로 설정하였다. 권장섭취량은 평균필요량에 개인 변이계수 10%를 가산하면 1.6mg/일이 되므로, 즉 일반 성인 여성에서 0.4mg/일을 추가 권장한다.

(7) 비타민 B_2

리보플라빈은 조효소인 FNM와 FAD의 형태로 체내의 산화·환원반응에 촉매 역할을 한다. 결핍 증세는 구각염, 구순염과 설염 등 주로 구강에 나타나며 피부염, 광선공포증, 백내장, 빈혈 등이다. 일반 성인 여성의 리보플라빈 필요량은 임상적 결핍증상이 일어나지 않는 섭취량 중에서 정상적인 EGR(erythrocyte glutathione reductase) 활성과 소변 배설량을 유지하기 위한 섭취량을 고려하여 1일 평균필요량을 1.0mg으로 정하였다.

수유 기간 중 에너지 대사항진과 모유를 통한 리보플라빈 분비로 인하여 수유기의 리보플라빈 필요량은 30~50% 증가한다. 모유로 분비되는 리보플라빈 평균 함량은 미국 영양위원회의 자료인 0.35mg/L를 참고하여 1일 모유 분비량을 750mL로 볼 때 0.26mg/일 수준이다. 모유 생산에 리보플라빈 이용 효율을 70%로 보면 수유기 동안의 리보플라빈의 1일 평균필요량의 추가량은 0.4mg을 부가하는 것으로 설정하였다. 권장섭취량은 변이계수 10%를 가산하여 1.6mg으로 0.4mg을 추가 권장하였다.

(8) 니아신

니아신은 조효소인 NAD와 NADP 형태로 생체 내에서 산화·환원 반응에 관여한다. NAD는 세포 내 호흡, 당질대사, 지질대사, 알코올대사 등에 관여하고 NADP는 지방산 합성 및 스테로이드 합성 과정의 환원반응 5탄당 인산회로에 관여한다. 일반 성인 여성의 니아신 평균필요량은 니아신 대사물인 메틸니코틴아미드(N' -methyl - nicotinamide)의 배설량을 1.0mg으로 유지하는 수준의 니아신 섭취량을 결정하여서 11mg으로 정하였다. 권장섭취량은 변이계수를 15%로 간주하여 평균필요량의 130% 값인 14mg/일로 결정하였다.

모유에 함유된 니아신은 1.8mg/L이므로 모유 분비량 750mL/일을 고려하면 모유로 약 1.4mg의 니아신이 분비된다. 여기에 모유 생산 에너지 이용 증가분 2mg을 추가하여 수유부의 평균필요량의 추가분은 3.4mg/일이 된다. 성인 여성의 평균필요량

11mg/일에 이를 더하면 14.4mg/일이 되므로 추가 필요량을 3mg/일로 설정하였다. 권장섭취량은 변이계수 15%로 간주하여 14.4mg/일 × 1.3 = 18.7mg/일로 약 19mg/일이며 성인 여성의 권장섭취량에 5mg/일을 추가로 권장하였다.

(9) 비타민 B_6

비타민 B_6는 식품 중에 pyridoxine, pyridoxal, pyridoxamine의 형태로 존재하며 인산 유도체로도 존재한다. 이들은 체내에 흡수되어 pyridoxal-5-phosphate (PALP)로 전환되어 단백질대사 과정에서 조효소로 작용하고 지질 및 핵산대사와 heme 및 여러 신경 전달물질의 합성에도 조효소로 작용한다.

수유 중에는 단백질 요구량이 증가하면서 비타민 B_6의 섭취량도 증가되어야 한다. 모체의 비타민 B_6 섭취량은 모유의 비타민 B_6 농도에 비례하며 모유의 비타민 B_6 함량은 0.1~0.25mg/L 수준이다. 수유부의 비타민 B_6의 평균필요량은 대사 연구법 결과인 1.9mg/일과 요인 가산법의 결과인 1.7mg/일의 중간값 1.8mg/일이므로 성인 여성의 필요량인 1.2mg/일을 뺀 값인 0.6mg/일을 부가하도록 하였다. 권장섭취량은 평균필요량 1.8mg/일에서 변이계수를 10%로 보아 평균필요량의 120%인 2.16mg/일이며 이는 약 2.2mg/일로 성인 여성의 권장섭취량에 0.8mg/일을 추가로 권장하였다.

(10) 엽산

엽산은 체내에 흡수된 후 활성형의 조효소 형태인 tetrahydrofolate(THF)로 전환된 후 여러 가지 단일 탄소의 전이반응에 조효소 역할을 하여 아미노산과 핵산의 합성에 필수적인 영양소이며 세포의 분열과 성장에 매우 중요하다. 엽산은 비타민 A의 흡수를 조절하며 임신과 수유기, 조산아 및 노인에 그 결핍증이 쉽게 발생한다. 빈혈 발생과 혈구에 거대적아구성 이상 및 조산, 사산, 저체중아의 출산을 유발하고 뇌성마비와 신경관 결함의 빈도를 높인다고 한다.

수유부는 모유로 엽산을 분비하기 위하여 일반 여성보다 엽산 필요량이 증가한다. 성인 여성의 엽산 평균필요량은 320㎍/일이며, 권장섭취량은 변이계수 10%로 가정하여 평균필요량의 120%인 400㎍/일이다. 모유의 엽산 농도는 85㎍/L, 1일 모유 분비량 750mL, 생체 이용률 보정계수를 2.0로 계산하면 130㎍/일을 더 부가하여야 한다. 평균필요량은 이 결과를 성인 여성의 평균필요량에 더하여 450㎍/일로 정하였고 권장섭취량은 평균필요량에 변이계수 10%를 고려하여 550㎍/일로 정하였다.

(11) 비타민 B_{12}

비타민 B_{12}는 체내에서 메틸코발라민(methycobalamin) 또는 5-데옥시아데노실코발라민(5'-deoxyadenosylcobalamin)으로 전환되어 조효소 역할을 한다. 비타민 B_{12}가 결핍되면 methyltetrahydro folate가 그 이상 대사되지 못하여 쌓여서 다른 형태의 엽산 조효소를 만들기 어렵게 되므로 엽산의 결핍 증세가 나타난다. 결핍 증세는 악성 빈혈로 창백, 피로, 숨가쁨, 운동 능력 감소와 신경 장래로 신체 말단의 따끔거림, 무감각, 운동 장애, 인지 능력 장애 등이 있고, 식욕 부진, 변비 등의 위장 장애도 나타난다.

성인 여성의 비타민 B_{12}의 평균필요량은 2.0㎍/일이며 권장섭취량은 변이계수 10%로 가정하여 평균필요량의 120% 수준인 2.4㎍/일으로 설정하였다. 수유부의 비타민 B_{12}의 평균필요량 산정을 위하여 미국 수유부의 모유 중 비타민 B_{12} 농도 자료 0.31~0.42㎍/L의 높은 값인 0.42㎍/L와 일본 수유부의 모유 중 비타민 B_{12} 농도 0.45㎍/L의 중간값인 0.435㎍/L를 이용하였다. 여기에 한국인 수유부의 1일 모유 분비량 750mL로부터 계산하여 모유로 분비된 0.3㎍/일을 부가량으로 하여 수유부의 비타민 B_{12}의 평균필요량은 2.3㎍/일로 설정하였다. 권장섭취량은 평균필요량에 변이계수 10%를 적용하여 2.8㎍/일으로 정하였다.

(12) 판토텐산

판토텐산은 Coenzyme A(CoA)와 지방산 합성효소의 일부인 아실기 운반 단백질(acyl carrier protein : ACP)의 구성분으로 지방산과 탄수화물 대사에서 아실기의 활성화와 운반을 돕는다. 정상적인 식사를 하는 사람에게 판토텐산의 결핍증은 발생하지 않으나 판토텐산의 대사길항제인 ω-메틸 판토텐산을 섭취한 사람들에게 결핍증이 나타난다. 증세는 과민증, 불안감, 피로, 무감각, 권태감, 불면증, 위장 장애, 마비나 근육 경련 등의 신경계 이상증후군, 저혈당, 인슐린 민감도의 증가 등이 있다.

수유부의 모유 중 판토텐산 함량은 판토텐산 섭취량의 증가에 따라 증가한다. 수유부의 판토텐산 평균 섭취량이 7.6mg/일이었다는 보고와 섭취량이 5~6mg/일이었을 때 모체 혈액 농도가 더 낮았다고 하여 성인 여성의 충분섭취량 5.0mg/일에 미국 수유부의 모유로 분비되는 판토텐산의 양인 1.7mg/일을 추가하고 반올림하여 7mg/일을 수유부의 충분섭취량으로 설정하였다.

(13) 비오틴

비오틴은 포도당, 아미노산, 지방산대사의 주요 단계에서 4가지 carboylase의 구성 요소로 관여한다. 인체의 비오틴의 결핍은 거의 발생하지 않으나 완전 정맥 영양 환자에게 비오틴의 공급이 제대로 이루어지지 않거나 생난백을 다량 섭취할 때 아비딘(avidin)에 의하여 발생한다. 성인에게는 원형 탈모, 탈색, 지루성 피부염, 결막염, 습진 증세가 발생하고 심하면 우울, 환각, 혼수, 정신이상 등 중추신경계 이상이 일어난다. 비오틴의 영양섭취기준은 미국 수유부의 모유 중 비오틴 농도 6㎍/L와 한국인 모유 분비량 750mL/일을 적용하되 반올림하여 5㎍/일이 수유를 위하여 더 필요하다고 보고 충분섭취량을 35㎍/일로 설정하였다.

5. 수유부의 식사관리

정상 분만이라 하더라도 수유부는 모체의 회복과 건강 유지 및 모유 분비의 양과 질을 위하여 각 영양소를 충분히 섭취하여야 한다. 특히 쌀밥과 미역국 위주의 식사는 단백질, 칼슘, 철분, 비타민 B_1, 비타민 B_2 및 비타민 C가 부족하기 쉬우므로 다양한 식품 섭취를 권한다.

수유기 식단의 예는 〈표 3-3〉과 같다. 수유부의 에너지 필요섭취량은 2,420kcal이며 단백질 권장섭취량 75g은 에너지의 12.4% 수준으로 당질 : 단백질 : 지질 = 67 : 13 : 20%로 제공할 경우 각각 405, 78.5, 53g이 된다. 수유부의 기호를 고려하여 우유, 과일, 채소를 각각 3(일반 우유 2, 저지방 우유 1), 8, 9 교환단위로 책정한 결과 곡류와 어육류군의 교환단위가 결정된다. 에너지를 보정하기 위한 지방교환단위까지 결정한 후 끼니별 식품군을 분배하고 식단을 작성하였다.

〈표 3-3〉 수유부의 1일 식단의 예(1일 총 에너지 2,420kcal, 단백질 75g)

구분	식품군 교환단위						식단	식품명	분량(g)
	곡류	어육	채소	지방	우유	과일			
아침	3	저 ½ 중 ½	3	1		1	쌀밥 미역국 두부부침 시금치나물 김치	쌀밥 쇠고기 미역 두부 식용유 시금치 참기름 배추김치	210 20 70(불려서) 40 2.5 70 2.5 50
오전 간식					1	2	과일 우유	사과 우유	160 200
점심	3	중 ½ 저 ½	3	1		2	쌀밥 순두부찌개 애호박나물 도라지생채 김치	쌀밥 순두부 조갯살 애호박, 참기름 도라지 배추김치	210 100 35 70 5 70 50
오후 간식	1			1	1	2	감자전 바나나셰이크 과일	감자 식용유 바나나 우유 방울토마토	200 5 50 200 300
저녁	3	중 1	3	1		1	보리밥 미역국 생선구이 과일채소샐러드 김치	보리밥 미역 조기 사과 단감 양상치, 피망 오이 브로콜리 마요네즈 배추김치	210 70(불려서) 50 40 25 35 35 35 35 5 50
야식	1			1	1	1	토스트 과일 우유	식빵 버터 오렌지 저지방우유	35 5 100 200
합계	11	저 1 중 2	9	5	3	9			

6. 모유 수유

1) 모유 수유의 이점

영아에게 모유는 그 어느 식품보다 영양적으로 우수하며 영아가 성장하면서 영양 성분도 적합하게 변화되어 영아의 발육을 도와준다. 모유는 세균 감염의 우려가 없어 항상 위생적이고 안전하며, 알레르기를 일으키지 않는다. 또한, 항감염 작용이 있는 면역 글로불린, 대식세포, 락토페린 등의 인자가 있어 영아의 건강에 매우 유리하고 영아의 턱과 치아의 발달에 도움이 되며 모자간의 유대관계를 돈독히 한다. 모유 중의 DHA, 유당, 타우린(taurine), 콜레스테롤 등은 영아의 뇌 발달을 돕는다. 아기가 강하게 빠는 신생아의 뇌로 향하는 혈류를 증가시켜 뇌 발달에 도움을 준다. 한편 1992년 영국 의학지 Lancet에서 모유를 먹은 조산아와 조제분유를 먹은 조산아 두 그룹을 비교 연구한 바에 의하면 모유를 먹은 조산아의 평균 지능지수(IQ)가 8.3이 높다고 보고하였다.

수유부에 있어서도 모유 수유는 여러 면에서 유리한데, 영아의 흡인 반응에 의하여 분비되는 옥시토신은 자궁의 수축을 촉진시켜 산욕의 회복을 도우며, 옥시토신은 수유부를 이완시키므로 신경질적인 여성들도 수유를 통하여 온순해지기 때문에 부부관계 형성에도 도움이 된다고 한다. 또한, 수유는 배란을 억제하여 자연 피임이 되게 하고 유방암에 걸릴 확률이 적어지며 칼슘대사를 효율적으로 하게 하여 수유부의 뼈를 보호하므로 골다공증의 발생률을 줄일 수 있어 여성 건강에 도움이 된다. 그리고 모유를 통한 에너지 공급으로 출산 후 증가된 체중의 회복에 유리하며 무엇보다도 수유 방법이 간편하며 경제적이다. 또한, 유방을 통한 모자간의 접촉은 정신적인 만족감과 긴밀한 관계가 유지된다.

모유 수유에 성공하기 위해서는 가능한 빨리 수유하는 것이 엄마 젖을 먹이기에 성공하는 지름길이다. 엄마가 먼저 모유 수유에 대해 자신감을 가져야 하며 주위에서도 격려해 주어야 한다. 출산 후 즉시 아기에게 젖을 먹이는 것이 쉽지는 않겠지만 고무 젖꼭지에 길들이기 전인 출생 직후 가능한 빨리 시도해야 한다. 젖을 먹일 때는 젖꼭지만이 아닌 유륜 전체가 아기의 입에 들어가도록 물린다. 젖을 먹이는 시간을 정해 놓기보다는 융통성을 갖고 아기가 배고파할 때 먹이도록 하고 4~6개월까지는 모유를 먹이며, 출산 2개월 전부터 유방을 마사지하여 아기에게 젖먹일 준비를 해둔다.

2) 모유 분비량

모유의 분비량은 모성의 영양 상태, 분만 횟수, 수유 기간 및 경구피임제와 영양 보충제의 사용 여부와 영아의 빠는 힘, 체중 및 유즙 요구량에 영향을 받는다. 운동을 하는 여성의 경우 분비량이 비운동 여성에 비하여 더 분비되며, 흡연을 할 경우 모유 분비량이 감소한다고 한다. 수유 초기에는 분비량이 극히 소량이나 점차로 증가하여 분비량의 최대 기간은 60~90일경이 된다. 우리나라의 지역별 수유 기간에 따른 모유 분비량은 〈표 3-4〉와 같다.

〈표 3-4〉 우리나라 지역별 수유 기간별 모유 분비량(g/일)

	수유경과 기간(일)							
	7	10	15	30	60	90	120	150
서울(채식자)	-	-	502	692	697	684	757	703
청주 안성 지역	-	-	634	810	847	840	844	810
강원 지역	547	567	639	789	871	843	848	851
인천 지역	527	-	608	724	841	798	-	-
광주 지역	-	-	-	751	697	717	-	-

3) 수유에 영향을 주는 요인

수유부가 피곤하거나 흥분, 불안 및 공포가 있게 되면 아드레날린(adrenaline)이 혈관을 수축시키고 옥시토신의 작용을 제한하여 모유의 분비를 저해하는 것으로 보인다. 그러므로 수유부는 가능한 한 스트레스를 받지 않고 편안한 마음을 가지도록 본인과 주변 가족들의 배려가 필요하다.

수유부가 섭취하는 약물이나 술, 카페인 및 담배 등은 모유를 통해 분비될 수 있으므로 이들의 섭취량을 제한하거나 절제하여야 하며, 약물의 복용은 반드시 의사와 상의하여야 한다. 또한, 수유부가 임신을 한 경우, 결핵, 신장질환, 간장질환, 당뇨병,

심장병 및 암 등의 만성질환이나 정신질환 및 매독 등 감염성 질환이 있는 경우에는 수유하지 않아야 한다.

4) 우리나라의 수유 실태

우리나라의 모유 수유율은 1960년대 후반기까지 모유 영양이 90% 이상이었으나, 1970년대 후반 이후는 도시의 경우 30~40%, 농촌은 50~60%까지 감소하였다. 1991년 속초시의 모유 수유율은 40%이었는데, 계속 감소하여 2005년에는 31.6%로 조사된 바 있다. 반면 미국에서 1971년 20%였던 모유 영양이 1983년 60%로 증가하였으며, 미국과 캐나다의 중상층의 모유 수유율은 70~80%, 프랑스의 경우 82%에 달하는 것으로 알려져 있다. 이처럼 서구의 모유 수유율이 급격히 증가한 요인으로 모유 수유에 대한 의료인들의 인식 변화 때문으로 미국 소아과학회에서 소아과 의사들에게 산모로 하여금 젖을 먹이도록 적극 권하고 있다.

우리나라의 모유 수유율이 계속 감소하는 요인으로는 우선 여성들의 사회 활동의 증가와 모유 수유에 대한 의료인들의 적극적인 태도의 결여, 출산한 병원에서 신생아와 수유부의 격리, 몸매에 대한 지나친 관심 등이 있다. 영아용 분유 제조업체들은 산모가 특별히 이상이 있는 경우에 한하여 먹이도록 만들어졌던 분유를 상품화하면서 더 많이 판매하기 위하여 분유가 모유와 같은 것처럼, 더 나아가 모유보다 더 좋은 것처럼(두뇌에 좋다는 등) 광고를 하기도 하였다. 이와 같은 판촉 활동은 보건 전문 의료인에게도 영향을 주어 보건 전문 의료인조차도 분유가 모유와 같다고 인식하게 만들었으며, 따라서 병원에서는 아기가 태어난 후 자연스럽게 분유를 먹이게 된다.

그러나 모유 권장 캠페인은 보건 의료인들과 산모 및 가족들에게 모유가 더 좋다는 인식의 변화를 갖도록 하고 있으며, WHO와 UNICEF는 매년 8월 1일을 '세계 모유 수유의 날'로 정하고 세계 각국에서 젖먹이기 권장 사업을 벌이고 있다.

5) 성공적인 모유 수유의 10단계

세계보건기구와 유니세프는 〈모유 수유의 보호, 지원, 장려〉를 위한 공동 선언 보고서를 통해 출산 서비스를 제공하고 신생아를 돌보는 모든 시설에서 다음의 내용을 실천할 것을 권유하고 있다.

① 모든 보건 종사자들이 모유 수유 지침을 지킬 수 있도록 그 지침서를 비치한다.
② 모든 보건 종사자들에게 모유 수유에 필요한 기술을 훈련시킨다.
③ 모든 임산부에게 모유 수유의 장점과 방법을 가르친다.
④ 엄마들이 출산 후 30분 안에 젖을 물릴 수 있게 돕는다.
⑤ 엄마에게 젖먹이는 방법과 계속 젖이 잘 나올 수 있도록 하는 방법을 가르쳐 준다.
⑥ 신생아에게는 의학적으로 필요한 경우가 아니면 절대로 모유 이외의 음식이나 마실 것을 주지 않는다.
⑦ 엄마와 아기가 24시간 내내 함께 지낼 수 있게 모자 동실을 만든다.
⑧ 아기가 원할 때마다 모유를 먹이도록 권장한다.
⑨ 아기에게 인공 젖꼭지 등을 주지 않는다.
⑩ 모유 수유를 지지하는 모임을 만들고 운영하는 데 도움을 주고 퇴원하는 엄마들에게 모임을 소개해 준다.

참고문헌

금혜경, 〈수유 기간별 모유 분비량과 모유 중 selenium 및 zinc 함량 변화에 관한 연구〉, 단국대학교 박사학위논문, 1994

김선희 · 김을상 · 이영남 · 이정실, 〈분만 후 7일과 60일에 분비된 모유의 비타민 A의 함량〉, 동아시아식생활학회지 4(2) : 1~7, 1994

김숙희 · 유춘희 · 김선희 · 이상선 · 강명희 · 장남수, 《가족영양학》, 신광출판사, 1995

김은경 · 남혜원 · 박영심 · 명춘옥 · 이기완, 《생활주기 영양학》, 신광출판사, 2001

김을상 · 조금호, 〈수유 초기 모유 중 철, 구리, 아연의 함량과 영아의 섭취량 추정〉, 동아시아식생활학회지 14(1) : 27~33, 2004

김천호, 《신고 특수영양학》, 수학사, 1995

김초강 · 정혜경, 《모아보건, 인구, 가족계획》, 수문사, 1988

모수미 · 구재옥 · 최혜미 · 이정원, 《생활주기 영양학》, 효일문화사, 1995

문수재 · 강경선 · 이민준 · 이종호 · 안홍석, 〈수유기간에 따른 모유 내 다량 무기질 농도 변화에 관한 연구〉, 한국영양학회지, 26(9) : 1098~1109, 1993

보건복지부, 〈2005년 국민건강영양조사〉, 한국산업진흥원, 2006

설민영 · 김을상 · 금혜경, 〈수유 첫 6개월간 기간별 수유부의 모유 분비량에 관한 연구〉, 한국영양학회지 26 : 405~413, 1993

안홍석, 〈모체 영양상태가 모유 형성에 미치는 영향〉, 한국영양학회지 24 : 260~275, 1991

양혜란 · 금혜경 · 김을상, 〈모유의 셀레늄과 아연 함량에 관한 연구〉, 한국영양학회지 28(9) : 872~879, 1995

이상일 · 최혜미, 《영유아영양》, 교문사, 2002

이정실 · 김을상, 〈수유 첫 5개월간 모유 영양아의 비타민 A 섭취량에 관한 연구〉, 한국영양학회지 31(9) : 1433~1429, 1998

이정실 · 이영남 · 김을상, 〈모유영양아의 아연과 구리섭취량에 관한 연구〉, 한국영양학회지 33(8) : 857~863, 2000

이정실 · 김을상, 〈모유 영양아의 비타민 E 섭취에 관한 연구〉, 한국영양학회지 31(9) : 1440~1445, 1998

이정실 · 김을상, 〈속초시 영유아의 이유실태조사〉, 한국영양학회지, 24 : 469~476, 1991

이정실 · 최경순, 〈강원일부지역 영유아의 수유 및 이유실태와 영아 영양에 대한 어머니들의 태도〉, 동아시아식생활학회지 15 : 373~385, 2005

임현숙 · 이정아, 〈모유영양아와 인공영양아의 성장〉, 한국영양학회지 26 : 783~792, 1993

최미경 · 안홍석 · 문수재 · 이민준, 〈모유의 철분, 아연 및 구리 함량과 모유 영양아의 모유와 미량원소 섭취량에 관한 연구〉, 한국영양학회지 24 : 442~449, 1991

최경순 · 김을상, 〈채식을 하는 수유부의 수유 기간별 모유 분비량과 수유 양식에 관한 연구〉, 한국영양학회지 24 : 219~229, 1991

〈한국인 영양섭취기준〉, 한국영양학회, 2010

He FJ, McGregor FA. Salt, blood pressure and cardiovascular disease, Curr Opin Cardiol 22(4) : 298~305, 2007

He FJ, Marrero NM, McGregor GA. Salt intake is related to soft drink consumption in children and adolescents an link to obesity, Hypertension 51 : 629~634, 2008

McDonald RS. The role of zinc in growth and cell proliferation. J Nutr 130 : 1500S~1508S, 2000

Shankar AH, Prasas AS, Zinc and immune function: The biological basis of altered resistance to infection. Am J Clin Nutr 68 : 447S~463S, 1998

Worthington-Roberts, Vermeersch Williams. Nutrition in Pregnancy and Lactation. 4th ed. Times Mirror/Mosby College Publishing, 1994

CHAPTER

04

영아기 영양

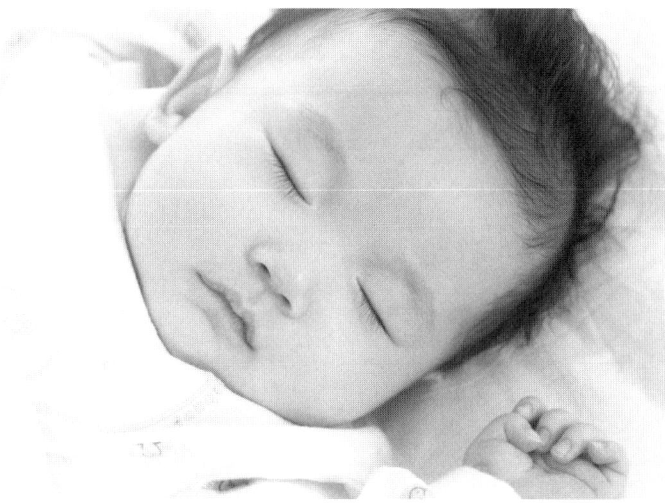

1. 영아기 영양의 의의
2. 영아의 생리적 특성
3. 영아기의 영양섭취기준
4. 영아의 영양 공급
5. 영아기의 영양과 관련된 문제
6. 영아의 식생활 지도

CHAPTER

04 영아기 영양

영아란 출생 후 만 1년까지의 어린이를 말하며 성장과 발달의 변화가 일생 중 가장 큰 시기이다. 어린이는 성인의 축소 형태가 아니므로 성인 영양과 구별되어야 하며, 균형 잡힌 영양 공급이 중요한 인자이므로 건강하게 성장하도록 최선을 다해야 한다.

1. 영아기 영양의 의의

영아기는 일생 중 성장이 가장 왕성하게 일어나며, 특히 뇌의 성장과 발달이 현저하게 이루어지는 시기인 반면 소화 · 흡수 기능은 미숙하고 면역력이 약하며, 환경 변화에 대한 적응력도 매우 낮다. 이 시기에 있어서 영양의 목적은 최대한의 성장이 이루어지도록 하는 것이다. 영양은 단지 활동하고 살아가기 위해서만이 아니라 바르게 성장하고 발육하기 위한 것이다.

〈표 4-1〉 소아기의 분류

구분	시기
신생아기	생후 1주(임상적 분류), 생후 4주(WHO의 분류)
영아기	신생아기를 포함해서 만 1세 미만
유아기	만 1세 이후 취학 전까지
아동기	만 6~12세
사춘기	만 12~18세

2. 영아의 생리적 특성

1) 신체 발달

영아기의 특징은 성장과 발달이라고 할 수 있다. 성장(growth)은 체중이나 신장의 증가와 같은 형태적 성장과 대사 평형, 즉 질소와 칼슘 등의 축적인 화학적 성장을 의미하며 유전 인자와 영양, 사회적 경제적 환경 등의 영향을 받아 이루어진다. 발달(development)은 신체 기능이 복잡해지면서 성숙되는 과정으로 기능의 가능성과 능력을 의미한다. 그러나 실제로는 성장, 발달의 모든 면은 연속적으로 관련되어 있다. 영아의 성장 속도는 그 후 어느 시기보다 빠르고 개인차가 매우 크며, 신체 각 부위의 성장률과 시기가 다르다. 출생 후 1년 동안은 몸통이 가장 빨리 자라고, 생후 1년부터 사춘기까지는 다리의 성장이 빠르다. 뇌는 영유아기에 급속히 자라는데 생후 2세에 성인 크기의 약 50%가 되며, 4세에 75%, 6~10세에 100%로 성장한다. 출생부터 2세까지 중추신경계는 특히 영양 공급에 민감하여 적절한 영양 공급이 이루어지지 않으면 미엘린(myelin)을 형성하는 지방 화합물의 합성이 저해되어 비가역적 손상을 입게 된다. 미엘린 형성은 생후 2세까지 급격히 진행되며, 10세 정도에 완성된다.

생후 6개월 동안은 지방 조직의 급격한 축적이 일어난다. 그 후 지방 두께가 감소하기 시작하여 6세까지 날씬한 모습이 지속된다.

(1) 체중

영아의 체중은 골격, 근육, 피하지방 등의 종합적 표시로써 성장의 가장 중요한 척도이며, 영양 상태의 판정에 중요한 지표가 된다.

신생아의 출생 시 체중의 평균은 남아 3.4kg, 여아 3.3kg으로 재태 기간, 모성의 분만 횟수 등에 따라 차이가 있으며, 인종 차이, 모체의 건강과 영양 등과도 관계가 된다.

출생 후 3~5일이 경과되면 영아의 체중이 출생 시보다 6~10% 가량이 감소되는데 이는 태변, 요의 배설, 폐 및 피부로부터의 수분 증발 및 일부 조직에서의 이화작용 등에 의한 일시적 현상이다. 생후 7~10일경에는 다시 출생 시의 체중으로 회복된다. 이런 현상을 신생아의 생리적 체중 감소라고 하며, 그 이후부터 빠른 속도로 체중 증가가 일어나서 3개월이 지나면 출생 시 체중의 2배가 되며, 만 1세에는 3배가 된다. 출생 시 체중이 적은 아기가 성장 초기에는 체중 증가가 더 빠르게 나타나서 출생 시 체중의 2배가 되는 시기가 빠르다.

(2) 신장(length)

영아의 신장은 누웠을 때 머리 꼭대기에서 발바닥까지의 거리를 나타내며, 우리나라 신생아의 출생 시 신장의 평균은 남아 50.1cm, 여아 49.4cm이다. 신장의 증가율은 생후 1년이 되면 출생 시 신장의 1.5배 정도 자라고, 그 후 점차 완만하게 성장이 진행된다. 한편 신장의 성장 속도는 유전, 생활환경 등에 따라 개인차가 많다.

〈표 4-2〉 한국 영아의 신체발육 표준치

연령(개월)	체중(kg)		신장(cm)	
	남 아	여 아	남 아	여 아
출생시	3.41	3.29	50.12	49.35
1~2	5.68	5.37	57.70	56.65
2~3	6.45	6.08	60.90	59.76
3~4	7.04	6.64	63.47	62.28
4~5	7.54	7.10	65.65	64.42
5~6	7.97	7.51	67.56	66.31
6~7	8.36	7.88	69.27	68.01
7~8	8.71	8.21	70.83	69.56
8~9	9.04	8.52	72.26	70.99
9~10	9.34	8.81	73.60	72.33
10~11	9.63	9.09	74.85	73.58
11~12	9.90	9.35	76.03	74.76

〈대한소아과학회, 질병관리본부, 2007〉

(3) 머리둘레

머리둘레는 앞이마로부터 뒤통수의 가장 두드러진 부분 위로 둘러 잰 머리의 가장 큰 둘레를 말하며, 골계통의 발육에 중요한 측정치로서 뇌의 크기에 비례하며 뇌수종이나 뇌종양 등의 장애가 있으면 머리가 비정상적으로 커진다.

신생아의 머리둘레는 평균 남아가 34.7cm, 여아가 34.1cm로서 남아가 약간 크다. 출생 시의 머리둘레는 가슴둘레보다 커서 신체 중에서 가장 큰 모양을 나타낸 부위이다. 만 1세가 되면 머리둘레와 가슴둘레는 거의 비슷해지며 만 3세가 되면 가슴둘레가 머리둘레를 웃돌게 된다.

(4) 가슴둘레

가슴둘레는 피하지방, 근육 조직 등의 발달 여하에 따라 달라지며 가슴둘레의 증가는 체중과 거의 병행 관계에 있게 되는데, 질병이나 영양상의 결함이 있으면 체중보다 민감하게 감소되나 회복도가 체중보다 빠르다.

가슴둘레는 편안한 자세로 조용히 호흡을 하면서 유두를 둘러서 호흡이 끝난 위치에서 잰다. 보통 갓 태어났을 때에는 가슴 모양이 둥근 나무 맥주통같이 둥글지만 크면서 점점 좌우가 넓어져서 타원형이 된다.

출생 시의 가슴둘레는 머리둘레보다 작고 1세가 되면 머리둘레와 거의 같아지며, 그 후부터는 가슴둘레가 머리둘레보다 크다. 신생아의 가슴둘레는 남아, 여아 모두 33cm 정도 되며, 1세가 되면 13cm가량 급속히 증가하고 그 후부터는 서서히 자라다가 사춘기에 들어서게 되면 다시 급속히 커진다.

〈표 4-3〉 한국 영아의 머리둘레와 가슴둘레의 표준치

연령(개월)	머리둘레(cm)		가슴둘레(cm)	
	남 아	여 아	남 아	여 아
출생 시	34.70	34.05	33.5	33.0
1~2	38.30	37.52	39.0	37.8
2~3	39.85	39.02	41.4	40.2
3~4	41.05	40.18	43.5	42.0
4~5	42.02	41.12	44.0	43.0
5~6	42.83	41.90	44.5	43.5
6~7	43.51	42.57	44.8	44.0
7~8	44.11	43.15	45.5	45.0
8~9	44.63	43.66	46.0	45.2
9~10	45.09	44.12	46.5	45.5
10~11	45.51	44.53	47.0	46.0
11~12	45.88	44.89	47.0	46.2

〈대한소아과학회, 질병관리본부, 2007〉

(5) 상완위

상완위는 팔꿈치 윗부분인 상완의 중앙부의 가장 굵은 부분을 줄자로 펴고 잰다.

상완위는 생후 1년 반까지는 성장에 따라서 증가하므로 영양 평가상 측정의 의미가 있으나, 1년이 지나면 상완위의 증가는 심하게 나타나지 않으므로 이 시기에는 영양 평가의 지표상 별로 의미가 없다.

(6) 피하지방

영양 상태가 정상으로 발육하고 있는 영아는 적당한 지방 축적이 되어 있으며, 영아의 체형에는 특유한 동그라미의 형태가 있다. 영양 상태가 악화되면 피하지방은 감소되는데 복벽, 가슴둘레, 상완 내측, 대퇴부 등의 순서로 비교적 빠른 속도로 감소된다.

피하지방의 측정은 캘리퍼(caliper)를 이용한다. 캘리퍼는 〈그림 4-1〉과 같다. 캘리퍼로 피하지방을 재는 부위는 상완 뒷부분 또는 안쪽, 견갑 하부 및 복벽 등이다.

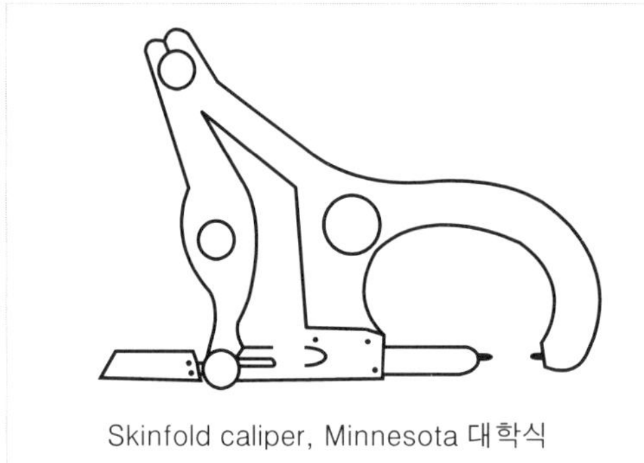

〈그림 4-1〉 캘리퍼

(7) 치아

유치는 젖니라고 하며, 생후 5~6개월에 아래의 가운데 앞니가 나오기 시작하여 대개 2~2.5세에 모두 20개가 나며, 나오는 시기와 순서에는 개인차가 있다.

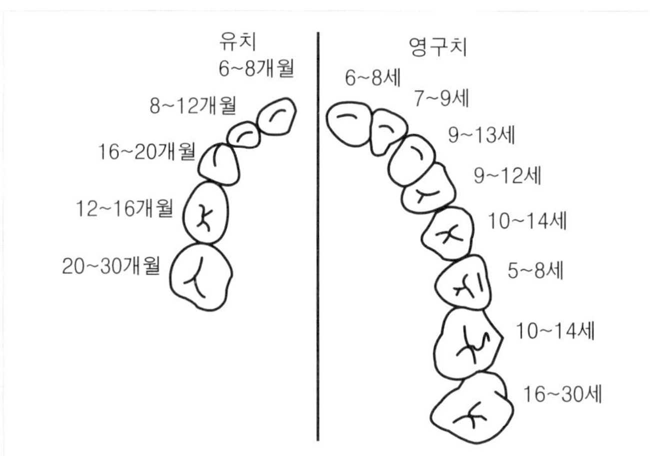

〈그림 4-2〉 치아가 나오는 시기

영구치는 6세 전후에 어금니가 생기기 시작하여 28개 혹은 32개가 되며 평생 교체되지 않는다. 치아가 나오기 시작하면 그동안 잇몸과 입술로 유즙을 먹던 것에서 음식을 저작하고 잘게 부술 수 있게 된다. 따라서 아기의 치아 발달에 따라 유즙으로부터 벗어나 다른 고형 식품을 섭취할 수 있도록 한다. 튼튼한 치아를 만드는 데 필요한 영양소는 칼슘, 인, 비타민 A, 비타민 C, 비타민 D 및 단백질 등으로 이들의 공급이 중요하다.

2) 신체 구성 성분

성인과 비교한 영아의 신체 구성은 〈표 4-4〉와 같다. 즉 세포 외액의 수분 함량은 출생 시 가장 높다가 월령이 증가하면서 점차 감소하며, 단백질 함량은 성인에 이르기까지 점차 증가하고, 지방 함량은 성인에서 가장 높다.

〈표 4-4〉 출생 시와 성장 후의 신체 구성 비교

나이	체중(kg)	비지방 조직(g/100g)			전 체(g/100g)			
		수분	단백질	기타	수분	단백질	지방	기타
출생	3.5	84.3	12.8	2.9	75.1	11.4	11.0	2.5
4개월	7.0	81.7	15.4	2.9	60.2	11.4	26.3	2.1
12개월	10.5	77.5	19.2	3.3	59.0	14.6	23.9	2.5
성인		72.4	20.5	7.1	62.6	16.4	15.3	5.7
(범위)					(56~68)	(14~19)	(12~19)	(4~6)

(1) 체구 성분의 변화

① 체액의 변화

체중당 체내 총 수분 함량의 비율은 출생 당시 70%이던 것이 생후 12개월에는 60%로 감소한다. 체액량의 감소는 전적으로 세포 외액의 손실에서 온 것이며, 세포 외액은 출생 시 체중의 42%였다가 1세가 되면 32%로 감소한다. 이러한 변화는 지방 조직의 수분 함량을 감소시키고 대신 지방 조직의 증가와 상대적으로 근육의 증가를 초래한다.

② 근육 조직

영아는 신체가 성숙하면서 근육 조직이 증대되고, 체수분 함량이 감소하며 단백질 함량은 증가한다.

Fomon은 근육 조직에 있는 단백질 함량은 1개월에 12.5%이던 것이 1세가 되면 17%로 증가한다고 제시하였다.

③ 체지방

태아기에는 체지방 조직이 서서히 발달하여 임신 5개월경에는 태아의 체지방 함량이 체중의 0.5%를 보이다가 분만 시 16%로 증가한다.

출생 후 약 9개월까지 지방의 축적이 빠르게 진행되며, 2~6개월 사이에는 지방 조직의 증가가 근육 증가보다 2배나 더 많으며, 9개월까지 계속 증가하다가 그 후 약간 감소하면서 1세가 되면 25%가 된다.

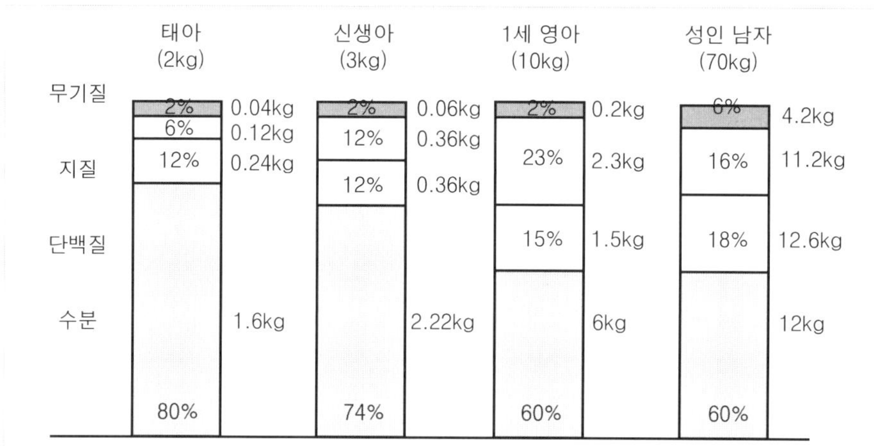

〈그림 4-3〉 성장에 따른 신체 성분의 변화

영아기의 지방 축적은 성별에 차이가 있어서 여아가 남아보다 체중당 지방 함량이 더 많다.

(2) 신체 구성비의 변화

신장과 체중의 증가는 신체 구성 비율에 많은 변화를 준다. 즉 머리 부분이 차지하는 비율은 감소하고 몸체와 다리 비율은 증가한다. 출생 시 머리는 체중의 1/4을 차지하나, 성인기에 머리는 총 신장의 1/8에 해당한다. 출생 시와 성인기 신장에 대한 다리 길이의 비율은 신생아 3/8이던 것이 성인기에는 1/2이 된다.

3) 심리 사회적 발달

출생 후 몇 개월은 신뢰감과 애착이 형성되는 시기이다. 이때는 주로 구강과 위장으로 만족감을 느끼는 시기이므로 아기가 원하는 대로 젖을 주어서 신체적 기본 욕구를 만족시켜 주어야 불만이 없고 주위에 대한 신뢰성을 형성하여 반사회적 성품을 갖지 않게 된다. 이후 차츰 성장하면서 식생활과 수면의 생체 리듬이 성인에 가까워지면 아기가 무작정 원한다고 수유하는 것은 바람직하지 않다. 아기가 자율성과 독립성을 갖도록 하는 훈련이 시작되어야 하기 때문이다.

4) 소화와 흡수기관

영아의 소화와 흡수에는 특수성이 있으며 체내에 존재하는 소화효소는 성인과 차이가 있다.

영아의 소화 능력도 출생 후 성숙하면서 서서히 증가되어 위와 소장이 발달하게 되면서 여러 가지 영양소를 소화, 흡수할 수 있는 능력이 생긴다.

(1) 구강

34주된 태아는 빠는 운동을 시작하면서 점차 삼키는 운동과 조화를 이룰 수 있게 된다. 생후 4개월이 되면 숟가락으로 미음을 먹을 수 있고, 7개월경부터는 입안의 음식을 혀로 돌려 씹을 수 있게 된다.

신생아의 타액 분비량은 적고 산성을 띠고 있으나 점차 분비량이 증가하면서 중성이나 알칼리성을 나타내게 된다. 신생아 초기에는 타액 아밀라제 함량이 매우 적지만 이유가 가능한 4개월경부터 증가하여 1년 사이에 성인 수준에 도달한다. 신생아는 구강 리파제에 의해 지방을 가수분해시킨다.

(2) 위

출생 당시 위의 용량은 10~12mL이나 12개월쯤이면 200mL로 증가하며, 출생 시 위의 pH는 약한 알칼리성이지만 24시간 내에 위산의 분비가 최고에 달한다. 그 후 산도는 점차 감소하여 처음 몇 달간은 어른의 위산도보다 더 낮은 수치를 보인다.

위액 중에는 펩신, 레닌(응유효소)이 존재하는데 영아의 위액 중 레닌이 많은 것은 젖 중의 단백질이 응고되어 위에 오랫동안 체류하면서 천천히 소화되기 때문이다.

영아가 섭취한 식품의 양과 조성에 따라 소화산물이 위에 머무는 시간이 다른데, 모유는 단백질이 많은 우유보다 빨리 비워지며(평균 13시간), 우유는 평균 16시간으로 오래 머문다.

(3) 소장

생후 초기에 아기의 장관에서 분비되는 장액 중의 소화효소는 여러 가지 영양소를 가수분해할 수 있는 다양한 효소 작용을 지니고 있다.

신생아의 소장에는 췌장 리파제의 함량이 적고 담즙산도 적어서 지방의 소화 흡수력이 떨어진다. 그러나 구강 리파제의 기능이 활발하여 이를 보완할 수 있고, 모유에는 담즙염 자극 리파제가 있어서 우유에 비해 지방의 흡수에 유리하다.

① 당질

당질은 체내에서 이용이 잘된다. 말타제(maltase), 이소말타제(isomaltase), 수크라제(sucrase) 및 락타제(lactase) 활성은 출생 시 생후 1개월 동안은 타액과 췌액의 아밀라제가 적지만, 6개월 이후 타액의 아밀라제는 어른 수치에 달하며 췌액의 아밀라제는 유아기에 걸쳐 계속 증가한다. 영아기 초기에는 장액의 아밀라제 농도가 적기 때문에 4~6개월 이후에 아기에게 곡류나 전분 식품을 주는 것이 바람직하다.

② 지질

신생아의 췌액 라파제의 작용은 매우 약하며, 주로 구강과 위내에 존재하는 라파제에 의해 지질이 분해되는데, 미숙아의 경우에는 지방 분해가 극히 저조하다. 담즙산도 매우 적은 양만이 분비되므로 지질의 가수분해와 소화가 어려우며, 식이지방의 지방산 조성에 따라 영아의 지방 소화나 흡수 정도가 다르다.

포화지방산은 불포화지방산보다 체내 이용도가 낮다. 식물성 기름이 동물성 지방보다 효율적으로 흡수되며, 시판되는 영아 조제유에 있는 식물성 기름은 흡수가 좋은 편에 속한다. 신생아는 모유에서 공급된 지질 중 85~90% 가량을 흡수할 수 있으나 우유의 지방에서는 70% 이하의 흡수율을 보인다.

③ 단백질

신생아 장액의 단백질 농도는 성인과 거의 비슷하여, 어느 정도 단백질을 소화할 수 있으나 양적으로는 제한을 받는다. 신생아는 하루에 체중 1kg당 1.95g의 단백질을 완전히 소화할 수 있고, 4개월된 영아는 하루에 체중 1kg당 3.75g의 단백질을 소화할 수 있다.

췌장 효소의 활성도는 출생 직후에는 적으며 출생 1년 후에 성인치에 도달하며, 장의 단백질 분해 효소의 활성도도 출생 1년 후에 성인치에 도달한다.

(4) 대장

대장에서는 소장에서 충분히 소화되지 않은 영양소나 섬유소가 세균에 의해 발효되어 분해된다. 모유 영양아의 장내균은 비피더스균으로 형성되어 있으나 조제유 영양아는 대장균을 위주로 다양한 장내 균총을 이루고 있다.

출생 직후 검고 점도가 높은 태변을 보다가 젖을 먹으면서 차츰 황갈색 변을 보게 된다.

(5) 간장

간은 담즙을 생산하여 지방의 소화와 흡수에 관여한다. 영아는 담즙의 분비가 성인의 50% 수준에 불과하며 연령이 적을수록 간의 기능이 미숙하고 불완전하여 약간의 장애만 있어도 간기능이 쉽게 떨어지고 중독 증상도 쉽게 일어난다.

(6) 신장

신생아의 신장 기능은 미숙한데 사구체 여과율과 세뇨관의 기능도 미숙하여 나트륨의 배설이 많고 포도당이나 탄산염의 재흡수 기능이 떨어진다. 소변의 희석 능력은 성인과 비슷한 반면 요 농축 능력은 성인의 절반 수준밖에 되지 않아서 쉽게 탈수 현상이 일어난다. 신생아는 신장의 용질 농축 용량이 700mOsm/L를 나타내어 어린이와 성인의 평균 농축 용량인 1,200~1,400mOsm/L의 절반밖에 되지 않는다.

모유는 용질 부하량이 75mOsm/L인데 비해, 조제유는 133mOsm/L로 높으므로 용질 부하량이 낮은 모유가 신생아의 신장 기능에 도움을 준다.

이 정도의 부담은 건강한 조제유 영양아라면 문제가 되지 않으나 지나치게 진한 농도의 조제유는 영아의 신장에 부담을 줄 수 있다. 또한, 영아가 설사를 하거나 구토와 받침 등으로 수분의 손실이 많은 경우에도 쉽게 체내 수분과 전해질 균형에 문제가 생길 수 있다.

3. 영아기의 영양섭취기준

영아기는 0~5개월, 6~11개월 두 개 연령군으로 구분되며 각 기간의 영양섭취기준은 모유 중의 영양소 농도와 건강한 영아의 모유 섭취량을 고려하여 산정한다. 영아의 평균 일일 모유 섭취량은 5개월까지는 750mL, 6~11개월은 600mL로 간주한다. 영아 전기(0~5개월)에는 1일 모유 섭취량에 모유의 영양소 함량을 곱하고, 영아 후기(6~11개월)의 영양섭취기준은 모유와 이유 보충식의 섭취량을 근거로 하여 충분 섭취량을 정한다.

(1) 에너지

영아기의 에너지 필요량은 기초대사량과 성장 활동을 위한 에너지량이 포함되며, 단위 체중당 에너지 필요량이 생애 어떤 주기보다 높다. 이 시기에 열량 필요량이 큰 이유는 성장 속도가 빠르고, 활동 조직이 많고 체표면적이 커서 열 손실이 크기 때문이다. 또한, 활동에 필요한 부가적인 열량이 요구되어 6개월 이후는 신체 활동으로 소비되는 에너지 비율이 증가한다. 영아기는 체중당 기초대사량이 높아 1세가 되면 최고치에 도달하였다가 점차 감소한다.

영아의 에너지 필요추정량은 에너지 소비량에 성장에 소요되는 에너지를 더해 산출한다. 영아의 에너지 소비량은 89×체중(kg)−100kcal/일이고, 성장에 따른 에너지 소요량은 0~5개월의 영아는 115.5kcal/일, 6~11개월의 영아는 22kcal/일이므로 여기에 영아의 체중을 각각 6.2kg, 8.9kg을 적용하여 0~5개월은 550kcal/일, 6~11개월은 700 kcal/일로 정하였다.

0~5개월 : (89kcal/kg/일 × 6.2kg − 100kcal/일) + 115.5kcal/일 ≒ 550kcal/일
6~11개월 : (89kcal/kg/일 × 8.9kg − 100kcal/일) + 22kcal/일 ≒ 700kcal/일

〈표 4-5〉 영아의 1일 에너지 영양섭취기준

연령(개월)	에너지(kcal)	체중(kg)
0~5	550	6.2
6~11	700	8.9

〈한국영양학회, 한국인의 영양섭취기준, 2010〉

(2) 단백질

성장에 있어 단백질은 매우 중요하다. 영아의 단백질 필요량은 생애 어떤 주기보다 더 높아 생후 6개월 동안은 성인의 필요량의 약 2배가 된다. 발육이 왕성한 영아는 양질의 단백질이 필요하고 성장 속도가 클수록 단백질 섭취량은 증가하여야 한다.

영아에게 필요한 아미노산은 루신, 페닐알라닌, 리신, 발린, 트립토판, 이소루신, 메티오닌, 트레오닌, 히스티딘이다. 이밖에 신생아기에는 아르기닌, 시스틴, 글리신, 타우린 등이 조건적 필수아미노산(conditionally essential amino acid)이며, 페닐케톤뇨증(PKU)의 영아는 티로신도 필수아미노산으로 필요하다.

〈표 4-6〉 영아기에 필요한 아미노산 분류

필수아미노산	조건적 필수아미노산	비필수아미노산
발린	글리신	글루탐산
이소루신	시스테인	알라닌
루신	글루타민	세린
리신	티로신	아스파르트산
메티오닌	프롤린	아스파라긴
페닐알라닌	아르기닌	
트레오닌	타우린	
트립토판	시트룰린	
히스티딘	오르니틴	

〈By Christophe Dupont, 2003〉

0~5개월 영아의 단백질 충분섭취량은 건강한 영아가 모유로부터 섭취하는 양을 기초로 체중당 1.52g/kg/일에 영아의 체중을 적용하여 9.5g/일로 정하였다. 6~11개월 영아 후기의 단백질 평균필요량은 요인 가산법을 이용하여 1.1g/kg/일로 하고, 기준 체중 8.9kg을 적용하면 9.8g/일이고, 권장섭취량은 유지 필요량에 대한 변이와 성장 필요량에 대한 변이를 적용하여 1.5g/kg/일을 설정하여 13.5g/일이다.

〈표 4-7〉 영아의 단백질 영양섭취기준

나이	체중 (kg)	충분섭취량		평균섭취량		권장섭취량	
		kcal/kg/일	g/일	kcal/kg/일	g/일	kcal/kg/일	g/일
0~5	6.2	1.52	9.5	-	-	-	-
6~11	8.9	-	-	1.1	9.8	1.5	13.5

〈한국영양학회. 한국인의 영양섭취기준. 2010〉

(3) 탄수화물과 지방

영아기는 총 에너지 사용의 약 60%를 뇌 조직이 이용한다. 탄수화물과 지방은 에너지 공급원으로 중요하며 단백질이 주로 성장을 위해 충분히 이용될 수 있도록 단백질 절약 작용을 한다.

유즙 중의 탄수화물은 거의 유당으로 존재하여 영아가 소화·흡수하기에 용이하다. 영아는 1세까지는 모유로부터 섭취하는 탄수화물 양이 가장 바람직한 수준으로 간주하여 모유의 유당 함량을 74g/L로 보고, 0~5개월 영아의 충분섭취량은 모유 섭취량을 750mL/일로 하여 55g/일로, 6~11개월 영아의 충분섭취량은 모유 600mL/일로부터 44g/일과 이유보충식을 통한 탄수화물 섭취량 추정치 45g/일을 합산하여 90g/일로 정하였다.

〈표 4-8〉 영아의 탄수화물 영양섭취기준

연령 (개월)	체중 (kg)	신장 (cm)	모유섭취량 (mL/일)	모유의 유당 함량(g/L)	이유보충식의 탄수화물섭취량(g/일)	충분섭취량 (g/일)
0~5	6.2	60.3	750	74	-	55
6~11	8.9	72.2	600		45	90

〈한국영양학회. 한국인의 영양섭취기준. 2010〉

지방은 모유의 에너지 함량 중 50~55%를 차지하는 것을 볼 때 에너지 요구량이 많은 영아의 성장에 중요한 열량 공급원이다. 영아에게 리놀레산과 리놀렌산과 같은 필수지방산은 최소한 총 에너지 섭취량의 1%를 공급하고 최적 수준으로는 총 에너지의 4~5%가 바람직하다. 특히 n-3 계열의 지방산인 docosahexaenoic acid(DHA)는 태아기와 영아기의 뇌와 망막의 성장 발달에 필수적인 지방산이다.

영아기의 총 지방량, n-6, n-3 필수지방산의 충분섭취량은 모유 및 이유식 등으로 섭취하는 지방과 지방산 섭취량을 기준으로 설정하였다. 생후 5개월까지 모유 섭취량은 1일 750mL로, 6~11개월에는 600mL로 하고 모유 내의 지방량은 32g/L로 하였다. 또한, 이유보충식으로 섭취하는 1일 지방량은 5.6g으로 하였고, 모유 내의 n-6와 n-3 지방산 함량은 각각 1.5g/L와 0.29g/L로, 이유보충식으로 섭취하는 1일 n-6와 n-3 지방산 함량은 각각 3.93g과 0.63g이다. n-6/n-3 필수지방산의 적정 비율을 4~10으로 정하였다.

〈표 4-9〉 영아의 총 지방과 n-6 및 n-3 필수지방산의 충분섭취량 (g/일)

연령 (개월)	체중 (kg)	신장 (cm)	총 지방	n-6 불포화지방산	n-3 불포화지방산
0~5	6.2	60.3	25	2.0	0.3
6~11	8.9	72.2	25	4.5	0.8

〈한국영양학회. 한국인의 영양섭취기준. 2010〉

(4) 수분

영아의 단위 체중당 체표 면적은 성인보다 크므로 피부와 폐를 통해 증발되는 불감수분 손실량이 많아 수분 필요량도 성인에 비해 매우 높다. 영아는 호흡을 통해 손실되는 수분의 양이 많을 뿐만 아니라 체액의 부피 증가 때문에 더 많은 양의 수분이 필요하다. 따라서 잦은 설사, 구토와 질병으로 인한 탈수가 발생할 경우는 수분 균형이 깨져 매우 위험하다. 영아의 총 수분 손실 중 불감수분 손실이 60%로 성인의 40~50%에 비교할 때 훨씬 높다. 영아가 대변으로 손실되는 수분은 체중 1kg당 10mL이고, 소변으로 배설되는 수분은 20~30mL이다.

건강한 영아는 모유나 조제유를 통하여 충분한 수분을 공급받지만 고체 음식의 이유식를 공급받게 되면 여분의 수분 공급이 요구된다. 영아기 수분의 충분섭취량은 건강한 모유 영양의 모유 섭취량에 기초하여 0~5개월은 700mL/일, 6~11개월은 800mL/일로 설정하였다.

〈표 4-10〉 영아의 수분 충분섭취량(mL/일)

연령 (개월)	체중 (kg)	수분첩취량(g)				
		음식(1)	물(2)	음료(3)	액체(2+3)	총 수분 충분섭취량
0~5	6.2		-		700[1]	700[3]
6~11	8.9		300[2]		500[1]	800

1) 모유 수분 2) 이유보충식

3) 음식섭취량(국 포함)은 EER 기준으로 산출하여 100mL 단위로 올림. 물 섭취량은 국민건강영양조사(2005) 자료의 중앙값을 100mL 단위로 올림. 국민건강영양조사(2005) 자료의 식품군 '음료 및 주류' 섭취량 중앙값으로 우유, 주스, 국 등이 미포함임.

〈한국영양학회, 한국인의 영양섭취기준, 2010〉

(5) 무기질

① 칼슘과 인

영아기는 골격이 급속도로 성장하므로 칼슘 필요량이 높고 칼슘 흡수율은 60%로 생애 중 가장 높다. 영아의 칼슘 섭취 기준은 모유 영양아를 기준으로 하여 충분섭취량을 설정하였다. 생후 5개월까지 영아는 일일 평균 모유 섭취량은 750mL, 모유의 평균 칼슘 함량은 270mg/L을 기준으로 200mg를 충분섭취량으로 하였다. 생후 6~11개월 영아는 점차 모유 섭취량은 줄고 이유보충식을 섭취하므로 모유와 이유보충식을 통한 칼슘 섭취량을 근거로 충분섭취량을 300mg으로 정하였다.

인의 영양섭취기준은 칼슘과 마찬가지로 평균 모유 섭취량과 모유 내 인 함량을 계산하여 정하였다. 영아 초기에는 모유를 통한 인 섭취량이 영아에게 가장 적정한 수준으로 간주되고 있다. 0~5개월 영아는 100mg, 6~11개월 영아는 모유로부터의 섭취량과 이유보충식으로부터의 섭취량을 합하여 300mg을 충분섭취량으로 하였다.

② 기타 다량무기질

나트륨, 염소, 칼륨 및 마그네슘 등도 모유를 통한 섭취량을 반영하여 각각 0~5개월, 6~11개월의 영아를 위한 충분섭취량을 설정하였다.

〈표 4-11〉 영아의 다량무기질 영양섭취기준

연령 (개월)	무기질별 충분섭취량					
	칼슘 (mg/일)	인 (mg/일)	나트륨 (g/일)	염소 (g/일)	칼륨 (g/일)	마그네슘 (mg/일)
0~5	200	100	0.12	0.18	0.4	30
6~11	300	300	0.37	0.56	0.7	55

〈한국영양학회, 한국인의 영양섭취기준, 2010〉

③ 철

건강한 영아는 출생 시 충분한 철을 체내에 저장하고 태어나는데 급격한 성장과 함께 혈액의 부피가 급격히 증가하므로 철분의 결핍이 일어나기 쉽다. 따라서 4~6개월이면 모유 수유를 하는 경우는 철분이 강화된 곡류를 보충식에 첨가하고 인공 수유를 하는 경우는 철분이 강화된 조제유를 선택하는 것이다. 이 시기에 이유(離乳)를 시작하는 이유 중의 하나는 철분 부족을 예방하기 위한 것이다.

영아의 철 권장량은 모유 수유를 하는 영아의 철 섭취량을 충분섭취량으로 추정하였다. 생후 2주에서 20주 사이의 영아가 섭취하는 모유의 평균 철 농도는 0.33mg/L이며, 하루 평균 모유 분비량은 0.75L이다. 이를 기준으로 0~5개월 영아의 충분섭취량은 0.3mg/일로 하였다. 영아 후반기는 출생 시 저장하였던 철이 고갈되는 시기로 적절한 철의 저장과 유지를 위해 모유 이외에 이유보충식의 공급이 반드시 필요하다. 이 시기의 필요량은 기본적 철 손실량 0.267mg/일과 헤모글로빈 증가에 의한 요구량 0.325mg/일, 조직 철의 증가량 0.008mg/일, 저장 철의 증가량 0.045mg/일 등의 요소를 고려하여 결정한다. 따라서 총 체내 철 필요량은 이를 모두 더하여 약 0.645mg/일이 되며, 영아의 식이 철의 흡수율을 13%로 적용하면 식이 중 철 필요량은 4.96mg/일이 되므로, 6~11개월 영아의 평균 필요량을 5mg/일로 책정하고, 이에 개인 간 변이계수 1.3을 곱하여 철 권장섭취량은 6mg/일로 정하였다〈표 4-12〉.

④ 아연

아연은 영아의 성장, 발달에 매우 중요한 역할을 한다. 그러나 철과 달리 출생 시 저장되어 있지 않으므로 아연의 보충이 필요하다. 아연의 급원 식품인 육류, 굴, 치즈, 달걀, 전곡류 등을 영아의 보충식에 이용하는 것이 아연 보충에 도움이 된다.

영아의 아연 섭취기준은 모유 수유를 하는 영아의 아연섭취량을 충분섭취량으로 추정한다. 따라서 우리나라 4~5개월 된 모유의 평균 아연 농도 2.2mg/L에 하루 평균 모유 분비량 0.75L/일을 곱하여 추정한 1.65mg/일이어서 이를 반올림한 1.7mg을 0~5개월 영아의 충분섭취량으로 정하였다. 영아 후반기의 아연 섭취기준은 요인가산법을 이용하여 결정한다. 장을 통한 아연의 기본 손실량(50㎍/kg/일), 소변과 피부를 통한 아연 손실량(14㎍/kg/일), 성장을 위한 요구량(20㎍/g조직)을 더하면 6~12개월 영아에게 필요한 아연은 약 800㎍/일이다. 영아 후기에 모유로부터 섭취하는 아연의 양을 500㎍/일로 보고 모유로부터의 아연 흡수율을 50%로 보면, 모유에서 흡수되는 아연의 양은 약 250㎍/일이 된다. 따라서 이유보충식으로부터 흡수되는 아연의 양이 약 800－250＝550㎍/일이 되어야 필요한 아연을 충족시킬 수 있다. 이유보충식의 아연 흡수율을 약 30%로 간주하면, 이유보충식에서 섭취해야 하는 아연의 양은 18mg/일이 된다. 따라서 영아 후기의 평균 아연 필요량은 2.3mg/일(0.5＋1.8= 2.3mg)으로 하고, 영아 후기의 아연 권장섭취량은 개인 간 변이 10%를 반영하여 이 그룹의 97.5%의 요구량을 만족하도록 변이계수의 2배인 20%를 곱하여 2.8mg으로 정하였다.

⑤ 불소

불소는 충치 예방은 물론 새로운 골격 형성을 자극하는 것으로 알려졌다. 영아는 모유로부터 하루 약 0.01mg의 불소를 섭취하고 조제유의 경우는 이보다 조금 많은 양이다. 그러나 이 시기에 모유로부터 섭취하는 불소의 양이 영아에게 충치를 크게 증가시키지는 않는 것으로 보이므로 모유의 불소 섭취량인 0.01mg/일을 0~5개월 영아의 충분섭취량으로 정하였다. 6~11개월 영아의 불소 충분섭취량은 충치를 잘 예방하고 또한, 건강에 다른 해를 주지 않는다고 알려진 체중 kg당 0.05mg/일을 기준으로 표준체중 8.9kg을 적용하여 0.45mg로 되어 반올림하여 0.5mg/일로 정하였다. 그러나 과량의 불소를 섭취하는 경우 오히려 치아의 에나

멜층이 손상되므로 상한섭취량을 정하여 영아 전반기는 0.6mg/일, 영아 후반기는 0.9mg/일로 정하였다.

⑥ 기타 미량 무기질

구리, 망간, 요오드 및 셀레늄 등은 모두 모유 수유를 하는 영아의 평균 섭취량을 반영하여 충분섭취량을 정하였다.

구리의 충분섭취량은 0~5개월 영아는 230μg/일, 6~11개월 영아는 0~5개월 영아의 충분섭취량을 기초로 대사 체중을 고려하여 하루에 300μg로 하였다.

망간의 경우 0~5개월 영아의 충분섭취량은 0.01mg/일이고 이유보충식을 먹는 영아 후반기의 경우는 식품에 들어 있는 망간의 농도가 모유의 망간 농도보다 현저히 높기 때문에 6~11개월 영아의 충분섭취량은 0~5개월 영아가 아닌 성인의 충분섭취량을 기준으로 대사 체중비를 고려하여 0.8mg/일로 정하였다.

요오드는 모유로 분비되는 요오드의 양인 130μg/일을 0~5개월 영아의 충분섭취량으로 정하고 6~11개월 영아는 0~5개월 영아의 충분섭취량을 기초로 대사 체중을 적용하여 하루 170μg으로 정하였고, 영아의 상한섭취량은 250μg/일로 정하였다.

셀레늄의 영양섭취기준은 영아의 충분섭취량으로 0~5개월은 8.5μg/일 6~11개월은 11.0μg/일로 하였고 상한섭취량은 생후 0~5개월 영아의 경우 40μg, 6~11개월 영아는 60μg이다.

〈표 4-12〉 영아의 미량무기질 영양섭취기준

연령(개월)	철 (mg/일)				아연 (mg/일)			불소 (mg/일)		구리 (μg/일)	망간 (mg/일)	요오드 (μg/일)		셀레늄 (μg/일)	
	평균필요량	권장섭취량	충분섭취량	상한섭취량	평균필요량	권장섭취량	충분섭취량	충분섭취량	상한섭취량	충분섭취량	충분섭취량	충분섭취량	상한섭취량	충분섭취량	상한섭취량
0~5	–	–	0.3	40	–	–	1.7	0.01	0.6	230	0.01	130	250	8.5	40
6~11	5	6	–	40	2.3	2.8	–	0.5	0.9	300	0.8	170	250	11	60

〈한국영양학회, 한국인의 영양섭취기준, 2010〉

(6) 비타민

① 지용성비타민

• 비타민 A

0~11개월의 영아에서는 비타민 A의 섭취기준은 모유 섭취량을 기준하여 결정한다. 한국인 산모의 모유 중 비타민 A 함량인 42.9㎍RE/100mL를 기준으로 0~5개월 영아의 비타민 A 충분섭취량은 300㎍RE, 6~11개월의 영아는 보충식을 통한 섭취를 감안하여 약 400㎍RE로 하였다. 비타민 A의 다량 섭취에 대한 과잉증이 보고된 바 있으므로 영아기 동안의 충분섭취량을 600㎍RE로 정하였다〈표 4-13〉. 영아는 비타민 A의 충분섭취량과 상한섭취량 사이의 차이가 매우 적으므로 비타민 보충제 섭취는 유의하여야 한다.

• 비타민 D

영아에게 비타민 D 결핍은 불충분한 석회화로 인하여 구루병을 초래한다. FAO/WHO에 의하면 구루병을 방지하는 비타민 D의 양은 하루 2.5㎍이지만, 영아는 일광에 노출되는 시간이 제한되기 쉽기 때문에 이와 같은 양의 비타민 D를 식사에서 보완하여 공급받아야 한다. 따라서 영아기 전·후반기 모두 5㎍을 충분섭취량으로 하였다. 과량의 비타민 D는 고칼슘혈증과 성장 지연을 일으켜 영아의 경우 과잉 섭취는 특히 유의하여야 하므로 상한섭취량으로 1일 25㎍을 정하였다.

• 비타민 E

모유의 비타민 E 농도는 약 300~500㎍/100mL이므로, 영아에게 비타민 E 충분섭취량은 0~5개월의 경우 하루 3.0mg α-TE, 6~11개월은 4.0mg α-TE이다.

• 비타민 K

비타민 K는 태반을 거의 통과하지 못하므로 신생아 및 1세 미만 영아에서 결핍 위험에 놓일 수 있다. 비타민 K의 부족 상태는 출생 시 혈장 내 혈액 응고인자의 농도를 저하시키고, 이는 생후 첫 주에 출혈의 위험을 증가시킨다. 비타민 K의 충분섭취량은 모유로 섭취한 양과 보충 투여받은 양을 기준하여 0~5개월은 4㎍, 6~11개월은 7㎍으로 정하였다.

〈표 4-13〉 영아의 지용성비타민 영양섭취기준

연령 (개월)	비타민 A (μgRE/일)		비타민 D (μg/일)		비타민 E (mg α-TE/일)	비타민 K (μg/일)
	충분섭취량	상한섭취량	충분섭취량	상한섭취량	충분섭취량	충분섭취량
0~5	300	600	5	25	3	4
6~11	400	600	5	25	4	7

〈한국영양학회. 한국인의 영양섭취기준, 2010〉

• 수용성비타민

건강한 모체에서 분비되는 모유의 티아민 함량은 영아의 필요량을 충족시킬 수 있으므로 성숙유의 티아민 농도를 0.21mg/L로 적용하여 티아민의 영양섭취기준을 정하였다. 영아의 티아민의 충분섭취량은 0~5개월은 0.2mg/일, 6~11개월에는 0.3mg/일이다〈표 4-14〉.

모유의 리보플라빈 함량은 모체의 리보플라빈 섭취량의 직접적인 영향을 받는 것으로 알려져 있다. 모유의 리보플라빈 함량을 기준으로 5개월까지는 0.3mg을, 6~11개월의 영아는 0.4mg을 충분섭취량으로 하였다.

모유에 함유된 니아신함량은 1.8mg/L이고, 트립토판의 함량은 210mg/L 함유되어 있으나, 영아기는 단백질의 교체율이 높고, 양의 질소평형이 이루어지는 점을 고려하여 영아기의 니아신 충분섭취량은 0~5개월은 1일 2mg NE, 6~11개월은 3mg NE이다.

영아기는 단위체중당 단백질 필요량이 일생 중 가장 큰 시기이므로 성장기에 적절한 단백질 대사가 이루어지도록 충분한 비타민 B_6 섭취가 매우 중요하다. 모유에 함유된 비타민 B_6 수준도 모체의 섭취량의 직접적인 영향을 받는 것으로 알려져 있다. 0~5개월 영아의 1일 충분섭취량은 0.1mg이고, 6~11개월은 0.3mg이다.

영아기는 빠른 성장을 하는 시기이므로 급속한 세포 분화 과정에서 단백질과 핵산을 합성하기 위한 엽산과 요구량이 증대되며, 이들의 충분섭취량은 모유 영양아의 섭취량을 기준하여 각각 설정하였다. 엽산의 충분섭취량은 0~5개월은

65㎍/일, 6~11개월은 80㎍/일이며, 비타민 B_{12}는 0~5개월은 0.3㎍/L, 6~11개월은 0.5㎍/일로 하였다.

영아가 모유를 통해 섭취하는 비타민 C의 양은 하루 30~45mg이다. 괴혈병을 방지하기 위해 필요한 비타민 C의 양은 하루 7~12mg이므로 모유로부터 섭취하는 양이면 충분한 것으로 보인다. 0~5개월 영아의 비타민 C의 충분섭취량은 35mg, 6~11개월은 45mg이다. 그 외 판토텐산과 비오틴의 총 섭취량도 모유 영양아의 섭취량을 기준으로 정하였다.

〈표 4-14〉 영아의 수용성 비타민 영양섭취기준

연령 (개월)	티아민 (mg/일)	리보플라빈 (mg/일)	니아신 (mg NE/일)	비타민 B_6 (mg/일)	엽산 (㎍ DFE/일)	비타민 B_{12} (㎍/일)	비타민 C (mg/일)	판토텐산 (mg/일)	비오틴 (㎍/일)
	충분섭취량	충분섭취량	충분섭취량	충분섭취량	충분섭취량	충분섭취량	충분섭취량	충분섭취량	충분섭취량
0~5	0.2	0.3	2	0.1	65	0.3	35	1.7	5
6~11	0.3	0.4	3	0.3	80	0.5	45	1.8	7

〈한국영양학회, 한국인의 영양섭취기준, 2010〉

4. 영아의 영양 공급

1) 모유 영양

모유 영양(breast feeding)은 어머니의 유방으로부터 직접 흡유하는 경우를 말하며, 가장 이상적인 영아 영양법이다. 그러나 1900년 초기부터 냉장고의 보급 등으로 인공 영양이 보급되기 시작하여 1950년경부터 세계의 경제 부흥과 때를 같이하여 모유 영양이 감소되기 시작하였으며, 최근 선진국에서는 모유 영양으로의 회귀 현상이 활발해지고 있는 경향이다. 모유 성분은 어머니의 생화학적 다양성과 식이 섭취, 수유 단계 및 수유 시간의 길이에 따라 다르나 수분, 에너지양은 거의 같다. 모유는 출산 후 5~7일 이내를 초유라고 하며, 출산 후 1개월경 안정된 성숙유를 분비한다.

(1) 모유의 성분 및 성질

모유는 백색 또는 담황색의 불투명한 액체이며, 색은 지방의 함량에 따라 현저한 차이가 있다.

일반적으로 우유와 비교하면 황색이 강하고 투명도가 높다. 모유 속의 지방은 우유와 마찬가지로 미세한 지방구로서 수상(水相) 속에 분산되어 있다.

신선한 모유는 우유보다 약간 단맛이 강하며 거의 무취이나 리파제의 활성이 우유보다 강하기 때문에 4℃ 전후로 냉장해도 수 시간 안에 특유한 지방 분해취를 나타낸다.

성숙유의 pH는 7.06으로서 우유의 pH보다 약간 높다.

〈표 4-15〉 유즙의 성분표(100mL당 모유와 우유의 비교)

영 양 소	모 유			우 유
	초유(1~5일)	이행유(6~10일)	성숙유	
에너지(kcal)	67	74	75	70
지방(g)	2.9	3.5	4.5	3.8
유당(g)	5.7	6.4	7.1	4.7
단백질(g)	2.3	1.6	1.2	3.1
카제인(g)	21	0.51	0.37	2.5
락트알부민(g)	-	0.78	0.36	0.24
칼슘(mg)	48.1	46.4	34.4	137
인(mg)	15.7	19.8	14.1	91
철분(mg)	0.1	0.06	0.05	0.05
비타민A(mg)	0.16	0.09	0.06	0.03
카로틴(mg)	0.14	0.04	0.03	0.04
비타민E(mg)	1.5	0.9	0.2	0.06
비타민C(mg)	7.2	7.1	5.2	1.1
엽산(㎍)	0.05	0.02	0.14	0.13
니아신(mg)	0.075	0.175	0.172	0.085
판토텐산(mg)	0.183	0.288	0.246	0.34
피리독신(mg)	-	-	0.018	0.051
리보플라빈(mg)	0.030	0.037	0.018	0.051
티아민(mg)	0.002	0.002	0.014	0.043

모유의 비중은 우유와 거의 비슷하여 1.029~1.034이며 지방 함량이 높으면 낮아진다. 초유의 비중도 성숙유와 거의 비슷하다. 우유의 비중은 1.034로 알려져 있다.

(2) 초유(colostrum)

초유는 분만 후 처음 며칠 동안 나오는 것으로 분량이 적고 황색의 빛을 띠며 다소 점성이 있는 액체이다. 초유는 특유한 향기를 풍기고 연한 소금 맛을 나타내며 성숙유에 비교해서 단백질이 많고 유당이 적으며 이 밖에 효소, 세포 성분, 면역체의 함량도 많다. 초유의 기능은 감염으로부터 아기를 보호하고 중요한 영양소를 제공하며 태변을 배출시켜 장을 깨끗이 하는 역할을 한다. 초유의 면역 성분 중 철과 단백질이 결합된 락토페린(lactoferrin)을 건조시키면 연한 분홍색을 나타내고 여러 가지 세균 작용을 약화시킨다.

신생아가 초유를 먹지 않고 처음부터 우유를 먹게 되면 우유의 단백질을 아미노산까지 분해시키는 소화기의 능력이 없으며 흡수도 어렵다. 만약 신생아가 초유를 먹지 않고 소화기 점막이 분비형 IgA로 완전히 덮이기 전에 이종의 유즙 단백질이 위장에 도달하면 식이성 알레르기가 생기기 쉽다.

초유 속의 분비형 IgA는 약 2주간 모유 속에 남아 있으므로 이 2주간의 초유와 모유의 섭취는 영아의 건강에 매우 중요하다.

(3) 모유의 면역 성분 및 항알레르기 인자

아기 출산 후 수일간 분비되는 초유에는 각종 영양소 외에도 면역 능력을 가진 물질이 다량 함유되어 있다. 즉 비피더스, 면역 글로불린, 리소자임(lysozyme), 락토페린, 림프구, 대식세포 등이 들어 있어 면역 기능이 미숙한 신생아를 미생물에 의한 감염으로부터 보호하고 알레르기 질환의 발생을 예방하는 데 중요한 역할을 한다. 그러므로 모유 영양아가 인공 영양아보다 질병의 발생률과 사망률이 낮으며, 특히 설사를 비롯한 소화기계 질병과 호흡기계 질병을 낮추는 데 효과가 있는 것으로 나타났다.

① 면역글로불린(immunoglobulins)

모유에는 분비형 IgA(secretory immunoglobulin A)란 면역 항체가 바이러스, 세균 및 독성물질 등을 포함하는 단백질의 큰 분자와 결합하여 영아를 감염으로부터 예방한다.

이밖에도 IgG(immunoglobulin G), IgM(immunoglobulin M), IgE(immunoglobulin E) 등이 이러한 면역 항체에서는 포유 후 장내에 흡수되지 않고 장 점막에 붙어서 장 관계의 바이러스 및 세균의 침입을 막는 역할을 한다.

② 락토페린(lactoferrin)

세균의 성장을 억제시키는 데 있어서 철과 결합하는 철 결합 단백질이다.

③ 리소자임(lysozyme)

직접적으로 세균을 파괴시키는 효소이며 또 항생물질의 효율성을 간접적으로 증가시키는 역할을 한다.

④ 백혈구(leukocyte)

모유 속의 백혈구는 저체중 영아에게 일어나기 쉬운 결장염을 예방하는 데 부분적으로 관여하고 있다.

⑤ 대식세포(macrophages)

식세포성(食細胞性)이며 운동성이 있고 살아 있는 세포이며 다른 미생물을 둘러싸는 작용을 한다. 또한, 바이러스와 싸우는 물질인 IgA와 인터페론(interferon)을 자유롭게 하는 역할도 하고 있다.

⑥ 비피더스 인자

락트산간균(lactobacillus bifidus)의 성장을 촉진시키며 장 내의 병원균 번식을 억제한다. 위장관에서 락트산간균은 초산과 젖산을 생성하여 산성 환경을 만들어서 대장균이나 이질균 같은 병원균의 성장을 저해하며 리소자임이 안정하도록 와준다.

⑦ 항알레르기 인자

모유 속의 IgA는 잠재적인 알레르겐(allergen)을 결합시켜 흡수를 억제시킨다. 출생 후 수주 동안 모유만 단독으로 주면 첫 1년간 아토피성 습진(atopic eczema)에 걸리지 않는다.

이에 반하여 출생 후 바로 인공 영양을 하게 되면 대량의 잠재적 알레르겐이 줄 뿐만 아니라 이를 흡수시키는 분비형 IgA도 없기 때문에 아기는 알레르기 반응을 일으키기 쉽다.

인공 영양아가 우유 알레르기 및 대두 알레르기 등에 잘 걸리는 것은 우유 단백질과 대두 단백질이 인체의 단백질과는 다른 이종 단백질이므로 이들이 항원이 되어 알레르기를 일으킬 가능성이 있기 때문이다.

(4) 모유의 영양 성분

모유 영양아는 인공 영양아에 비해 사망률이 낮고, 전염병에 대한 저항력이 강하다. 모유 영양아의 이환율이 낮은 것은 모유의 특수한 우수성과 그 구성 성분이 좋기 때문이다〈표 4-15〉.

① 당질

모유는 총 에너지의 37%가 당질로부터 오는 반면, 우유는 29%만이 당질에서 온다. 유당은 에너지원으로 중요하며 산독증(ketosis)을 예방하고, 영아의 뇌신경 조직의 구성분이 되며, 장내 유산균의 번식을 촉진시켜 정강작용을 하고 장내에서 칼슘의 흡수를 돕는다.

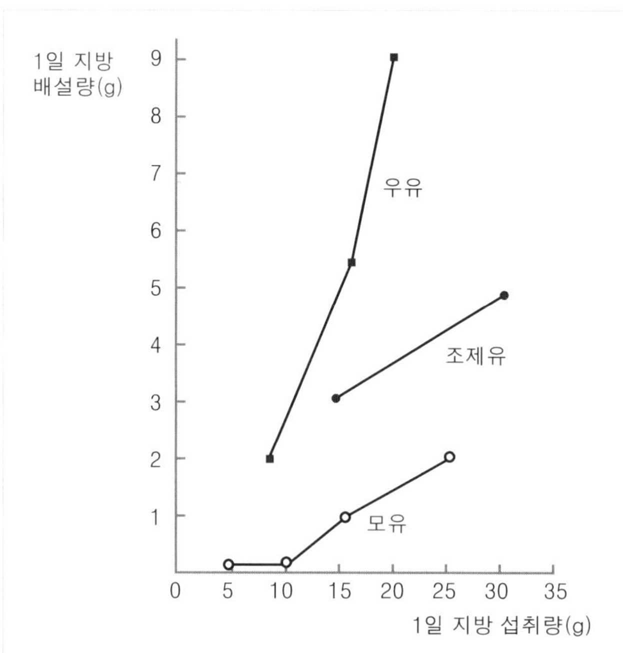

〈그림 4-3〉 영아에서 우유 종류별 지방의 1일 섭취량과 배설량과의 관계

② 지방

모유 중의 지방은 거의 90%가 중성지방의 형태이며, 나머지는 인지질, 콜레스테롤, 당지질, 스테롤에스테르, 유리 지방산 등이 있다. 모유에는 우유보다 불포화지방산이 더 많이 있는데 그 속의 palmitoleic acid는 지방의 흡수를 돕는다. 영아에게 리놀레산의 적당한 섭취량은 총 에너지의 4~5% 수준인데 모유에는 6~9%를 공급하므로 모유가 필수지방산의 우수한 공급원이다. 모유에는 다불포화지방산(PUFA)과 리파아제의 함량이 높아서 모유의 지방 흡수율이 높다〈표 4-16〉. 〈그림 4-3〉는 지방의 섭취량과 변으로 배설되는 지방의 양을 비교한 것으로 모유의 우수성을 잘 보여 주고 있다.

〈표 4-16〉 모유와 우유의 지방산 함량

(단위 : %중량)

지 방 산	모 유	우 유
포화지방산		
butyric acid ($C_{4:0}$)	0.3	3.5
caproic acid ($C_{6:0}$)	0.1	1.9
caprylic acid ($C_{8:0}$)	0.1	1.3
capric acid ($C_{10:0}$)	1.4	2.5
lauric acid ($C_{12:0}$)	6.2	2.8
myristic acid ($C_{14:0}$)	7.8	10.7
palmitic acid ($C_{16:0}$)	22.1	27.8
stearic acid ($C_{18:0}$)	6.7	12.6
합계	48.2	65.6
단일불포화지방산		
palmitoleic acid ($C_{16:1}$)	3.1	2.5
oliec acid ($C_{18:1}$)	35.5	26.5
gadoleic acid ($C_{20:1}$)	0.96	미량
cetoleic acid ($C_{22:1}$)	미량	미량
합계	39.8	30.3
다불포화지방산		
linoleic acid ($C_{18:2}$)	8.9	2.5
linolenic acid ($C_{18:3}$)	1.2	1.6
parinaric acid ($C_{18:4}$)	-	미량
arachidonic acid ($C_{20:4}$)	0.72	미량
eicosapentenoic acid ($C_{20:5}$)	미량	미량
docosapentaenoic acid ($C_{20:5}$)	미량	미량
docosahexanoic acid ($C_{22:6}$)	미량	미량
합계	12.0	4.1

③ 단백질

모유 중의 단백질 함량은 초유에서 높고, 성숙유에서 점차 낮아진다. 우유는 100mL 당 3.5g의 단백질을 함유하는데 비해, 성숙 모유에는 0.8~0.9g만이 포함되어 있다. 그러나 소화되기 어려운 카세인(casein)이 적게 함유되어 있고, 뇌신경 발육에 필요한 시스테인과 메티오닌 및 타우린이 알맞게 함유되어 있다. 또한, 모유 영양아는 인공 영양아에 비하여 트립토판의 비율이 높아서 쉽게 잠이 들어 성장을 위해 충분히 휴식하는 데 도움이 된다. 모체의 단백질 섭취가 불량할 경우 모유의 단백질 함량은 영향을 받지 않고 모유 생산량이 감소한다.

④ 무기질

모유에는 1L당 약 300mg의 칼슘이 들어 있으며, 칼슘과 인의 비율이 이상적인 비율인 2 : 1로 들어 있다. 모유의 철은 다른 식품의 철보다 흡수가 잘되어 생후 3개월까지 50% 정도를 상회한다. 미량 무기질도 전반적으로 우유에 함유되어 있는 것보다 이용 효율이 높다.

모유의 칼슘, 인, 나트륨, 칼륨 등의 전해질 함량이 우유에 비해 낮아 영아의 신장에 부담을 적게 준다〈표 4-17〉.

〈표 4-17〉 모유와 우유의 무기질 비교

성분	Ca (mg)	P (mg)	Na (meq)	K (meq)	Cl (meq)	Mg (mg)	S (mg)	I (mg)	Fe (mg)	Cu (mg)	Zn (mg)
모유	340	140	7	13	11	40	140	400	30	0.3	1.2
우유	1,250	960	25	35	29	120	300	300	47	1.0	3.8

⑤ 비타민

모유에는 전반적으로 성장에 적절한 양의 비타민이 함유되어 있다. 특히 비타민 A와 β-카로틴, 비타민 C와 비타민 E의 함량이 높다.

모유의 비타민 C 함량은 수유부의 비타민 C 섭취량에 따라 다르나 정상 모유는 3~5mg/L를 함유한다.

(5) 모유의 수유 방법

수유하기 직전에 청결한 탈지면이나 거즈를 미지근한 물에 적셔서 유두를 가볍게 닦아 내어 깨끗하고 안정된 분위기에서 자연스러운 자세로 수유한다.

아기가 젖을 빨 때는 젖꼭지 주위의 검은 부분(유두륜)을 전부 아기의 입속에 들어가게 깊이 물려주어 아기의 젖을 빠는 반사 운동이 세게 나타나게 한다.

수유의 횟수와 간격은 영아의 요구에 따라 결정하는 자율 수유법(self-demand feeding)을 권하고 있다. 일반적으로 신생아기에는 1일 7~8회 이상, 생후 1~2개월에는 1일 6회, 그 후에는 1일 5회로 한다.

1회 수유 시간은 약 15~20분간으로 한다. 수유 시작 첫 5분간에 전 수유량의 2/3, 다음 10분에 나머지 1/3을 빠는 것이 상례이다. 따라서 이 이상 수유 시간이 걸리는 것은 모유 분비 부족이라는 것을 의미한다.

수유 후에는 젖과 같이 삼킨 공기를 토하도록 아기의 상반신을 바로 세워 마주 안아서 등을 가볍게 쓸어준다. 이와 같이 트림을 시키지 않고 눕히면 젖을 넘기거나 토하게 된다.

수유 시 유방을 비우지 않으면 유즙 분비가 감소하기 때문에 아기가 젖을 다 빨고 젖꼭지에서 입을 떼면 남아 있는 유즙을 모두 짜내야 한다.

모유는 분만 후 3개월까지는 분비량도 증가하고 영양 성분도 우수하나 그 이후엔 차츰 감소하고 영양 성분도 희석되기 때문에 5개월 전후에 이유식을 시작하는 것이 바람직하다.

2) 인공 영양

모유 영양이 불가능할 경우 모유 이외의 영양 식품으로 육아하는 것을 인공 영양(bottle feeding)이라고 하며 우유, 양유, 산양유, 두유 및 조제분유 등이 이용된다.

인공 영양에 주로 우유를 사용하나, 우유를 잘 소화하지 못하는 경우에는 두유나 가수분해한 카제인을 사용한다. 우유를 영아에게 공급할 때엔 성분 조성을 모유와 비슷하게 변경시켜야 한다. 생후 5~6개월까지는 일정 농도(3/5~2/3)로 희석하고, 여기에 당을 첨가한다. 우유를 희석하는 것은 우유의 단백질 함량을 모유의 조성과 같게 하기 위함이고, 당을 첨가하는 것은 희석유의 열량을 증가시키고 글리코겐의 축적에 따른 체중 증가를 위해서이다.

(1) 연유

과거 육아에 사용된 연유는 무당연유(evaporated milk)였다. 이는 신선한 우유를 농축하여 수분의 약 60%를 증발시켜 균질화시켜서 통에 봉입하여 멸균한 것이다. 따라서 이를 1 : 1.2~1.5배로 희석시키면 전유(全乳)와 같은 농도가 된다. 무당연유에는 다음과 같은 이점이 있다.

① 성분이 균등하고 멸균되어 있다.
② 통을 열지 않는 이상 상온에서 비교적 장기간 보존할 수 있다.
③ 농축 과정에서 카세인이 변화하고 응유 장력이 낮아진다. 위 내에서 카세인 응괴는 보통 끓인 우유보다 곱고 부드러우며 모유와 응괴가 비슷해진다.
④ 균질화되어 있기 때문에 지방구는 작다.
⑤ 락트알부민(lactoalbumin)은 장기간 가열되면서 알레르겐(allergen)이 되기 어렵다.
⑥ 비타민 D 함량이 일정하다.
⑦ 조유가 간단하다.

한편 가당연유는 우유를 대략 1/3로 농축하고 여기에 약 45%의 자당을 첨가한 것으로, 모유의 성분을 목표로 하여 희석하면 자당의 성분이 많아서 설사를 일으키는 등의 위험을 수반하고, 또 자당을 표준으로 하여 희석하면 모유의 성분이 적어서 단백질, 지방 등이 부족하게 된다. 이처럼 가당연유는 유아의 영양 식품으로 부적당하다.

(2) 분유

우유를 탈수, 분말 상태로 한 것을 분유라고 말하며, 12%로 용해시키면 우유와 거의 비슷해진다. 최근의 전지분유는 육아용으로 별로 이용하지 않는다.

탈지분유는 우유로부터 버터를 제거한 탈지유를 탈수, 분말 상태로 한 것으로써 영아에게는 좋은 단백질, 칼슘원으로 이용된다.

(3) 영아용 조제 분유

전지 분유를 모유의 성분에 가깝도록 유당, 단백질, 지방, 무기질, 비타민 등을 첨가하여 만든 것이다. 당질은 우유에 유당이 적으므로 모유와 비슷하게 유당을 첨가하며, 이 외에도 자당과 가용성 다당류인 덱스트로글루코스(dextroglucose)를 첨가하기도 한다. 지질은 우유에 많은 포화지방산의 일부를 제거하고 대신 리놀레산이 들어있는 불포화지방산으로 바꾸는데, 이때 치환율은 70~80%이다. 무기질의 경우는 우유에 너무 많이 함유되어 있어 영아의 신장 기능에 부담을 주므로 과량의 무기질인 칼슘, 인, 나트륨, 염소 등을 줄이고, 대신 철분, 아연, 구리 등의 미량 무기질을 강화한다. 비타민의 경우 비타민 C 및 비타민 D, 니아신 등의 여러 비타민을 강화시킨다.

즉 조제 분유는 단백질과 무기질 함량을 감소시켜서 신장의 용질 부담을 감소시키고 균질화와 가열 처리를 하여 쉽게 단백질을 소화할 수 있도록 하였다. 그리고 유청 단백질과 카제인의 비율을 40 : 60으로 모유의 것과 유사하게 만들었으며, 흡수율이 좋은 식물성 기름을 첨가하였다. 또한, 모유에서와 같은 열량가를 내도록 탄수화물을 보충하였으며, 비타민과 무기질도 첨가하였다.

(4) 특수 조제유

① 두유로 만든 조제유

우유에 대해 특이한 체내 반응을 갖는 영아를 위해서 흔히 두유가 이용된다. 두유로 만든 조제유에는 단백질에 메티오닌을 강화하였으며, 콘시럽이나 설탕, 그리고 대두유와 기타 식물성 기름이 첨가되며, 비타민과 무기질이 강화되었고, 날콩에 있는 트립신 저해제(antitrypsin)는 열처리하여 불활성으로 만들었다.

② 가수분해한 카제인으로 만든 조제유

두유나 우유에 모두 특이한 반응을 보이는 영아에게는 특별히 조제된 처방유가 필요하다. 그 예로는 카제인의 가수분해물과 옥수수 기름으로 만들어진 조제유와 카제인 가수분해물과 중급지방산으로 구성된 중성지방을 혼합한 조제유가 있다. 이 두 가지 처방유는 냄새와 맛이 좋지 않아 아기가 먹기를 거부하는 경우가 있다.

(5) 인공 영양의 주의점

① 포유병과 고무 젖꼭지, 조유 냄비 등 포유에 필요한 모든 기구는 철저히 살균 소독하고 조유 전 손을 깨끗이 씻으며 정확히 계량한다.

② 우유에 의한 인공 영양 시에는 반드시 과즙 등에 의해 비타민 C를 첨가해야 한다. 모유 중에는 100mL당 3~5mg의 비타민 C가 함유되어 있으나 우유 중의 비타민 C는 여름철의 신선한 사료로 사육된 경우라도 100mL 중 1mg 전후에 불과하며, 이것마저 가열 소독으로 그 이하로 손실되는 수가 있다.

③ 조유 농도는 65~70kcal/100mL이며, 수유량은 1일 1,000mL, 1회 200mL를 넘지 않도록 한다. 수유 횟수는 1일 5~7회로 한다.

④ 수유 시의 젖의 온도는 체온보다 약간 높은 37~40℃ 정도가 적당하다. 젖의 온도를 재는 것은 손목의 안쪽에 젖을 2~3방울 떨어뜨려 보고 뜨겁지도 차갑지도 않으면 적당한 것으로 본다.

⑤ 소독한 젖꼭지를 포유병에 부착시킬 때는 젖꼭지가 입안으로 들어가는 부분에 손이 닿지 않도록 한다. 젖꼭지는 충분히 입안으로 들어가게 해서 젖꼭지가 항상 젖으로 가득 차 있도록 포유병을 비스듬히 눕혀서 마시게 한다. 젖꼭지 구멍은 언제든지 포유병의 위쪽에 위치하게 하며, 1회분의 젖이 10~12분 정도로 끝날 수 있게 젖꼭지 구멍의 크기를 조절한다.

3) 혼합 영양

인공 영양과 모유 영양을 동시에 행하는 경우를 혼합 영양이라고 하며 모유가 부족하거나, 수유부가 직업으로 인해 모유 영양만을 할 수 없는 등의 경우에 이루어진다.

혼합 영양을 실시하는 데는 다음과 같은 세 가지 방법이 있다.

① 매번 수유 후에 부족량을 혼합 영양으로 보충하는 방법은 매번 모유를 충분히 빨게 한 후 인공유를 주어 부족한 부분을 보충한다. 이 방법은 유방을 자극하는 횟수가 많으므로 상당히 오랫동안 혼합 영양을 계속할 수 있다.

② 하루의 수유 중 모유만 또는 인공유만으로 따로 수유 시기에 따라 주는 방법. 보육기관에서는 이 방법을 이용할 수 있다. 즉 모친의 피로 때문에 전혀 모유를 못 줄 때 인공유를 준다. 또 모유가 부족할 때에도 이용되나 모유를 주는

횟수가 적으므로 흡유 횟수가 적어져서 조만간 인공 영양으로 옮기는 경우가 많다.

③ 모유와 우유를 교대로 주는 방법은 모유 분비가 극히 적을 때 활용된다. 혼합 영양에 있어서 가장 곤란한 문제는 영아가 우유를 싫어하거나 모유를 싫어하게 되는 경우이다. 특히 생후 2~5개월 사이에 이 문제가 많이 발생한다. 우유를 싫어하는 것은 미각뿐만 아니라, 모유는 모친의 품에 안겨서 젖꼭지로부터 모유를 먹고 만족하나 우유는 모친의 몸으로부터 떨어져 불안감을 갖기 때문인 것으로 사료된다. 이러한 경우에는 싫어하면 무리하지 말고 다음 시간까지 배고프게 하여 우유를 먼저 주고 모유를 나중에 주는 방법도 좋다.

4) 미숙아 영양

(1) 미숙아의 특징

조산아와 미숙아는 같은 뜻을 가진 말로 사용돼왔다. 그러나 미숙아는 어린이의 성숙도에 관련되는 용어이며, 조산아는 출생까지의 임신 계속 기간에 관련된 용어이다. 조산아라도 성숙아인 경우가 있고, 미숙아라도 조산아가 아닌 경우가 있다. 보통 재태 기간 38주 이내에 태어난 아기를 조산아라고 하며, 미숙아는 재태 기간에 관계없이 출생 시 체중 2.5kg 혹은 그 미만의 출생아(low birth weight : LBW)를 말한다.

미숙아는 임산부의 연령이 너무 낮거나 고령일 때, 다태, 조기파수, 태아의 기형, 임산부의 매독, 결핵, 심장질환 및 흡연 등의 원인으로 태어난다.

미숙아는 출생 시 머리가 비교적 크고 사지가 짧다. 피부는 성숙아보다 붉고 주름이 많으며 머리털은 짧고 성글게 나며, 눈썹은 없는 경우가 많다. 미숙아의 초기 체중 감소의 비율은 성숙아보다 크며, 출생 시 체중의 10~20%의 체중 감소를 일으키고 생후 2개월이 지나면 체중의 증가는 성숙아보다 크다. 대다수의 예로는 3년이 지난 뒤 성숙아의 체중에 이른다〈표 4-18, 표 4-19〉.

〈표 4-18〉 미숙아의 체중 증가

(단위 : g)

출생시 체중 (g)	월 령								
	1	2	3	4	5	6	7	8	9
1,000~1,500	167	640	694	638	650	647	589	500	433
1,500~2,000	400	847	797	732	605	539	475	454	319
2,000~2,500	429	917	703	543	581	590	564	575	417
성숙아	533	685	590	488	548	497	-	-	-

〈표 4-19〉 미숙아의 신장 증가

(단위 : cm)

출생시 체중(g)	1	2	3	4	5	6	7	8	9
1,000~1,500	1.5	3.1	3.3	3.3	3.5	-	-	-	-
1,500~2,000	2.4	3.4	3.2	3.4	3.2	2.7	2.7	1.7	1.5
2,000~2,500	3.2	3.3	3.7	2.5	2.6	2.0	1.2	1.5	1.3

(2) 미숙아의 대사 및 영양 필요량

① 에너지

미숙아의 에너지 필요량은 신생아의 상태나 활동 등에 따라 달라진다. 미숙아의 에너지 요구량은 기초대사량, 활동대사량, 특이동적 대사량, 한랭 자극에 의한 에너지, 분변으로 손실되는 에너지 및 성장에 필요한 에너지 등으로 기초대사량을 제외한 모든 항목에서 정상 영아보다 많은 에너지를 필요로 한다.

미숙아의 기초대사율은 생후 1주째에는 정상 신생아보다 낮으나, 2주째부터는 높아져서 단위 체중당 50kcal 정도이며, 여기에 60~80kcal를 가산하여 1일 단위 체중당 110~125kcal가 필요하다〈표 4-20〉.

〈표 4-20〉 미숙아와 성숙아의 에너지 필요량(kcal/kg)

구분	미숙아	성숙아
기초대사	50	55
활동대사	15	17
특이동적대사	8	7
한랭조건	10	–
분변으로의 손실	12	11
성장	25	20
합계	120	110

② 당질

미숙아에게는 유당을 분해하는 락타제 활성이 저조하므로 유당불내증이 나타나기도 한다. 이러한 현상을 줄여주기 위해 글루코시다제(glucosidase)와 같은 효소로 분해가 가능한 자당이나 텍스트린이 첨가된 미숙아용 조제분유가 개발되어 있다.

③ 단백질

미숙아에게 많은 단백질을 공급하면 신장에 부담이 크고 불완전한 아미노산 대사로 인하여 혈중 아미노산과 암모니아의 함량이 높아져 뇌신경 발달에 영향을 미칠 수 있다. 체중당 단백질 필요량이 상당히 높으나, 단백질의 양뿐만 아니라 질적인 면도 고려해야 하는데, 미숙아는 카제인보다는 유청단백질(whey protein)을 더 잘 소화, 흡수하는 것으로 보인다. 미숙아에게는 몇 가지 아미노산대사 경로가 완전히 발달하지 못해서 히스티딘, 티로신 및 시스테인이 필수아미노산이며, 글리신과 타우린도 외부에서 공급해 주어야 한다. 근래에는 미숙아용 조제품 등을 점차 모유의 단백질 성분과 비슷하게 조성하려고 시도하고 있다.

④ 지방

미숙아의 십이지장 내에는 담즙산과 리파제의 분비가 나쁘기 때문에 지방의 흡수가 불충분하게 된다. 우유에 포함된 지방은 2% 정도밖에 흡수되지 않는다. 최근에는 미숙아용 조제품에 불포화 지방산과 MCT기름(중간사슬 지방)을 혼합해서 첨가하기도 한다. 그러나 많은 양의 MCT는 복부 팽창, 구토, 묽은 변 등의 소화기계 질환을 일으키기도 한다.

⑤ 무기질

태아는 재태 기간 중 마지막 2개월에 가장 많은 무기질을 축적한다. 그러므로 미숙아는 이를 보상하기 위해서 보다 많은 무기질의 섭취가 필요하다. 골격의 성장 및 석회질화를 위해서는 칼슘이 필요하나, 미숙아의 경우는 흡수가 충분하지 않기 때문에 뼈의 성장과 발육에 어려움이 있다.

미숙아에게 흔히 발생하는 대사성 산독증은 골격에서 탈석회질환을 일으켜 성장을 지연시키는데 이때 칼슘과 인을 충분히 보충하면 상태를 호전시킬 수 있다. 미숙아를 위한 조제 분유에 칼슘을 첨가하면 태아기 속도로 뼈 성장이 이루어질 수 있다.

미숙아의 경우 저나트륨 현상을 흔히 볼 수 있으므로 정상적인 성장을 위해 염분도 충분히(단위체중당 4~8Eq) 보충해 줄 필요가 있다.

출생 시 미숙아의 철 농도는 낮으나 미숙아에게 특별히 철을 보충해 줄 필요는 없다. 철분의 보강은 오히려 비타민 E의 대사를 방해하고, 초기의 생리적 빈혈을 치유하는 데 별로 도움이 되지 않기 때문에 생후 2주 전 어느 정도 체중 증가를 이루고 장관 급식이 가능할 때 공급한다.

⑥ 비타민

미숙아는 정상아에 비해 비타민 C의 필요량이 많다. 미숙아는 간 내 비타민 C 대사에 필요한 효소(pyruvic acid oxidase)의 활성이 위축되어 혈액 내 대사물이 축적되고 소변으로의 배설도 많아지게 된다. 이로 인해 치명적일 경우는 두뇌 발달에 장애를 초래할 수 있다. 하루에 60~100mg의 비타민 C를 투여함으로써 이러한 증세를 호전시킬 수 있다.

비타민 E의 필요량도 정상아에 비해 높은데, 지방의 흡수가 잘되지 않아 비타민 E의 흡수 및 이용률이 감소하기 때문이다. 비타민 E가 부족하게 되면 용혈성 빈혈, 부종 등이 나타나게 된다. 조제유에는 100kcal당 0.5mg의 α-tocopherol을 권장하고 있다.

비타민 D도 골격의 성장과 구루병의 예방을 위해 칼슘, 인과 함께 많은 양이 필요하다〈표 4-21〉.

〈표 4-21〉 미숙아의 비타민 필요량

종류	필요량	종류	필요량
비타민 A(카로틴으로)	15,000IU	비타민 B_2	0.5mg
비타민 D	2,000mg	니아신	7~5mg
비타민 C	50mg	비타민 B_6	1~3mg
비타민 B_1	0.5mg	엽산	65㎍

(3) 미숙아의 수유 방법

출생 시 2.5kg 이하인 미숙아는 병원에서 보육기에 넣어 키우게 되며, 위의 용량도 작고 빠는 능력이 모자라 정맥 급식 또는 관 급식을 시행하게 된다. 포유병을 사용하거나 어머니의 젖꼭지를 물릴 때, 또는 스포이드를 사용할 때는 기도 내로 들어가는 경우가 많아 폐렴, 폐수종 혹은 질식사할 수도 있다. 보통 콧구멍-위 튜브 급식법을 시행하는데 미숙아가 좀 더 자라면 점적기를 이용하여 방울방울 떨어뜨려 먹이고, 그 다음 차차 젖꼭지를 빨게 한다. 아기가 퇴원한 다음 집에 오면 정상아의 경우보다 방안의 온도를 높여 체온 조절에 조심해야 하며, 수분을 하루에 체중 kg당 150~160 mL로 충분히 공급하도록 한다.

미숙아에게도 모유가 이점이 많다. 즉 모유에는 면역 요소와 미숙아에게 흡수되기 쉬운 형태의 지방이 함유되어 있으며, 담즙대사에 관여하며 중추신경계에 영향을 주는 타우린이 많이 들어 있다. 그러나 미숙아의 성장을 뒷받침해줄 만한 단백질 및 무기질 등의 영양소가 부족하여 미숙아를 모유로 키울 경우는 반드시 보충이 필요하다.

급식 횟수는 1회에 먹는 양이 극히 적어 2~3시간에 한 번씩 소량을 자주 먹이도록 한다.

5) 이유식

이유(weanling)란 젖에 의한 영양으로부터 반고형식을 거쳐 고형식에 도달하는 과정으로 이때 섭취하는 식품이 이유식이다.

(1) 이유의 필요성

이유의 목적은 첫째가 영양 보충으로, 모유 영양아는 생후 5~6개월이 되면 체내 저장된 철이 고갈되고, 에너지와 단백질 및 비타민 등의 영양소가 모유만으로는 부족하게 된다. 영양소의 결핍은 빈혈 등의 질병을 유발하며, 영아의 성장과 발육이 저하되고 세균 감염에 의한 저항력이 감소된다. 특히 인공 영양아는 에너지는 충족이 되더라도 비타민 C와 철분 등의 보충이 필요하다.

둘째는 저작 능력의 확립으로, 이유기에는 치아가 생기면서 씹기를 좋아하게 되고 타액 및 소화효소의 작용이 증가하면서 소화와 흡수기능이 강화된다. 이유식을 으깨고 씹어 삼키는 식생활 습관을 통하여 치아의 생성과 턱뼈의 발달을 촉진시킨다.

셋째는 정신 발달의 충족으로, 영아는 생후 5~6개월이 되면 유즙 이외의 음식에 관심을 나타내기 시작하며 이를 충족시키는 것은 아기의 심리 발달에 중요하다. 또한, 식품에 대한 새로운 경험은 정신 발달에 도움을 준다. 이유식을 통하여 시각, 미각, 후각 및 촉각을 자극하며, 어머니의 품에서 젖을 먹던 자세에서 앉아서 식사를 하는 행동은 정신 발달을 자극한다.

넷째는 바른 식생활 습관의 확립으로, 적절한 이유식의 보급은 각종 식품의 향과 맛에 익숙해져서 식사의 변화에 적응할 수 있는 능력을 기르게 되고 장차 편식의 방지에 도움이 된다. 이유기는 인간 생활 속에서 음식에 대한 첫 번째 인상을 형성하는 중요한 시기이므로 식품의 선택과 주는 방법에 주의하여 바람직한 식생활 습관이 확립될 수 있는 기초를 만드는 것이 중요하다.

(2) 이유의 시기

출생 후 4~5개월까지 영아는 전분의 소화에 필요한 췌장 아밀라제의 생산이 불충분하다. 영아에게 이유식을 너무 일찍 주면 장내 벽의 미성숙으로 인하여 단백질 소화가 불충분하기 때문에 알레르기를 일으키기 쉽다. 이유 시작 시기는 아기의 체중이 출생 시 체중의 2배가 되는 시기나 생후 5~6개월이 되는 시기가 적당하며 돌 안에 끝내도록 한다. 모유 분비량이 감소하여 인공 영양을 하였을 때 우유에 알레르기 반응을 보이거나 인공 영양을 싫어하는 경우 이유를 조금 일찍 시작하여도 무방하다. 그러나 이유식을 너무 일찍 주는 경우 알레르기 유발 외에도 비만아가 될 우려가 있다.

(3) 이유식의 조건

이유식의 조건으로 가장 중요한 것은 영아가 먹기 편하게 매끈하고 부드러운 것으로 조리하여 소화가 잘되어야 한다. 식품의 종류보다는 조리 형태, 조리 정도, 입자의 크기가 중요하며 액체가 많다고 소화가 잘되는 것은 아니다. 이유식에 사용하는 식품은 양질로 영양가가 풍부하고 신선하며 위생적으로 보관되고 조리된 것이어야 하며, 알레르기를 유발시키기 쉬운 식품은 이유 초기에 피하여야 한다. 항원성이 강한 달걀흰자는 7개월 이후에 사용하고, 이유 초기에 생선, 육류 및 달걀 등은 잘 가열한 것을 이용한다.

이유기에는 여러 가지 미각이 형성되는 시기이나 진한 맛의 음식을 먹으면 다른 미각의 발달에 장애가 생긴다. 이유식의 적당한 염미는 0.25~0.3%가 적당한데 소금을 많이 먹게 되면 영아의 신장에 부담을 주게 되고 나중에 짠맛을 좋아하게 되므로 성인이 되어 고혈압의 요인이 될 수 있다. 성인이 맛이 있다고 느끼는 소금의 농도는 0.9~1.0%이므로 성인의 미각으로는 이유식에서 짠맛을 거의 느낄 수 없다.

(4) 이유식의 준비

이유식을 제공하기 전에 유의할 사항은 수유 시간의 조절이다. 아기에게도 생활의 리듬은 중요한데, 이유 개시 1개월 전부터 수유 시간을 4시간 간격으로 조절하여 아기가 여기에 적응할 수 있도록 훈련시켜 두어야 한다. 아기가 질병이나 상처가 없는 건강한 상태에서 이유를 시작하고, 이유식은 공복에 기분 좋을 때 먹인다. 처음에는 소화기능이 활발한 오전 수유 직전에 조금 먹이고 아기의 소화력에 주의하면서 식품의 질과 양 및 종류를 증가시킨다. 처음에 식품은 한 종류에서 시작하고 2~3일에 한 숟가락씩 늘려가면서 다른 식품도 적용해 보면서 이유식 제공 횟수도 하루 1번에서 차차 2~3번으로 늘려간다.

본격적으로 이유식을 제공하기 전에 생후 2개월 정도가 되면 과즙이나 맑은 국물을 주어 아기에게 유즙 이외의 맛과 향이 있음을 알려주고, 젖꼭지 이외에 숟가락의 감촉도 감각적으로 익숙하게 만들어 주도록 한다.

이유 초기(5~6개월)에는 수분이 많고 풀 같은 것으로 그냥 넘겨서 먹는 형태가 적당하며 반고형식을 먹이는 연습 단계이다. 곡류는 죽 상태가 적당하며, 과일은 삶아서 으깨거나 곱게 긁은 것이 좋다. 이 시기에는 출생 전 모체에서 받아서 사용하던 철분이 거의 고갈되어 가므로 철분의 보충을 위하여 달걀노른자를 삶아서 곱게 으깬 뒤 우유를 섞어 먹인다.

이유 중기(7~8개월)는 이가 나오는 시기이므로 덩어리가 조금 있는 형태도 넘길 수 있으므로 순수한 액체보다는 반고형식이 적당하다. 곡류, 채소, 감자류, 과일, 달걀, 콩, 생선 및 육류 모두 사용할 수 있으며 형태는 있으나 혀에 닿으면 부서지는 으깬 감자 외에도 입안으로 들어오면 잇몸으로 자를 수 있는 토스트 등의 형태로 제공한다.

이유 후기(9~10개월)는 영양의 주체가 유즙이 아닌 이유식이 되며 잇몸으로 씹어서 넘길 수 있는 잘게 썬 음식이나 덩어리 음식도 줄 수 있다. 또한, 미숙하지만 손가락의 이용도 가능하므로 아기가 스스로 먹도록 시도해 본다.

이유 완료기(11~12개월)는 아침, 점심 및 저녁 식사 시간에 연식의 형태로 공급하고 모유는 더 먹이지 않는다. 이유식의 재료는 성인식과 거의 비슷하나 자극성이 강한 향신료 등을 피하고 조리도 소화하기 쉬운 상태의 것을 응용한다.

아기에게 제공하는 식품은 성장과 발달 및 영양 요구량을 고려하여 적당한 식품의 종류와 양을 선택한다. 유즙에서 철분을 충분하게 섭취하지 못하게 되면 철분 급원 식품을 계속 제공하여야 한다. 조제분유를 먹이는 경우 비타민 C의 부족이 우려되므로 과일 주스 등을 주도록 한다. 또한, 신장보다 체중 증가가 더 많은 아기는 에너지 함량이 낮은 채소를 주도록 한다. 꿀은 보툴리누스균(Clostridium Botulinum) 포자의 급원 식품으로 그 포자는 열에 극히 강하여 현재의 꿀 가공법으로는 파괴되지 않으므로 생후 1년 미만의 영아에게 공급하지 않는 것이 좋다. 이유식의 다양한 향기와 질감을 경험하면서 아기는 성장하면서 여러 종류의 식품을 보다 쉽게 받아들일 수 있고, 어머니와 아기 모두 만족감과 기쁨을 갖는다.

(5) 이유의 지연으로 인한 영양장애

출생 후 만 5개월이 지나면 유즙만으로는 철분, 기타 무기질, 단백질(특히 리신, 메티오닌, 루이신, 페닐알라닌) 등이 부족하게 되며 계속 1년이 지나면 총 에너지도 부족해져서 이유가 불가피하게 된다. 이유가 지연되는 영아는 면역체의 감소로 여러 가지 영양장애가 따르는데, 우선 표준 이하의 성장률을 보이며 체력이 약화된다. 신생아는 간과 기타 조직에 철과 구리를 저장하고 있으나 이들 성분이 점차로 소모되어 모유 중의 철이나 구리의 양으로는 이들 필요량을 충족시키지 못하기 때문에 빈혈이 일어난다. 빈혈이 진행됨에 따라 근육이 이완되고 안색도 창백해진다. 또한, 이유가 지연되면 영아는 점차 안정을 잃고 신경증이 생기며 식욕에 기복이 많아지고 이식증(모래, 흙, 숯, 재 등을 먹는 것)을 나타낸다.

5. 영아기의 영양과 관련된 문제

1) 설사

설사 시에는 변으로의 수분 손실을 증가시켜 탈수를 가져 온다.

모유 영양의 경우 심한 설사나 장기간의 설사는 드물다. 열없이 설사를 하며 횟수가 많지 않을 때는 젖 주는 간격을 연장하고, 젖을 주는 시간도 단축하는 것이 좋다. 심해지면 젖 주는 것을 몇 차례 줄이고 물이나 보리차만을, 맹물을 잘 먹지 않는 경우에는 달게 하여 준다. 젖 먹는 분량을 줄이기 위해서 젖을 주기 전에 먼저 물을 몇 수저 먹이고 젖을 빨린다. 만일 설사할 때 38℃ 이상의 열이 나거나 구토가 24시간 이상 계속될 경우, 또는 하루에 10번 이상의 심한 설사가 일어나면 매우 주의해야 하며 수분, 나트륨, 칼륨 등의 보충이 필요하다.

(1) 단순 설사

설사를 해도 상태가 좋으며 식욕의 변화도 없고 체중도 감소하지 않는 단순 설사는 크게 걱정하지 않아도 된다. 이것은 습진이나 피부 점막이 과민성인 체질, 유즙의 양과 질의 변화, 기온의 변화로 인해 일어나며, 녹색의 점막액성 변을 1일 10회까지도 배설한다. 단순 설사의 경우에는 특별히 식사 제한을 할 필요는 없고 기분이 상쾌하도록 돌봐 준다.

(2) 소화불량성 설사

조유의 잘못, 장관 내외의 감염, 체질 이상으로 인해 일어나며 불쾌, 식욕부진, 발열, 안색 불량, 구토 등 전신 증상이 보인다. 치료 방법으로는 위의 부담을 덜어 주기 위해서 처음에는 양과 농도를 제한한다. 모유 영양아의 경우에는 제한을 하지 않아도 되나 인공 영양아는 제한해야 한다. 구토, 설사, 발열 등으로 쉽게 탈수 현상이 나타나므로 수분을 충분히 보급해야 한다. 엷은 포도당액, 보리차, 끓인 물 등을 계속해서 조금씩 먹이고 주스와 젖산 음료는 장내에서 발효를 일으키기 쉬우므로 피한다.

2) 변비

변비는 변을 보는 횟수보다는 변의 굳은 정도가 문제인데, 횟수가 적더라도 편안히 변을 보면 크게 걱정할 필요는 없다. 영아의 변비는 우유 농도와 복압 부족이 아닌지 점검할 필요가 있다.

변이 굳게 되면 젖의 내용을 변화시켜야 하는데 당질은 변통 효과를 가지고 있고, 우유단백인 카제인은 그 반대이다. 모유 영양아가 변비가 적은 것은 모유 중에 카제인 함량이 적고 유당 함량이 많기 때문이다.

고형 식품이 변비의 원인이 될 수 있으므로 과일, 곡류, 수분 등을 더 섭취함으로써 상태를 완화시킬 수 있다. 과일 주스와 물을 반반씩 섞어 먹이면 부드러운 변을 볼 수 있으며 과육이 포함된 주스가 효과적이다.

3) 빈혈

영아기에 이유가 늦어지면 체내 철의 고갈로 철 결핍성 빈혈이 나타난다. 영아의 철 결핍성 빈혈은 부유한 나라나 빈곤한 나라를 막론하고 전 세계적으로 문제가 되고 있다. 우리나라의 경우에 선진국에 비해 철 결핍성 빈혈의 빈도가 높고 인공 영양아가 모유 영양아에 비해 높다. 철 결핍증을 적게 하려면 우선 임신부에게 충분한 철을 공급하여 신생아가 출생 시에 충분한 철을 보유하고 출생하도록 하고, 또한 이유기의 영아에게 충분한 철이 공급되도록 이유식에 대한 지도와 교육이 필요하다.

4) 충치

영아나 어린이의 유치에 충치가 발생하는 특정적인 치아의 부식 현상을 젖병 증후군이라 일컫는데, 잠잘 때 병으로 단맛 있는 음료를 먹는 유아에게서 흔히 볼 수 있다. 유즙을 빨게 되면 타액의 분비가 많아져서 치아에 남아 있는 찌꺼기가 제거되고 치아 표면 플라그의 산을 쉽게 중화할 수 있다. 아기가 잠이 들면 질병을 빠는 것을 멈추고 타액 분비와 중화 작용도 약화된다. 그러므로 이때 치아 둘레에 있던 달콤한 액체는 플라그에 있던 세균의 좋은 공급원이 된다. 따라서 과일 주스, 우유를 계속 먹으면서 잠이 들면 쉽게 충치가 발생하므로 이를 방지하려면 아기가 잠이 들었을 때 곧바로 젖병을 빼주어야 한다.

특히 모유 영양아보다 인공 영양아의 경우 앞니가 더 쉽게 충치가 생긴다. 설탕이 첨가된 음료도 위 치아를 상하게 하는데 아래 치아는 혀에 의해 어느 정도 충치 발생이 방지된다. 충치를 예방하기 위해서는 잠재우려고 할 때 우유병을 물리지 않는 것이 좋으며, 어린 아기가 버릇을 고칠 때까지 우유 대신 물을 넣은 병을 이용하기도 한다.

6. 영아의 식생활 지도

영아의 성장과 지능 발달은 영유아기에게 밀접한 관계가 있다. 식 행동에 있어서 음식에 대한 기호, 식사 예절, 위생 습관 등이 유아기에 형성되므로 이 시기에 습득한 영양 지식은 성인이 될 때까지 유지될 가능성이 크므로 올바른 식생활 습관 형성을 위한 노력이 요구된다.

따라서 성장하고 발달하는 영유아기의 어린이에게 어릴 때부터 균형된 영양 섭취 계획을 세워 건강한 몸으로 성장하도록 하고, 정서 · 심리적 안정을 꾀하며, 올바른 식생활 습관과 바람직한 식사 예절을 몸에 익히도록 올바른 식생활 습관 교육과 식생활 지도가 가정이나 유아 교육 기관에서 시행되어야 한다.

1) 식사 방법 및 식 행동의 발달

영아기의 식 행동 및 식사 태도의 발달 과정은 개인 차이가 있겠으나 어느 정도 유사하다.

성장률이 가장 빠른 영아기의 월령별 발달 단계의 특징을 살펴보면 다음과 같다.

① 출생~4개월

본능적인 반사작용으로 젖 빨기, 혀로 음식을 밀거나 턱을 밑으로 해서 음식을 밀쳐낸다.

② 4~5개월

혀를 앞뒤로 움직인다.

③ 5~6개월

턱을 위아래로 움직이며, 씹는 운동이 시작되고, 침을 흘리며, 컵으로 액체를 마시는 것이 가능하다.

④ 6~9개월

도와주면 앉아서 음식을 먹을 수 있고, 큰 크기의 음식은 손으로 잡고 먹을 수 있다.

⑤ 9~12개월

혼자 앉아서 음식을 먹을 수 있고, 병을 잡을 수 있다. 음식을 입안에서 돌려가면서 씹고, 손으로 작은 크기의 음식을 잡을 수 있으며, 싫어하는 음식을 밀어낸다.

2) 식생활 습관 교육 및 식사 지도

영아기에 있어서 식생활 지도의 목적은 성장하고 발달하는 어린이에게 좋은 영양을 공급하여 심신 모두 건강하게 성장하도록 하는 것이다.

유즙에만 의존하는 생후 5~6개월 정도에 이유를 시작하는데, 이유식에 사용되는 식품의 선택이나 조리법, 영양 위생적인 면에까지 신경을 써서 어린이가 편식하는 일이 없도록 올바른 식생활 습관 형성에 도움을 주어야 한다.

생후 1년이 되면서 영아는 몇몇 식품에 대해 거부감을 나타내기 시작한다. 과일 섭취는 증가하나 채소류의 섭취는 감소한다. 과자, 사탕, 곡류 등의 섭취량도 증가하며, 특정 식품에 대한 기호 변화 외에도 식생활 습관이 변화한다. 서서히 소화기관의 발달이 이루어지므로 이에 맞추어 간식류의 도입이 이루어져야 함은 물론 어떤 식품을 도입하여 어린이들이 맛에 대한 감각을 발달시키느냐도 중요한 문제이므로 어린이들에게 있어 간식의 소개는 영양 교육상 중요한 문제이다.

참고문헌

김은경 · 남혜원 · 박영심 · 명춘옥 · 이기완, 《생활주기 영양학》, 신광출판사, 2001
이상일 · 최혜미, 《영아와 영양》, 교문사, 2002
정해랑, 《영유아영양》, 국민영양, 1992.3
이민준, 〈영유아의 식생활지도〉, 1992.3
〈한국인 영양권장량 제7차 개정〉, 한국영양학회, 2000
민성희 · 손경희 · 윤선, 〈국내식품을 이용한 이유식 개발에 관한 연구(1)〉, 한국 조리과학회지, 9(2) : 99~104, 1993
〈영유아 영양〉, proceeding of the 2nd Symposium, 연세대학교 식품영양과학 연구소, 1995
송요숙, 〈우리나라에서 영아의 수유 및 이유 보충식 급식현황과 개선 방향〉, 한국영양학회지 24(3) : 282~291, 1994
임현숙 · 이정아, 〈모유영양과 인공영양의 수유방식 및 배변현황〉, 한국영양학회지 26(4) : 423~432
임현숙 · 이정아 · 허영란 · 이종임, 〈모유 영양아와 인공 영양아의 에너지, 단백질, 지방 및 유당 섭취〉, 한국영양학회지 26(3) : 325~337, 1993
임현숙 · 이정아, 〈모유영양아와 인공영양아의 성장〉, 한국영양학회지 26(6) : 783~792, 1993
Fomon SJ. Recommendations for feeding normal infants. pediatrics. 62 : 52, 1982
American Academy of pediatrics, committe on Nutrition. Nutrition and lactation. pediatrics 68 : 435, 1981
Committe on Nutrition, American Academy of Pediatrics : Commentary on breast-feeding and infant formulas, including proposed standards for formulas, Pediatrics 57 : 279, 1976
Edelman CM, Barrett HL, and Troupkon V : Renal concentrating mechanisms in newborn infants. Effect of dietary protein and water content, role of urea and responsiveness to antidiuretic hormon, J Clin, Invest 39 : 1062, 1960
Watkins JB : Bile acid metabolism and fat absorption in newborn infants, Pediatr Clin North Am 2 : 501, 1974
Hey EN and Katz G: Evaporative water loss in the newborn baby, J. Physiol 200 : 605, 1969
McMillan MA, Landau SA, and Oski FA : Iron sufficiency in breast milk and the availability of iron from human milk, Pediatrics 58 : 686, 1976
Johnson PE and Evans GW:Relative zinc availabilty in human breast milk, infant formulas, and cow's milk, Am J Clin Nutr 31 : 416, 1978
American Academy of Pediatrics: Composition of human milk : normative data, Appendix K, ed 2, Elk Grove, Ill, 1985, American Academy of Pediatrics
Bonnie S, worthington-Roberts & Sue Rodwell Williams, Nutrition throug-hout the life cycle, 3rd Ed, Mosby-Year Book, Inc, 1996
Peggy L. Pipes PL Trahms CM Nutrition in infancy and childhood, 5th Ed. Mosby-Year Book, Inc, 1993
AMERICAN ACADEMY OF PEDIATRICS. PEDIATRIC NUTRITION, HANDBOOK, 1985
Packard VS. Human Milk and Infant Formula, Academic press, 1982

CHAPTER

05

유아기 영양

1. 신체적 변화 및 생리적 특성
2. 유아기 영양관리
3. 유아기 영양필요량
4. 유아기 영양 관련 문제
5. 유아기 식생활 지도

CHAPTER

05 유아기 영양

유아기는 만 1세 이후부터 초등학교에 입학하기 전까지의 시기를 말한다. 유아기는 영아기에 비해 성장 속도는 감소하지만 성장이 지속적으로 이루어지는 시기이다. 그리고 영아기에 비해 활동량이 늘어나고 탐구, 학습, 사회 활동에 대한 관심이 커지는 시기이기도 하다. 유아기의 식생활 습관은 앞으로 식품 섭취에 큰 영향을 끼치게 되어 이 시기의 식생활 관리는 건강한 성인으로 이어지는 기초가 된다. 그러므로 이 시기의 식품 선택이나 식사 지도 시 어른들의 세심하고 꾸준한 지도로 올바른 영양 섭취가 이루어지도록 주의를 기울여야 한다.

1. 신체적 변화 및 생리적 특성

1) 신장과 체중의 발달

유아기 성장의 특징은 느리지만 꾸준한 성장을 하는 것이 특징이다. 즉 영아기에 비해 성장 속도는 절반 이하로 감소하지만 지속적인 성장이 이루어진다. 신장의 경우 유아기 2세에서는 약 86cm, 3세에는 94cm 정도로 자라게 되며, 4세경에 이르러서야 출생 시 신장의 2배 정도가 되며, 이후로 매년 5~7cm씩 성장하게 된다.

체중의 경우에는 2세경에 이미 출생 시 체중의 4배인 12~13kg 정도로 증가되며, 이후로 매년 평균 2~3kg씩 증가되어 4세 경에는 16~17kg 정도에 이르게 된다.

이렇게 유아기의 성장은 느리지만 꾸준한 성장이 이루어지는 시기이기 때문에 일정하게 균형을 유지하면서 성장하는 것이 중요하다. 그러므로 갑작스럽게 성장에 변화가 나타나게 되면 이것은 영양 불균형이나 질병 발생 등의 가능성을 나타내기 때문에 꾸준하게 일정 기간 동안의 성장을 정확하게 측정하는 것이 중요하다.

2) 생리 발달

(1) 체구성 성분

영아기에 비해 유아기는 전체적으로 체지방량이 14~18% 정도 감소하고 수분량도 다소 감소한다. 반면에 이 시기는 유아의 활동량이 증가하면서 더 많은 근육이 발달하기 때문에 이 시기 증가하는 체중의 약 50% 정도가 근육량의 증가로 볼 수 있다. 몸의 균형에 있어서도 몸통에 비해 사지의 성장이 두드러지게 나타난다. 골격은 유아기 전체적으로 지속적인 발육 단계를 거치게 되므로 칼슘과 같은 무기질과 단백질 섭취를 제대로 하지 않은 경우 정상적인 골격 형성에 문제가 생긴다.

(2) 소화기계와 치아

유아기에는 빠른 속도로 소화기계가 발달하게 된다. 이는 영아기와는 달리 유즙과 이유식으로는 꾸준한 성장을 위한 영양소의 공급이 한정적일 수밖에 없기 때문이다. 소화 효소계의 경우 3~4세경이면 거의 성인과 같은 수준으로 발달하게 되어 성장에 필요한 영양소들을 공급할 수 있게 되고, 간의 글리코겐 합성과 저장 능력, 포도당의 공급 능력도 계속적으로 발달하게 된다. 대장의 기능은 유아기 후반으로 갈수록 발달이 진행되어 배변 특성, 배변 시간의 규칙성, 배변 조절 능력 등을 갖추게 된다. 음식의 소화, 흡수에 있어 가장 기본인 유치의 경우 만 2~3세에 걸쳐 20개가 거의 다 생성되고 유아기 후반기가 되면 영구치의 치관이 완성되기 때문에 어른이 먹는 것과 거의 비슷하게 먹을 수 있다. 그러나 아직은 미숙하기 때문에 영양소가 풍부하게 들어있는 식품으로 소화하기 쉬운 형태로 조리하는 것이 좋다.

(3) 순환기계

유아기에는 적혈구 수와 헤모글로빈 수가 지속적으로 감소하게 되며, 아동기에 이르러 10세경이 되면 성인과 같은 수치에 이르게 된다. 맥박수도 점차 감소하여 영아기에 비해 분당 10~20회가 감소한 90~120회 정도가 된다. 혈압의 경우도 혈관의 내경이 비교적 넓고 탄력성도 좋은데다가 혈관 내 저항이 적어 혈압이 낮다.

(4) 비뇨기계

유아기 초기에 많이 발달하여 2~3세 경이면 소변량을 조절하여 체수분의 균형을 유지할 수 있게 된다. 배뇨의 횟수도 7~10회, 배뇨량도 600~1,000mL로 영아기에 비해 탈수에는 덜 민감해진다.

(5) 호흡기계

유아기가 되면 사지의 발달과 더불어서 몸통이 점차 발달하고 이와 더불어 흉곽 운동이 활발해지면서 흉식호흡이 증가하게 된다. 성인에 비해서는 호흡수는 20~30회/분 정도로 높으나, 호흡량은 125~175mL 정도로 성인의 절반 수준 정도이다.

3) 두뇌 발달

두뇌의 경우 2세경이면 성인의 약 50%, 4세경이면 약 75%, 유아기 후반인 6세경에 이르면 성인의 약 90% 정도로 빠르게 성장·발달한다. 그러므로 이 시기의 영양 섭취가 중추신경계의 발달에 커다란 영향을 미치게 된다. 특히 2세까지의 시기에 영양 불균형이 있으면 신경계에 비가역적인 손상을 남기게 된다.

〈표 5-1〉 각종 내장기관의 연령별 발달

[단위 : g(%)]

기관	신생아	1세	6세	청소년기	성인
뇌	350(30)	810(60)	1,200(89)	1,300(96)	1,350(100)
심장	24(8)	45(15)	95(32)	150(50)	300(100)
신장	25(13)	70(35)	120(60)	110(55)	200(100)
간	150(9)	300(19)	550(34)	1,500(94)	1,600(100)
폐	60(5)	130(11)	260(22)	410(34)	1,200(100)

《생활주기 영양학》, 구재옥 외, p. 22, 2002

4) 사회성 발달

유아기 전반에 걸쳐 성인과 비슷한 수준으로 두뇌가 발달하게 되면서 지능과 정서의 발달이 뚜렷해진다. 그리고 자아가 발달하게 되고 주위 환경에 대한 호기심도 높아지고 독립심이 발달하게 된다. 이와 더불어 사용하는 언어의 수가 늘면서 사회성도 발달하게 된다. 그러면서 또래 관계를 형성하게 되고 놀이에 대한 관심이 증가하면서 활동량이 증가하게 되고 운동근육도 발달하게 된다. 따라서 이 시기를 통해 계속적으로 사회화가 이루어지며, 같은 또래 집단의 식생활 습관은 유아의 음식 섭취와 수용에 있어 큰 영향을 준다. 이 시기의 식생활 습관은 다양한 영양소를 공급해줌으로써 유아기 건강 문제와 밀접한 관련이 있으며, 또한 일생을 통한 식생활 습관에 지속적으로 영향을 줄 수 있다.

5) 식사 기술의 발달

유아기에는 중추신경계의 발달과 더불어 빠른 속도로 식사 방법을 배우게 되고, 식행동과 섭식 기술이 발달하게 된다. 물론 유아들의 식사 기술의 발달은 개인에 따라 상당한 차이가 있지만 대부분의 유아들은 1세가 지나면 음식을 손가락을 집거나 먹는 일이 쉬워진다. 15개월 된 유아는 숟가락을 음식을 뜰 수는 있지만 손목 조절 기능이 미숙하여 자주 숟가락을 엎어 떨어뜨리거나 음식물을 흘린다. 2세 정도가 되면 음식을 흘리는 일이 거의 없어지면서 독립적으로 자기 스스로 먹는 것을 배운다. 3세 경부터는 손바닥이 아닌 손가락으로 컵을 사용하게 되면서 스스로 컵을 손에 쥐고 마실 수 있게 된다. 자율성과 사회성의 발달과 더불어 유아들 스스로 음식을 선택하게 되고, 좋아하는 음식에 대한 기호가 뚜렷해지기 시작한다. 유아의 식품 기호도는 부모의 태도와 식생활 습관이 커다란 영향을 미치므로 식사 시간은 단순히 영양소를 섭취하는 시간이 아니라 새로운 언어, 사회적 기술, 자기를 개발하는 기회를 얻을 수 있는 학습의 시간이기 때문에 부모와 보호자들의 세심하고 지속적인 지도와 배려가 필요하며 올바른 식생활 습관의 모델이 되어야 한다.

2. 유아기 영양관리

유아기는 영아기에 비해 성장 속도는 감소하나 지속적인 성장과 발달이 이루어지고 활동량이 크게 증가하기 때문에 단위 체중당 영양 요구량이 성인에 비해 훨씬 많다. 어떤 영양소를 섭취하느냐에 따라 성장과 발달이 달라지기 때문에 영양소 섭취의 양과 질이 가장 문제가 되는 시기이기도 하다. 그러나 영양소의 소화, 흡수 정도나 영양소의 대사률이 성인과 다르며 또한 같은 연령대 유아들 사이에도 개인차가 크게 나타난다. 즉 성장 발육 정도 및 신체 활동 정도에 따라 영양 요구도의 차이가 크기 때문에 이러한 점을 고려한 식사 계획으로 영양소 필요량을 충족시켜야 한다. 또한, 소화기능의 치아 기능의 발달 정도에 따라 올바른 섭식 기술을 지도해 주는 것은 물론 이거니와 씹기 좋은 크기와 형태로 소화가 잘되고 싱겁고 담백하게 조리하도록 한다. 성인에 비해 체구는 적지만 단위체중당 많은 영양소를 섭취해야 하는 유아들에게는 식사 이외에 과일, 채소, 우유 및 유제품 등 필수 영양소들을 고루 갖춘 식품들을 이용하여 간식의 형태로 하루에 필요한 영양소들을 보충하여 공급해 주어야 한다. 또한, 이 시기는 식품에 대한 기호도와 식욕에 있어서도 변화가 큰 시기이다. 즉 영아기의 급속한 성장 후의 유아기의 완만한 성장이 식욕 부진을 가져올 수 있고 자율성에 따른 기호도에 따라 편식 습관이 생기기 쉬운 시기이기도 한다. 식욕이 감소하게 되면 식사량이 저하될 수 있으므로 영양 밀도가 높은 음식을 섭취하는 것이 좋다. 양질의 단백질은 물론, 비타민, 무기질, 수분 공급에 유의해야 하며 특히 유아기에 흔하게 발생할 수 있는 철 결핍성 빈혈을 막기 위해 철을 함유한 식품을 많이 섭취해야 한다. 이렇듯 다양한 변수를 가진 유아기에는 아동의 영양 요구량을 충족시키면서 올바른 식생활 습관을 형성할 수 있게 해주는 것이 중요하다.

3. 유아기 영양필요량

유아기의 영양필요량은 유아들의 신체의 크기와 활동량, 기초대사량, 영아기의 영양 상태, 영양대사 및 흡수력의 차이 등 다양한 요소에 따라 차이가 크기 때문에 이러한 점들을 고려해서 영양권장량을 정해야 한다. 또한, 성인과 달리 체조직 유지에 요구되는 양 외에도 성장에 따른 새로운 조직이 형성되는데 필요한 요구량도 고려해야 한다. 에너지 권장량의 경우 건강한 유아의 섭취량을 기준으로 하여 산출한다. 한국인 영양섭취기준을 보면 유아기에는 에너지와 영양소 권장량에 있어서 남자아이와 여자아이의 차이가 없고, 1~2세를 유아 전기, 3~5세를 유아 후기로 구분하고 있다.

1) 에너지

유아기의 에너지 필요 추정량은 기초대사율, 성장률, 활동량, 식품 이용을 위한 에너지 등을 고려해서 결정된다. 유아는 신체 발달의 정도와 활동량에 있어 개인차가 크기 때문에 연령에 따라 단위체중당 성장과 기초대사에 필요한 에너지 필요추정량은 감소하지만, 활동대사량은 증가하여 단위체중당 전체 에너지 필요량은 성인에 비해 훨씬 크다. 특히 활동량에 따라 섭취량이 차이가 많기 때문에 정상 체중을 유지하고 성장과 조직의 보수에 있어 중요한 역할을 하는 단백질이 에너지로 사용되지 않게 충분한 양을 섭취해야 한다. 그러나 체구가 작고 소화 속도가 늦은 유아들은 체구에 비해 많은 양을 필요로 하기 때문에 소화가 잘되고 에너지 밀도가 높은 식품을 섭취해야 하며 이러한 점에서 적당한 지질의 섭취가 권장된다.

2010년 제9차 한국인 영양섭취기준에서는 총 에너지 소비량의 기본 계산식으로 계산된 에너지 소비량에 성장에 따른 에너지 필요량을 추가로 더하여 책정되었다. 유아 전반기에는 1,000kcal/일, 유아 후반기에는 1,400kcal/일로 설정되었다(한국인 영양섭취기준, 2010).

2) 단백질

유아기의 단백질 섭취는 새로운 조직의 합성, 조직의 유지, 체구성의 변화를 위해 절대적으로 필요한 영양소이다. 그러나 유아의 성장 속도와 체중에 따라 필요량에 다르지만 단위체중당 단백질 필요량은 성인에 비해서 매우 높다. 유아의 단백질 권장 섭취량은 유아 전반기에는 1일 권장섭취량이 단위체중당 1.2g, 유아 후반기에는 단위체중당 1.1g이 필요하여, 각각 권장섭취량이 15g, 20g으로 정하고 있다. 단백질은 섭취량도 중요하지만 새로운 조직의 합성과 유지에 중요한 필수아미노산을 골고루 충분히 함유하고 있어야 하며 소화 흡수률도 좋아야 한다. 한마디로 생물가가 높은 완전 단백질의 섭취가 중요하다. 그러므로 일반적으로 생물가가 높은 동물성 단백질이 전체 단백질 섭취량의 유아 전반기에는 65~80% 이상, 후반기에는 50~65% 이상 섭취하는 것이 좋다. 그러므로 유아기의 식단 작성 시 소화되기 쉬우면서 생물가가 높은 양질의 단백질 식품을 충분히 섭취할 수 있도록 만드시 고려해야 한다.

3) 당질

한국인들의 주된 에너지 공급원이 당질이듯이 유아기의 주된 에너지원도 당질로서 전체 에너지에서 차지하는 적정 비율이 55~70%이다. 그러나 식품의 선택에 있어서 당질 이외의 단백질, 비타민, 무기질과 같은 영양소가 거의 없는 식품을 섭취하는 것은 좋지 않다. 그러므로 비타민과 섬유소들이 풍부하게 들어 있는 복합 당질이 많이 들어 있는 식품을 선택하는 것이 좋다. 적당한 양의 식이섬유소의 섭취는 장의 운동능력을 향상시키고 변비나 비만 등의 예방에 도움을 주지만, 식이섬유소가 많은 식품들은 대체로 부피가 크고 소화에 부담을 주고 에너지 밀도가 낮은 경향이 있기 때문에 단위체중당 영양소 요구량이 높은 유아들에게 있어 에너지 부족을 초래할 수도 있다. 또한, 수분 섭취가 부족한 경우 장내 딱딱한 덩어리를 형성하여, 오히려 운동성을 떨어뜨릴 수도 있고 미량 영양소의 흡수에도 방해를 줄 수 있기 때문에 과량 섭취하지 않도록 주의가 필요하다. 2010년에 발표된 한국인 영양섭취기준에 따르면 식이섬유소의 충분 섭취량은 유아 전반기 10g/일, 유아 후반기 15g/일로 설정되어 있다.

〈표 5-2〉 유아의 1일 에너지, 단백질, 식이섬유소 섭취기준

연령(세)	에너지(Kcal)	단백질(g/일)		식이섬유(g/일)
	필요추정량	필요추정량	권장섭취량	충분섭취량
1~2	1000	12	15	10
3~5	1400	15	20	15

〈한국영양학회, 보건복지부, 식품의약안전청, 2010〉

4) 지질

유아기는 성인에 비해 단위체중당 필요로 하는 에너지양이나 영양소의 양이 크다. 그러나 영아기에 비해 성장 속도의 감소로 식욕 부진이나 소식(小食) 등의 경향을 보이는 유아의 경우 지방은 농축된 에너지원으로서 매우 중요하다. 특히 이 시기의 적절한 지질 섭취는 필수지방산과 지용성비타민의 공급에 있어서 절대적으로 중요하다. 지방의 과도한 섭취는 비만, 암, 심장 질환 등의 문제를 유발시킬 수 있지만 유아기에는 일부러 섭취 제한할 필요는 없다. 영아기에 비해서는 전체 에너지에서 차지하는 비율이 적으나 보통 25~30%를 권장하고 있다.

5) 비타민

비타민은 생명 현상에 있어서 필수적인 영양소로 정상적인 생리작용은 물론 영양소의 대사 과정에서 필수적인 영양소이다. 그러나 대부분의 비타민들은 생체 내에서 합성되지 않아 식품으로부터 공급받아야 되는데 문제는 어떠한 식품도 신체가 필요로하는 비타민들을 완벽하게 함유하고 있지 않다는 것이다. 그러므로 다양한 식품을 통해서 필요로 하는 비타민들을 공급해 주는 것이 중요하다. 특히 비타민들은 대사 과정에서 조효소로 작용하기 때문에 에너지나 단백질 섭취량에 따라 그 필요량이 결정된다.

(1) 지용성비타민

비타민 A는 정상적인 성장과 상피 세포의 발달, 간상 세포의 발달, 면역력 등 다양한 생리활성에 관여하며 유아기의 정상적인 성장과 발달에 필수적인 영양소이다. 간, 우

유, 달걀노른자, 버터 등의 동물성 식품에 들어있는 비타민 A가 좋은 급원이며 시금치, 당근 등 녹황색 채소에 들어있는 프로비타민 A는 항산화 작용을 가지고 있다. 비타민 A는 체내에서의 대사에 있어서도 단백질 섭취가 적절하게 되었을 때 이용이 잘되기 때문에 동물성 단백질 섭취가 부족한 지역의 유아들에 있어서 비타민 A 결핍증이 빈번하게 나타난다.

비타민 D는 정상적인 골격 발달에 필수적인 칼슘의 흡수에 있어서 중요한 역할을 하는 영양소로서 결핍 시 골격의 석회화가 정상적으로 이루어지지 못하여 뼈가 약해지고 굽는 구루병이 발생하게 된다. 유아 전·후반기 모두 같은 양의 충분섭취량이 설정되어 있다. 비타민 D는 비타민 중에서도 독성이 강한 영양소로 비타민 D를 보충제로 섭취할 경우 주의하여야 한다.

비타민 E는 대표적인 항산화 영양소로서 정상적인 건강한 세포막의 불포화지방산의 산화 방지에 필수적인 영양소이다. 비타민 E도 유아 전반기와 유아 후반기가 각각 충분섭취량이 설정되어 있다.

비타민 K는 혈액 응고에 관여하는 프로트롬빈과 뼈의 기질 단백질인 오스테오칼신의 합성에 관여하는 영양소로서 유아 전·후반기에 나누어 충분섭취량이 설정되어 있다. 거의 모든 식품에 함유되어 있을 뿐 아니라 장내 세균에 의해서 합성되기도 한다. 지용성비타민 중에서 유일하게 상한섭취량이 설정되어 있지 않다. 다만, 합성비타민 K의 경우에는 상한섭취량이 설정되어 있다.

〈표 5-3〉 유아의 1일 지용성비타민 섭취기준

연령(세)	비타민 A(㎍RE/일)		비타민 D(㎍/일)		비타민 E(mg α-TE/일)		비타민 K(㎍/일)
	권장섭취량	상한섭취량	충분섭취량	상한섭취량	충분섭취량	상한섭취량	충분섭취량
1~2	300	600	5	60	5	100	25
3~5	300	700	5	60	6	140	30

〈한국영양학회, 보건복지부, 식품의약안전청, 2010〉

(2) 수용성비타민

비타민 C는 구조 단백질인 콜라겐의 형성에 절대적으로 필요한 성분으로 유아의 정상적인 성장은 물론 면역력을 향상시키기 위해서도 매우 중요한 성분이다. 비타민 C는 조리 과정에서 쉽게 파괴되기 때문에 조리법이나 또는 간식의 선택에 있어서도 비타민 C의 공급에 신경을 써야 한다. 유아 전 · 후반기 동일한 권장섭취량이 설정되어 있으며 과잉 섭취 시 독성을 유발할 수 있어 상한섭취량이 설정되어 있다.

비타민 B군은 주로 체내 대사 과정에서 조효소로 작용을 한다. 그러므로 관여하는 대사 과정에 따라 섭취량에도 차이가 있다. 에너지 대사에 관여하는 티아민, 리보플라빈, 니아신 등은 에너지 섭취량이 증가함에 따라 권장섭취량이 같이 증가한다. 당질대사의 중요한 조효소 역할을 하는 티아민은 유아 전 · 후반기 모두 권장섭취량이 0.5mg/일로 설정되어 있다. 역시 에너지 대사에 관여하는 리보플라빈과 니아신은 유아 전 · 후반기에 각각의 권장섭취량이 설정되어 있다. 니아신의 경우 체내에서 사용되는 상당량이 필수아미노산인 트립토판으로부터 전환되기 때문에 트립토판이 풍부하게 함유되어 있는 단백질 급원 식품의 공급이 중요하다.

단백질 대사에 관여하는 피리독신은 단백질 섭취량에 비례하여 유아 전반기와 후반기에 각각의 권장섭취량이 설정되어 있다.

세포의 정상적인 성장과 발달에 필수적인 영양소인 엽산과 비타민 B_{12}는 부족 시 거대적아구성 빈혈과 악성 빈혈을 유발하고 성장 장애를 유발할 수 있기 때문에 섭취에 주의를 기울여야 한다. 엽산의 경우 푸른잎 채소와 간, 콩, 내장육 등에 동식물 모두 골고루 함유되어 있지만 비타민 B_{12}의 경우 급원 식품이 대부분 간, 굴, 조개류 같은 동물성 식품에 한정되어 있기 때문에 편식이나 소식을 하는 유아들의 경우 결핍증이 나타날 수 있다.

수용성 비타민 중에서는 니아신, 피리독신, 엽산, 비타민 C가 상한섭취량이 설정되어 있다.

〈표 5-4〉 유아의 1일 수용성비타민 섭취기준

연령(세)	비타민 C(mg/일)		티아민(mg/일)	리보플라빈(mg/일)	니아신(mg NE/일)		
	권장	상한	권장	권장	권장	상한	
1~2	60	350	0.5	0.6	6	10	350
3~5	70	500	0.5	0.7	7	10	500

연령(세)	비타민 B6(mg/일)		엽산(μgDFE/일)		비타민 B12(μg/일)	판토텐산(mg/일)	비오틴(μg/일)
	권장	상한	권장	상한	권장	충분	충분
1~2	0.6	25	150	300	0.9	2	9
3~5	0.7	35	180	400	1.1	3	11

〈한국영양학회, 보건복지부, 식품의약안전청, 2010〉

6) 무기질

(1) 칼슘

체내 존재하는 칼슘의 99%가 골격이나 치아에 존재하는 것처럼 칼슘은 체내 경조직을 형성하는데 가장 기본적으로 필요한 성분이다. 유아기에는 영아기에 비해서 성장률이 낮지만 지속적으로 성장을 하기 때문에 이에 칼슘의 공급이 아주 중요하다. 칼슘은 경조직의 주요 구성 성분이기도 하지만 이외에도 혈액 응고, 근육의 수축과 이완, 심장박동, 신경 흥분 전달, 효소의 활성화, 세포막의 투과성 등과 같은 중요한 생리적인 기능을 하고 있다. 그러나 칼슘은 급원 식품의 종류에 따라 소장 내 흡수율의 차이가 크다. 우유나 유제품에 들어 있는 칼슘의 체내 이용률이 매우 높은 편인 것에 비해 곡류나 채소류에 함유되어 있는 칼슘의 경우 피트산(phytic acid)이나 수산(oxalic acid)과 같은 저해 물질의 존재 시 칼슘의 흡수율이 크게 떨어진다. 유아기에 공급되는 대부분의 칼슘 공급원은 우유 및 유제품들에 의한 것이므로 이들 제품들을 섭취하지 않거나 제한적으로 섭취하는 유아들은 칼슘 결핍이 초래될 위험이 많다. 유아기의 골격 성장을 위해서는 칼슘뿐만 아니라 칼슘과 인의 양적인 균형도 매우 중요하므로 인의 섭취 또한 중요하다. 가공식품과 음료의 소비가 늘어나면서 우유의 섭취량이 감소되면서 우유의 섭취량은 감소하고 반면에 인의 섭취량이 크게 늘어나 칼슘의 흡수율을 떨어드려 유아의 골격 발달에 좋지 않은 영향을 끼치고 있으므로 주의하여야 한다. 칼슘의 권장섭취량은 유아 전반기에 500mg/일, 후반기에는 600mg/일로 권장섭취량이 설정되어 있다. 인의 유아 전 · 후반기 모두 500mg/일로 권장섭취량이 설정되어 있다.

(2) 철분

전 세계적으로 가장 흔한 영양 결핍증은 바로 철분 결핍증이다. 혈액 내 산소 운반 기능을 하는 헤모글로빈을 구성하는 필수 성분으로 유아기의 지속적인 성장에 따른 혈액량 및 조직 증가량 등에 따라 철분의 필요량이 증가한다. 철 결핍 빈혈은 대표적인 영양성 빈혈로 적혈구의 크기가 작고 혈색소인 헤모글로빈의 함량이 적은 소구성 저색소성 빈혈이 나타나 성장 지연, 감염에 대한 저항력 저하, 학습 능력 부진, 지적 수행 능력 부족 등의 다양한 증상들이 나타난다. 유아기의 빈혈은 철의 섭취가 부족하다고 해서 즉시 나타나는 것이 아니다. 영아기 때 철분이 보충되어 있는 조제분유나 이유식을 통해서 상당량이 간에 저장되어 있는데다가 적혈구의 수명이 4개월 정도 되기 때문에 빈혈 증상이 나타났을 때는 이미 오래전부터 철분의 결핍이 진행되어 온 것이다. 철분은 흡수가 잘 안 되는 영양소이나 육류에 포함되어 있는 헴철의 경우 식물성 식품에 함유되어 있는 비헴철에 비해 흡수율이 높다. 또한, 철분의 흡수율은 동물성 식품과 비타민 C 섭취량의 증가에 따라 증진된다. 철분은 과량 섭취 시 독성이 강하기 때문에 상한섭취량이 설정되어 있으며 권장섭취량은 유아 전반기 6mg/일, 후반기 7mg/일로 설정되어 있다.

(3) 아연

정상적인 단백질 합성과 성장에 필수적인 미량 무기질인 아연은 체내 다양한 대사 과정에 관여하는 효소들의 구성 성분으로 특히 뇌 발달에 매우 중요한 영양소이다. 아연 결핍 시 성장 저해, 식욕 부진, 미각의 둔화, 상처 회복의 지연, 면역력 저하 등과 같이 신체 전반에 걸친 다양한 증상들이 나타난다. 이는 아연이 대사 과정에 관여하는 200여 개의 효소의 구성 요소로 작용하기 때문이다. 아연은 다양한 식품들에 함유되어 있지만 패류, 간, 유류, 가금류, 육류를 포함한 동물성 식품이 좋은 급원이며, 곡류 및 채소류는 적은 양을 함유하며 아연의 흡수를 저해하는 피틴산을 함유하고 있어 체내 흡수 이용률도 떨어진다. 권장섭취량으로 유아 전반기에는 3mg, 후반기에는 4mg이 설정되어있다.

(4) 요오드

유아기 성장과 중추신경계의 발달에 핵심적인 역할을 하는 갑상선호르몬의 주요 구성 요소인 요오드는 결핍되면 성장 지연은 물론 비가역적인 중추신경계의 후유증을 남기게 된다. 해조류나 어패류에 다량 함유되어 있으며 미역, 김, 다시마 등의 해조류를 많이 섭취하는 우리나라에서는 결핍증이 흔하지는 않다. 권장섭취량은 유아 전반기 80㎍, 후반기 90㎍으로 각각 설정되어 있다.

〈표 5-5〉 유아의 1일 다량 무기질 섭취기준

연령(세)	칼슘(mg/일)		인(mg/일)		나트륨(g/일)	염소(g/일)	칼륨(g/일)	마그네슘(mg/일)	
	권장	상한	권장	상한	충분	충분	충분	권장	상한
1~2	500	2,500	500	3,000	0.7	1.1	1.7	75	65
3~5	600	2,500	500	3,000	0.9	1.4	2.3	100	65

〈한국영양학회, 보건복지부, 식품의약안전청, 2010〉

〈표 5-6〉 유아의 1일 미량 무기질 섭취기준

연령(세)	철(mg/일)		아연(mg/일)		구리(㎍/일)		불소(mg/일)		망간(mg/일)		요오드(㎍/일)		셀레늄(㎍/일)		몰리브덴(㎍/일)
	권장	상한	권장	상한	권장	상한	권장	상한	권장	상한	권장	상한	권장	상한	상한
1~2	6	40	3	6	290	1,500	0.6	1.2	1.4	2	80	300	20	85	100
3~5	7	40	4	9	330	2,000	0.8	1.7	2.0	3	90	300	25	120	150

〈한국영양학회, 보건복지부, 식품의약안전청, 2010〉

7) 수분

유아는 어릴수록 세포외액의 비율이 성인과 비교하여 높을 뿐 아니라 체중당 체표면적 비가 크고 대사가 활발하기 때문에 체중당 수분 필요량은 성인보다 많다. 그러므로 고열, 구토, 설사 등에 따른 수분 손실 시 수분 균형이 쉽게 깨어지면서 탈수 증상이 나타나기 쉽기 때문에 수분 섭취에 주의를 기울여야 한다. 유아 전반기의 수분 충분섭취량은 1,100mL, 후반기에는 1,400mL로 설정되어 있다.

4. 유아기 영양 관련 문제

1) 유아의 영양 실태

유아기는 영아기에 비해 완만한 성장 속도를 보이나 꾸준한 성장과 발달을 하는 시기로 이 시기의 영양은 부모의 사회 경제적 수준과 교육 수준에 의해 크게 영향을 받으며, 또한 계층 간, 지역 간에도 불균형 현상이 심하게 나타나는 특징이 있다. 그러므로 전 세계적으로 영양의 과잉과 결핍이 혼재해서 나타나고 있다. 2009년 국민건강영양조사 보고에 따르면 칼륨과 칼슘을 제외한 대부분의 영양소에서 권장섭취량 이상을 섭취하고 있는 것으로 나타났다. 철분의 경우 유아 전반기에 권장섭취량에 비해 다소 부족한 섭취 실태를 보였으며, 칼슘의 경우에는 유아 후반기로 가면서 권장량 대비 섭취량의 감소가 가장 크게 나타나기 시작하는데, 이러한 경향은 학동기와 청소년기로 올라가면서 격차가 더욱더 크게 나타난다. 이는 유아들이 성장함에 따라 우유나 유제품의 섭취보다 탄산음료나 기타 청량음료의 섭취 증가와 관련이 깊다. 한편 칼륨의 섭취량이 한국인 영양섭취기준 충분섭취량 대비 유아 전반기에 53.4%, 유아 후반기에 51.7%로 섭취가 매우 저조한 상태이다. 이와 반대로 권장 섭취량 대비 가장 많이 섭취하고 있는 영양소는 단백질과 나트륨으로, 단백질과 나트륨의 과다 섭취가 우려되는 실정이다. 그중에서도 칼륨 섭취량이 가장 적은데에 비해 나트륨의 경우 유아 후반기로 가면서 그 섭취량이 급격히 증가하고 있어, 짜게 먹는 식생활 습관을 가진 한국인들에게 있어 어릴 때부터 나트륨 섭취에 대해 세심한 교육이 필요하다는 사실을 알 수 있다.

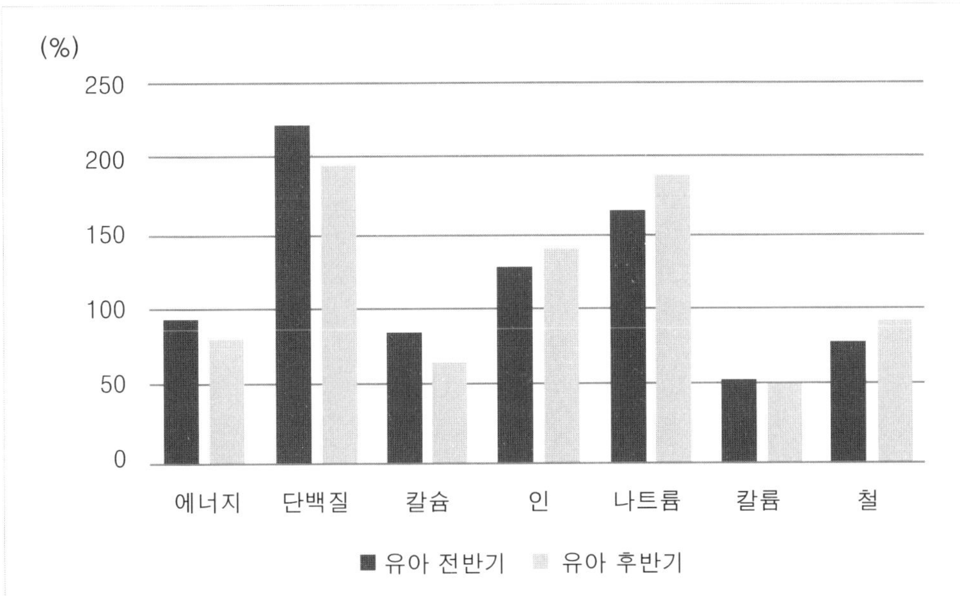

〈그림 5-1〉 영양소별 한국인 영양섭취기준에 대한 영양소의 섭취 비율
〈보건복지부 질병관리본부, 2009 국민건강통계, 2010〉

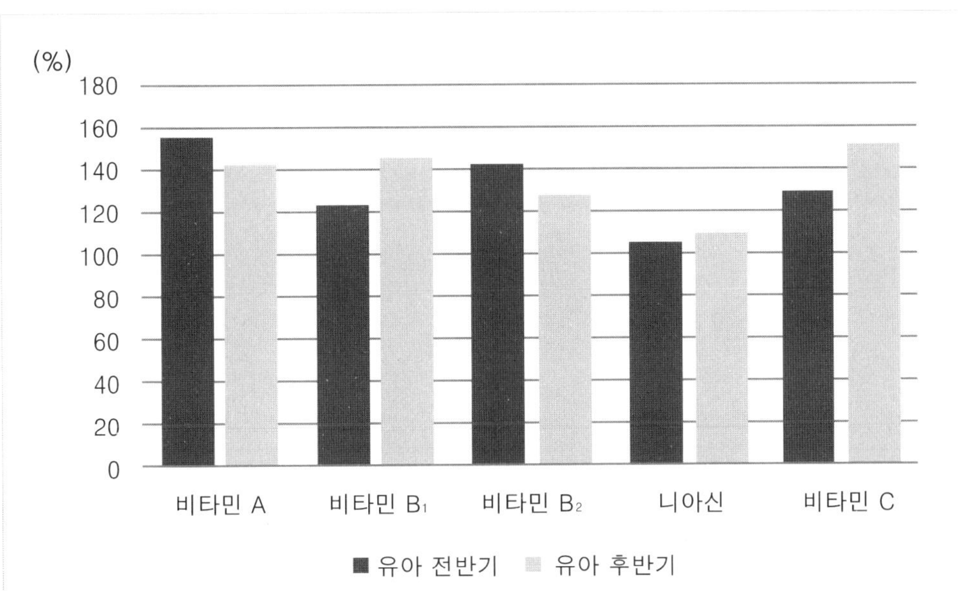

〈그림 5-2〉 영양소별 한국인 영양섭취기준에 대한 영양소의 섭취 비율
〈보건복지부 질병관리본부, 2009 국민건강통계, 2010〉

2) 식욕 부진

유아기의 개인 성장 속도와 식욕 간에는 아주 밀접한 상관관계가 있다. 영아기에 비해 성장 속도가 저하되는데다가 식사 환경에 따라 식욕이나 식사량이 쉽게 변화는 것이 유아기의 특징이다. 그러므로 개인의 식사량이나 식품 기호가 개인차가 크게 나타나는 것이다. 일반적으로 3~4세경에 이르면 자아가 발달하면서 음식에 대한 기호가 뚜렷하게 나타나면서 식욕 부진이 일어나기 쉽다. 이러한 현상은 누구에게나 일어나는 생리적 현상으로 일시적이나 단기적으로 생기는 식욕 부진은 크게 문제 되지가 않지만, 억지로 먹기를 강요하게 되면 오히려 식욕 부진이 고정되어 버릴 수가 있다.

식욕 부진의 원인 중에서 가장 크게 차지하는 것은 심리적인 요인으로 부모의 지나친 관심이나 과잉 보호, 간섭, 강요, 질책, 또는 무관심, 그리고 가정 내 불화 등과 같은 자극적이고 불안한 분위기, 욕구 불만 등이 식욕 부진을 초래할 수 있다. 유아의 경우 영양소의 균형이 깨어졌거나 잘못된 이유식을 섭취한 경우에도 식욕 부진이 올 수 있다. 즉 이유식이 너무 늦게까지 진행되어 영양소의 균형이 깨어졌거나 부족을 초래하게 되고 이유식의 조리법이나 공급 방법 또는 이유식 메뉴의 단조로움 등이 그 원인이 될 수 있다.

또한, 이시기의 중요한 영양 공급원인 간식이 불규칙하고 빈번하게 제공되거나, 적절하지 못한 간식의 선택으로 인한 당분과 지방 과잉 섭취 등도 중요한 원인이 된다. 또한, 유아에게 빈혈, 결핵, 감염, 신경 장애, 열성 질환, 기생충 감염, 내분비 이상 등과 같은 다른 질환이 있거나 충치가 있는 경우에도 식욕 부진이 있을 수 있기 때문에 식욕 부진의 원인이 무엇인지를 파악하여 대책을 세우고 식사를 개선하는 것이 바람직하다.

유아의 자아 발달과 관련이 깊은 심리적 식욕 부진이 가장 흔하게 나타나며 이런 경우에는 가족, 특히 어머니는 유아의 정서 발달을 잘 이해해서 유아의 식욕이 다소 저하되어도 과민하게 반응하지 않고 즐겁고 편안한 분위기 속에서 식사를 할 수 있도록 배려해야 한다. 야단을 심하게 치거나 강제적으로 식사를 하게 되면 오히려 거부 반응을 일으키게 된다. 식사를 할 경우 시간을 20~30분 정도로 정해 놓고 먹거나 안 먹더라도 시간 내에 끝내도록 한다. 신경을 지나치게 쓰지 말고, 식사를 즐겁고 편안한 분위기 속에서 할 수 있도록 배려한다. 너무 심하게 야단을 치거나 강제적으로 식사를 하게 하면 역효과가 날 수 있다. 간식은 규칙적으로 적당한 양을 주어 본 식사에 영향을 주어서는 안 된다. 그리고 집 안팎에서 운동을 충분히 하도록 하여 활동량을 늘여 공복감을 갖게 해준다.

유아 식단의 경우 구성을 다양하게 하며 식품 재료를 쓰는 방법과 색채, 그릇 담기 등에 변화를 주도록 한다. 이러한 색채에 대한 기호는 연령, 성별, 생활 환경에 따른 차이가 크기는 하지만 유아기에는 대체로 순수한 색에 대한 기호도가 높으므로 식품 재료 중 중간 색을 가진 재료를 가운데에 넣거나, 식기의 선택에 있어서도 순색을 선택하는 것이 좋다. 음식이나 식기의 색채도 중요하지만 형태에도 주의를 기울이는 것이 좋다. 기호도가 떨어지는 음식의 경우 각이 지고 딱딱한 형태보다는 원형의 부드러운 모양으로 크게 하지 않는 편이 식욕을 촉진한다. 이와 같인 다양한 식사 환경에 변화를 주고, 때로는 집 밖에서 식사를 하거나 또래 친구들과 같이 식사를 하게 하는 등 다양한 방법으로 식욕 부진에 대한 효과를 높일 수 있다. 식욕 부진의 원인이 병인성인 경우에는 반드시 그 원인이 되는 질환을 먼저 치료하고 거기에 따른 식이 대처를 하는 것이 바람직하다.

3) 편식

편식은 유아기 전반에 걸쳐 중요한 영양 문제로 지적되고 있는 사항으로 어떤 종류의 식품만을 좋아하고 다른 식품 먹기를 거부하는 것을 편식이라 한다. 우리의 일상생활에서 식생활에 활용되는 식품의 종류는 600여 종이나 되기 때문에 어떤 종류의 식품을 싫어한다고 해도 영양 성분이 유사한 식품을 섭취한다면 영양적으로는 큰 문제가 생기지 않는다. 즉 식품 섭취에 있어 다소 편식이 있다 하더라도 이로 인해 영양소 섭취의 균형이 깨지거나 발육과 건강에 장애를 초래하는 등의 심각한 영양 문제를 일으키지 않는다면 큰 걱정거리가 되지 않는다. 그러나 유아기에는 식욕과 식품의 기호가 불안정하고 좋아하는 음식과 싫어하는 음식에 대한 감정이 강하고 기복이 심하다. 채소를 모조리 안 먹는다던가 생선류를 전혀 먹지 않는 등의 경우 이에 따라 식사 내용이 영양적으로 불균형하여 성장 및 영양 상태가 떨어지는 문제가 발생하기 때문에 다양한 편식의 원인을 파악하여 이에 대한 대처나 예방을 해야 한다.

편식의 원인 중의 하나로 이유기에 단맛이 있는 이유식만을 먹을 경우 다른 맛을 배우는 기회가 없어져 편식의 원인이 된다. 이유기에 채소를 처음 접한 아기는 질감 때문에 채소 이유식을 뱉어버리기 쉽다. 그러므로 채소를 먹이는 훈련을 잘못하면 커서도 채소를 싫어하게 된다. 이러한 경향은 미취학 아동을 대상으로 기호도 조사를 한 결과 대상의 약 30~35%가 편식을 하는데 가장 기호도가 낮은 것이 채소로 나타났다. 그러므로 상당한 시간을 두고 채소를 먹이는 훈련을 인내심을 가지고 계속하게 되면 익숙해질 수 있다.

편식의 원인이 생리적 및 심리적인 경우는 유아가 발달하는 과정에서 어떤 새로운 종류의 식품의 맛과 냄새, 혀의 촉각 등에 익숙하지 않아서 쉽게 받아들이지 못하고 거부감을 갖게 된다. 이는 혀의 점막 및 여러 감각기의 감수성에 기인한 것으로 유아기에는 냄새와 향기에 예민한 반응을 나타내며 파, 미나리, 당근, 쑥갓 등을 싫어하는 일이 많으나 성장하면서 차차 잘 먹게 된다. 이는 감각기의 감수성이 연령에 따라 변하기 때문이다. 한편 부모와 형제들의 편식, 친구의 식품 기호, 먹는 일을 강요당하거나, 식사 중에 간섭이 너무 심하거나, 과잉 보호, 구토, 복통 등 불쾌한 경험, 양친의 관심을 끌기 위한 무의식, 동물에 대한 동정심 등 심리적 요인으로 편식하게 된다.

편식의 원인이 사회적, 경제적 요인인 경우는 식품의 유통 조건에 제약을 받는 환경이나 경제적으로 어려운 환경으로 식품 선택의 기회나 식품 구매의 제한이 있는 경우 식품의 사용 범위가 좁은 식생활을 하게 되어 성장 후에도 주어진 새로운 음식에 적응할 수 없어 편식하게 된다. 그러나 이러한 편식은 일시적인 것으로 환경이 달라지게 되면 새로운 식생활에 익숙해진다.

식생활 습관은 한 번 나쁜 습관이 형성되면 시정하기 힘들다. 그러나 유아기의 편식은 아직 고정된 것이 아니고 유동적이기 때문에 교정이 가능하므로 유아기 때부터 편식이 생기지 않도록 하는 것이 중요하며 가족들의 협력이 필요하다. 먼저 우선적으로 부모, 가족 모두 편식하지 않도록 하여, 식품에 대한 편견을 버리도록 한다. 그리고 이유기 때부터 다양한 식품을 사용하여 식품 자체의 맛, 냄새, 질감 등에 익숙해지도록 하고 조리법도 다양하게 사용하도록 한다. 조리법을 다양하게 사용하여 유아가 싫어하는 식품의 경우 새로운 음식으로 만들어 줄 수 있다. 유아가 싫어하는 식품은 강제로 먹이지 말고 싫어하는 식품의 맛, 냄새, 형태 등이 되도록 눈에 띄지 않게 조리법을 개선하고, 싫어하는 음식의 이용 횟수과 양을 서서히 늘려 익숙해지도록 한다. 유아가 싫어하는 음식의 경우 부모 스스로 모범을 보여주는 것이 바람직하다. 식사 시간에는 적당한 공복 상태가 되도록 하는 것이 중요하므로 놀이 시간과 간식 시간, 간식의 양을 조절해야 하며 무엇보다도 식사 환경을 즐겁게 하여 주위 사람들, 그 중에서도 또래 친구와 식사를 맛있게 먹을 수 있는 환경을 만들어 준다.

4) 비만

2009년 국민건강영양조사에 의하면 유아기의 과체중 및 비만 유병률이 17.8%로 조사되었다. 이는 2005년 4.9%에 비해 크게 증가한 수치로 이러한 현상에는 여러 가지 원인이 있겠지만 육류 섭취량의 증가, 기름기 많은 패스트 푸드의 섭취, 지방과 단순당이 많은 간식, 과식, 컴퓨터 오락, TV와 비디오 시청 등으로 인한 활동량의 감소 등을 원인으로 들 수 있다. 유아기의 비만은 지방조직이 세포 수와 크기가 모두 증가하는 특징을 가지고 있어 성인 비만으로 이행될 가능성이 높다. 단순하게 체중이 많이 나가는 단순형 비만인 경우에는 그 자체로는 병이 아니나 비만 상태가 장시간에 걸쳐 계속되는 경우 소아기에도 고혈압이나 당뇨병, 지방간, 동맥경화, 관절염, 이상지질혈증 등의 생활습관 질환이 조기에 발병할 수도 있다. 또한, 이 시기에는 자아 발달이 중요한 시기로 비만으로 인해 정신적으로나 사회적으로 원만한 인격 형성에 문제를 일으킬 수 있기 때문에 비만이 되지 않도록 주의 하여야 하며, 소아 비만의 발병 연령이 높을 수록 성인 비만으로 지속되기가 쉽기 때문에 비만이 되었을 때는 더 늦기 전에 빨리 치유해야 하며 되도록 표준 체중에 가깝게 유지하도록 해야 한다.

비만아의 치료를 위해서는 기본적으로 식사요법과 더불어 운동요법과 행동 수정 요법을 병행하는 것이 효과가 크다. 중요한 점은 이 시기가 성장기이기 때문에 성인과 같은 식사요법을 적용시키기에는 무리가 따른다. 비만의 경우 기본적으로 섭취 에너지, 특히 당질을 제한하게 되는데 유아의 경우 성장기이기 때문에 몸무게를 무리하게 줄이지 않고 현상을 유지하는 것만으로도 비만의 정도를 가볍게 할 수 있다. 특히 경도 비만아의 경우 체중을 줄이기 위해 적극적으로 섭취를 제한할 필요가 없다. 성장단계에 맞는 체중을 유지하는 정도로 식사요법을 하며 키가 많이 크는 어린 나이일수록 에너지 제한을 천천히 하도록 한다. 처음에는 완만하게 현재 체중을 유지하는 정도로 시작하고 차차 장기적으로 제한을 늘려가는 것이 지나치게 엄격하게 식사 제한을 하는 경우보다 실패율이 적다.

식단 구성에 있어서도 발육에 지장을 주지 않도록 제한은 당질에 한해서 하고, 단백질, 지방, 무기질, 비타민 등의 영양소는 부족하지 않도록 섭취하는 것이 중요하다. 단백질과 지방이 성장에 필수 영양소이기는 하지만 에너지를 내기 때문에 필요 이상으로 많이 섭취하는 경우는 필요량 정도로 줄이는 것이 좋다. 유아의 식생활 습관 자체를 심하게 변화시켜서 유아가 좋아하는 음식을 무조건 제외시키는 것보다는 식사 형태를 수정하거나 대체하도록 하는 것이 좋은 방법이다. 아울러 채소나 해조류를 잘 이용하여 양적으로 분량을 보충하여 포만감을 조절하는 것도 좋다. 우유는 유아의 발육에 필요한 거의 모든 영양소를 포함한 뛰어난 식품이므로 하루에 한 컵은 주도록 한다. 염분은 특히 제한할 필요는 없으나 짠맛이 강하면 반드시 쌀밥이나 빵 등을 많이 먹게 되므로 일반적으로 맛은 싱겁게 하고, 재료의 단맛을 살려 설탕류의 사용을 되도록 적게 한다. 아울러 하루에 일정 시간을 밖에서 뛰어 놀 수 있도록 하여야 하며, 부모를 비롯한 가족의 이해와 협력을 얻는 것도 중요하다.

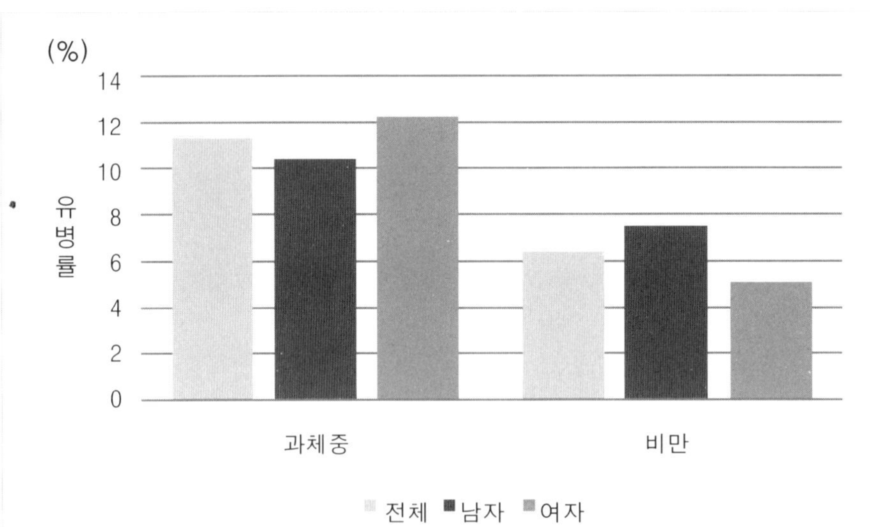

〈그림 5-3〉 유아기 과체중 및 비만 유병률

〈보건복지부 질병관리본부, 2009 국민건강통계, 2010〉

5) 충치

생후 6개월부터 나오기 시작한 유치(乳齒)는 3세경이면 거의 완성되는데, 유아들의 유치는 발육기의 성장에 관계될 뿐만 아니라 성격의 형성과 영구치의 형태나 모양 등에 영향을 미치는 등 평생의 건강까지도 좌우하게 되므로 가정이나 유아 교육 기관에서 깊은 관심을 가져야 한다. 그러므로 유아의 치아관리에서는 충치의 예방이 아주 중요하다.

유아기의 충치 발생률을 살펴보면 다섯 명 중 한 명이 충치를 가지고 있는데 가장 큰 원인은 잘못된 식생활 습관 때문으로 우유병이나 과일 주스 병을 온종일 물고 있고, 또한 물고 자는 습관 때문에 치아 우식증(Baby bottle tooth decay, BBTD)에 걸리기 쉽다.

충치가 생기는 조건을 보면 치질(齒質), 음식물, 세균의 세 가지 요인이 관여하며, 이 중에서도 박테리아와 설탕 때문에 생긴다. 즉 치아 표면에 설탕을 이용하는 여러 가지 박테리아들이 설탕을 이용하고 부산물인 젖산을 생성하게 되면 이 젖산이 치아의 에나멜을 용해시켜 충치를 형성하게 된다. 그러므로 잠들기 전 끈적거리고 당분이 많은 음식이나 음료의 섭취는 충치 발생을 증가시키게 된다. 따라서 세균이 좋아하는 당분을 제한하거나, 치아 주변에 당분이 부착되는 것을 막기 위해 음식물을 먹은 후에는 치아를 깨끗하게 닦아야 세균의 번식을 막을 수 있다.

또한, 세균에 대한 저항력을 높이기 위해 튼튼한 치질의 이를 만드는 것이 중요하며, 이를 위해 양질의 단백질, 비타민 C, 비타민 D, 칼슘, 인, 마그네슘 등과 같은 치질 형성에 중요한 다양한 영양소들을 균형 있게 섭취해야 한다. 간식의 선택에 있어서도 충치의 생성을 억제하는 식품의 선택이 중요하다. 과자, 케이크, 사탕 등이 가장 충치 유발성이 높은 간식이며, 잠자기 전에 단 음료나 과자 등을 섭취하는 경우 충치 발생률이 높게 나타난다. 반대로 단백질 식품, 특히 염기성 아미노산을 많이 포함한 식품이나 지방 식품, 칼슘과 인 등의 무기질 함량이 높은 식품들은 충치 유발성이 낮은 식품이다. 섬유소가 많이 함유된 식품은 치아 표면에 달라붙은 음식 찌꺼기를 닦아내는 역할을 하며, 우유나 지방류의 경우에는 치아 표면에 막을 형성하여 치아를 보호하는 작용을 한다.

6) 빈혈

체내에 적혈구 수 또는 적혈구 내의 색소 단백질인 헤모글로빈의 농도가 정상치보다 떨어져 있는 상태를 흔히들 빈혈이라고 한다. 우리나라도 예전에는 유아 빈혈이 심각한 영양 문제로 제기되었지만, 최근 영양 상태가 좋아지면서 점차 줄어들고 있는 추세이기는 하나 여전히 식욕 부진, 편식 등의 다양한 원인으로 인한 영양 불균형으로 인해 유아 빈혈이 문제가 되고 있다. 건강한 영아들은 출생 시에 충분한 철을 체내에 저장하고 있기 때문에 생후 4~6개월 이전에는 철 결핍성 빈혈이 드물다. 그러나 저장 철분이 고갈된 이후부터 보통 3세 사이에 급속한 성장으로 필요로 하는 철분의 함량이 많은 데에 비해 식사로부터 충분히 공급이 되지 않을 경우 철 결핍성 빈혈이 발생되기 쉽다. 실제 빈혈은 철분 외에도 단백질, 구리, 엽산, 비타민 B_{12} 등 다양한 원인에 비해 발생될 수 있다.

빈혈인 경우 유아는 인지 발달 지체 현상과 더불어 행동 장애를 일으킬 수 있고 이는 성장 후에도 후유증을 남기게 된다. 그러므로 빈혈의 원인이 무엇인지를 정확하게 찾아 대처하는 것이 중요하다. 철 결핍성 빈혈을 예방하기 위해서는 철의 흡수율이 높은 육류, 생선, 가금류와 같은 식품들을 다양한 조리법을 이용하여 유아들이 먹기 좋게 제공하는 것이 중요하다. 철이 강화된 시리얼, 철분의 흡수를 도와주는 비타민 C가 풍부한 채소나 과일도 다양하게 적절한 양을 섭취하게 하는 것도 필요하다.

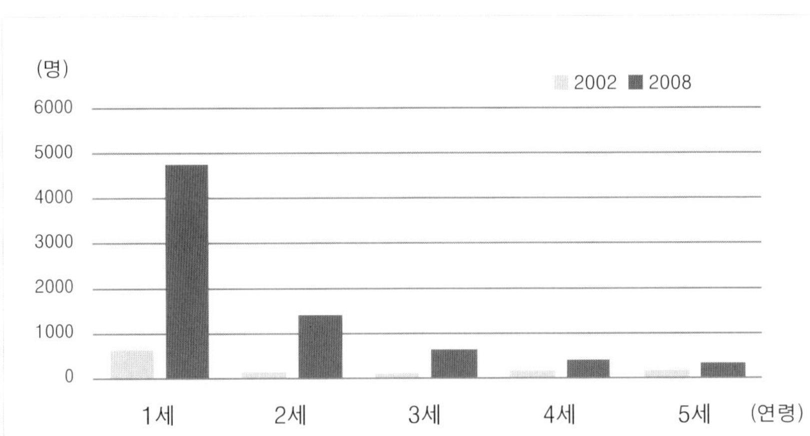

〈그림 5-4〉 유아기 철분 결핍성 빈혈 유병률

〈10만 명당 건강보험 실진료 환자 수, 국민건강보험공단, 2010〉

7) 설사

유아기에 흔히 나타나는 설사는 합성 감미료들이 많이 함유한 과일 주스의 지나친 섭취로 인한 장의 자극이나 스트레스, 감염, 식중독, 또는 여행과 같은 규칙적인 생활에서의 변화 등의 다양한 원인으로 나타날 수 있다. 그러므로 설사가 발생하면 증상을 보고 그 원인이 무엇인지를 찾아 제거하거나 치료를 하는 것이 바람직하다. 가장 우선적으로 설사와 함께 체온이 올라가고, 구토가 하루 이상 계속되고 심한 설사를 하는 경우에는 즉각적인 조치가 필요하다. 단순 설사나 유당불내증으로 인한 경우와 알레르기로 인한 경우 인지를 구분하여 영양관리를 하는 것이 바람직하다. 일반적인 설사인 경우에는 수분을 보충해 주는데, 이때 손실된 수분과 전해질(Na, K 등)을 같이 공급해 주면 된다. 설탕을 넣은 엷은 차, 이온음료 등을 조금 줄 수도 있다.

열이 있거나 주변의 온도가 높을 경우에는 더 많은 수분 섭취가 필요하다. 심한 설사의 경우에는 하루나 이틀 동안 절식을 하고 정맥 주사로 전해질과 수분을 공급해 준다. 너무 차거나 뜨거운 음료는 장의 연동 작용을 증가시켜 설사를 악화시킬 수 있기 때문에 음료의 온도는 실온에 맞추는 것이 좋다. 증상이 점차 가라앉고 음식을 먹게 됨에 따라 처음에는 약간의 설탕이 포함된 수분을 공급하다가 점차 섭취량을 늘려나간다. 이때 처음에는 당질 또는 지방 함량이 높은 식품을 제한하는 것이 좋고, 소화 및 흡수가 어려운 섬유소 등을 제한하는 것이 좋다. 그러나 사과에 많이 들어 있는 수용성 식이섬유소인 펙틴은 수분을 흡수하여 점도가 있는 변을 만드는 작용을 하므로 조금씩 줄 수 있다. 손실된 칼륨은 잘 익은 바나나를 통해서, 나트륨은 약간 짭짤한 크래커를 통해서 공급될 수 있다.

8) 납중독

유아기는 체격의 성장과 더불어 자아가 발달하면서 자신의 주변에 대한 호기심이 많아 주변의 물건을 무엇이든지 만져 보고 입에 넣는 것을 좋아하기 때문에 구석의 먼지, 벗겨져 나간 페인트 조각, 깡통 조각, 그리고 납(lead) 성분이 들어 있는 것들을 주워 먹기 쉽다. 납은 금속 중에서도 비중이 가장 큰 물질로 호흡을 통해 폐로 들어오거나 마시는 물과 음식물을 통해 체내로 들어온다. 체내에 들어온 납은 80% 정도가 배설되며 약 20% 정도가 체내 축적이 된다. 성인의 경우 흡수된 납의 95%가,

어린이는 70%가 뼈와 치아에 저장되는데 골격의 성장과 석회화가 활발하게 이루어지는 성장기 유아 및 아동들의 납의 흡수가 어른들에 비해 5~10배 정도 높아 이 시기의 유아들에게 있어 혈중 납 성분의 농도가 증가할 가능성이 크다. 체내 납의 농도가 높을 경우 뇌에서의 신경전달 이상, 신체 균형 및 운동 기능의 손상 등 성장과 발달 과정에서 비가역적인 손상을 줄 수 있다. 그러므로 유아들이 납에 노출되는 기회를 줄여주는 것이 바람직하다. 우선 집 안을 깨끗하게 청소하여 먼지 속의 납을 없애도록 하고 외출 후에는 반드시 손을 씻도록 하며, 유아들이 즐겨 놀았던 장난감이나 인형 등을 정기적으로 씻어주어야 한다. 페인트칠이 벗겨진 곳이나 놀이기구 등을 만지게 하지 말고, 또한 오래된 건물에서 놀지 않게 해야 한다. 영양적인 면에서 납이 흡수될 때 철과 경쟁적으로 흡수되기 때문에 철의 섭취량이 많은 경우 납의 흡수율이 떨어진다. 그러므로 철분이 풍부하게 들어 있는 식품을 육류나 어패류 등을 섭취하게 하고 철분의 흡수를 도와주는 비타민 C를 충분히 섭취하는 것이 좋으므로 신선한 채소와 과일을 매일 많이 먹도록 하는 것이 좋다.

9) 아토피 피부염

최근 아토피 피부염 환자의 발생이 증가하고 있어 사회, 경제적으로 큰 문제가 되고 있다. 아토피 피부염 발병 연령대를 보더라도 최초 발병 연령대가 생후 6개월 이내가 75%이고, 5세 이전에 발병한 경우가 전체 아토피 피부염 환자들의 80~90%를 차지하고 있고 이 중 40% 정도가 성인기까지 진행되고 있다고 한다.

아토피 피부염은 아직까지 발생 기전이 명확하게 밝혀지지 않았으나 알레르기를 가진 사람에게서 나타나는 피부 건조, 가려움이 주증상인 알레르기 질환의 일종으로 보고 있으며 그 원인은 크게 유전적 요인, 환경적 요인, 알레르기 반응, 피부 장벽 이상, 스트레스, 목욕 습관, 변화된 식생활 등 다양한 요인에 의하여 발생하는 것으로 추정하고 있다. 천식이나 알레르기 비염 환자의 60% 이상이 아토피 피부염으로부터 진행되는 것으로 우선적으로 아토피 피부염의 원인을 파악하고 이에 따른 올바른 대처를 하는 것이 중요하다.

아토피 피부염의 다양한 원인 중에서 식생활 습관은 다른 인자들에 비해 수정이 가능한 인자들로 아토피 피부염의 치료와 예방에 있어 매우 중요하며 나이가 어릴수록 그 중요성은 더욱 크다. 특정 음식물에 대해 알레르기 반응을 나타낼 수 있으므로 원인 식품을 찾아내기 위해 구체적인 식생활 습관 일지와 더불어 병력과 증상을 적는 습관을 갖는 것이 필요하다. 알레르기를 유발하는 3대 항원 식품으로 달걀, 우유, 콩이 잘 알려져 있는데, 이렇게 알레르기를 유발시키는 식품들이 단백질 식품들이 많다 보니 성장에 절대적으로 필요한 단백질의 섭취를 피하게 된다. 또한, 가려움으로 인한 수면 장애와 운동 부족, 활동량 저하, 그리고 약제로 사용되는 스테로이드계 약물 등에 의해 성장호르몬 분비에 변화 등으로 인해 성장에 장애가 생길 수 있다. 그러므로 원인 음식을 제한하는 것은 아토피 피부염에서 중요한 부분이다. 개인차가 다소 있기는 하지만 유아기 성장에 필요한 적절한 영양 섭취가 이루어질 수 있어야 한다. 제한하는 식품에 함유된 영양소가 함유된 대체 식품을 이용하여 식단을 구성하는 것도 좋은 방법이다. 아토피 피부염의 예방과 치료에 도움을 주는 영양소들로는 비타민 C, β-카로틴, 플라보노이드, 셀레늄, 타우린, 토코페롤 등과 같은 항산화 활성을 가진 영양소들이 많이 알려져 있다.

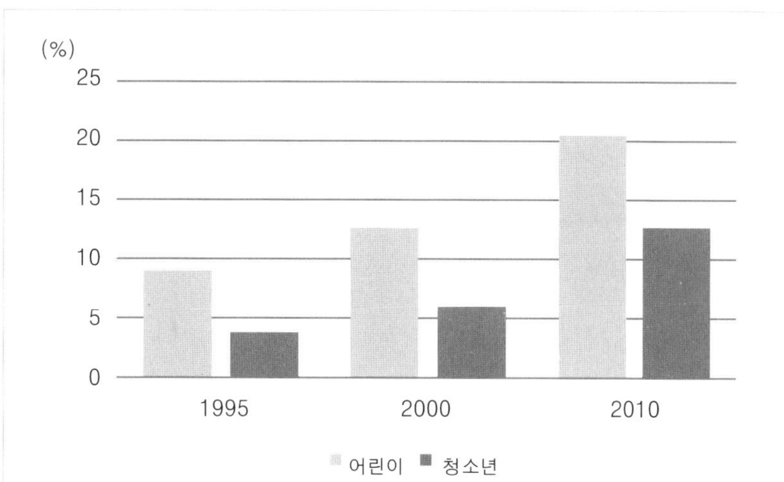

〈그림 5-5〉 어린이, 청소년 아토피 피부염 유병률 추이

〈질병관리본부, 2011〉

5. 유아기 식생활 지도

유아기에는 지속적인 성장은 물론 인지 능력이 급속도록 발달하는 시기로 어떠한 음식을 섭취하는가에 따라 공급되는 영양소가 결정이 되고, 이에 따라 신체의 발육은 물론 지능의 발달에 깊은 영향을 끼치게 되며 이후 성인에 이르기까지 이어지는 성장과 지능의 발달에도 큰 영향을 끼치게 된다. 또한, 유아기에는 식사를 통해서 음식에 대한 습관, 음식의 기호가 몸에 배게 되는 시기이다. 이 시기에 식생활 습관과 식품에 대한 기호가 형성되며 이 중 일부는 평생의 식생활 습관의 기초를 형성하게 된다. 그러므로 어릴 때의 식품에 대한 경험은 식품 섭취는 물론 관련된 식품 기호 및 식사 행동을 형성하는데 매우 중요한 역할을 한다.

유아기에는 식욕이 개인차가 크고 불규칙하고 예측하기 어려우며, 식품에 대한 기호의 변화가 빠르기 때문에 이 시기의 부모 형제와 선생님은 좋은 식생활 습관 형성에 주도적 역할을 해야 한다. 유아의 식품 기호도에는 부모의 태도 및 식생활 습관이 매우 커다란 영향을 미친다. 그 이유는 부모 본인들이 싫어하는 식품들은 식탁에 올리는 횟수가 적거나 거의 없는 경우가 많기 때문에 유아들이 접할 수 있는 기회가 당연히 줄어들게 된다. 또한, 유아들은 부모가 좋아하는 식품을 함께 즐기려는 경향이 많다. 그뿐만 아니라 자아가 발달하기 때문에 식사를 할 때 부모의 양육 태도도 유아의 식생활 습관 형성에 크게 영향을 주기 때문에 가족과의 즐거운 식사 시간은 유아에게 있어 사회성을 배우는 좋은 기회가 된다. 그리고 이 시기에는 사회화가 지속적으로 이루어지는 시기로 또래 집단의 식생활 습관도 유아의 식품 섭취와 식품의 기호에 크게 영향을 준다. 그러므로 유아기에는 유아의 신체적 기능과 이해력을 기준으로 연령에 따라 적합한 지도를 해야 하며, 유아를 위한 식생활 지도나 영양 교육은 가정뿐만 아니라 유치원이나 어린이집과 같은 교육 기관의 상호 협조하에서 효과적으로 이루어져야 한다.

유아의 식생활 지도 시에는 다음 사항을 특히 고려해야 한다.

첫째, 채소, 과일, 우유 제품을 매일 먹도록 한다. 유아들의 식품에 대한 기호도 조사에서 채소는 가장 싫어하는 식품이다. 채소가 가지고 있는 고유의 맛, 냄새, 향 또는 질감을 좋아하지 않기 때문이다. 그러나 비타민과 무기질의 섭취를 위해서는 채소와 과일을 섭취해야 하므로, 익숙지 못한 채소와 친해질 수 있도록 유아들이 좋아하는 예쁜 그릇에 담거나 여러 가지 모양으로 예쁘게 만들어 담아준다. 간식으로 채소와 과일, 우유 등을 주는 것도 좋은 방법이다. 특히 우유는 뼈와 치아 형성에 필수적인 칼슘과 인을 충분히 공급해 주는 급원 식품으로 유아기에는 최소한 매일 2~3컵 정도의 우유를 마시는 것이 바람직하다.

둘째, 고기, 생선, 달걀, 콩 제품을 골고루 먹어야 한다. 지속적인 성장과 발달에 필수적인 단백질의 공급에 있어 생물가가 높은 단백질의 공급이 중요하다. 유아 전반기에는 육류를 제대로 씹기가 어렵기 때문에 씹기 쉬운 형태로 조리하여 주는 것이 좋고, 달걀이나 또는 가시를 제거한 생선, 닭고기, 두부와 같은 식품이 권장된다. 다만 한꺼번에 너무 많은 양이나 종류의 단백질 식품을 주게 되면 알레르기를 일으킬 수 있으므로 새로운 단백질 식품을 섭취할 경우 유아의 반응을 세심하게 확인하는 것이 중요하다.

셋째, 적당한 식사량과 식사의 횟수에 익숙하게 한다. 식사마다 영양소가 풍부한 다양한 식사를 제공하는 것도 중요하지만 유아 스스로가 먹을 것과 양을 결정하도록 하는 것도 중요하다. 유아는 단위체중당 영양소 필요량이 성인보다 많은 데 비해 소화기관의 크기나 기능이 성인에 비해 미숙하기 때문에 1회 섭취할 수 있는 식사의 양이 많지 않다. 그러므로 식사의 양을 적당하게 정하고 하루에 3~6회 정도의 식사 횟수에 따라 식사나 간식을 규칙적으로 제공하여 일관되고 규칙적인 식생활 패턴을 유지되도록 한다. 유아는 아직 성인에 비해 간의 글리코겐 저장 능력이 떨어지므로 반드시 아침 식사를 하도록 하는 것이 중요하다.

넷째, 기름진 음식이나 짠 음식에 길들여지지 않도록 한다. 지방은 생체의 주요 구성 성분이면서 필수지방산의 공급은 물론 유아기에 농축된 에너지원으로서 중요한 역할을 한다. 그러나 기름진 음식의 과잉 섭취는 에너지 과다로 비만을 유발할 수 있으며 장기적으로 고혈압, 고지혈증, 동맥경화와 같은 생활습관 질환의 위험 인자가 될 수 있다. 특히 간식으로 패스트푸드나 과자, 음료수와 같은 식품을 섭취하는 경우 단순당이나 지방은 과다로 섭취하게 되고 비타민, 무기질과 같은 미량영양소가 결핍될 수 있다. 또한, 이러한 식품들은 나트륨 함량이 높으며, 어릴 적부터 짠맛에 많이 노출된 유아들은 성장하면서 점점 짠맛의 역치가 증가하게 된다. 그리고 너무 뜨겁거나 찬 음식보다는 적온의 것을 좋아하며, 향신료를 너무 많이 넣은 음식, 맵거나 자극성이 강한 음식은 좋아하지 않으며, 마르고 딱딱한 음식은 유아에게 적당하지 않다. 이렇게 자극성이 강하거나 단단한 질감의 음식은 맛을 느끼는 감각의 발달을 저해하거나 질식의 위험을 초래할 수 있다. 그러므로 유아의 발달 단계에 적합한 음식의 질감, 크기, 형태로 조리하여 제공하는 것이 좋다.

다섯째, 즐겁게 식사하도록 한다. 식사 시간을 통해서 영양 공급은 물론 식사 예절, 사회성 등을 배울 수 있으며 평생의 식생활 습관에 영향을 끼칠 수 있다. 그러므로 유아들이 식사 시간을 즐겁고 편안하게 식사할 수 있도록 환경과 정서적 분위기를 갖추어야 한다. 독립성이 증가하므로 자신의 신체의 크기에 맞는 식탁과 의자, 잘 깨어지지 않는 식기 등을 사용하여 직접 손으로 사용해 보게 하는 것이 좋다.

* 간식의 중요성

유아기는 성장기로서 신체 크기에 비해 단위체중당 영양소의 필요량은 성인에 비해 훨씬 많으나 소화기관의 용량이나 기능이 충분하지 못하기 때문에 하루 세 번의 식사만으로는 필요한 영양소를 제대로 공급해 줄 수가 없다. 그리고 영아기에 비해 길어진 식사와 식사 사이의 시간 간격으로 인한 공복감에서는 오는 불안을 없애주기 위해서도 간식이 필요하며, 활동량이 많은 유아의 경우 간식을 먹지 못하면 매우 피곤해 하고 배고파하게 된다. 즉 이 시기의 간식은 정규 식사 외에 세 끼 식사로 부족한 영양소, 특히 단백질, 비타민, 무기질과 같은 영양소를 보충하는 의미와 함께 유아의 생활에 활력과 휴식, 기분 전환을 할 수 있도록 해준다. 즉 식사와는 다른 식생활의 즐거움을 제공하여 정서적으로 안정시켜 주기 때문에 영양의 공급은 물론 정서적인 면에서도 꼭 필요한 일부분이다. 실제로 2009년도 국민건강영양조사에 의하면, 우리나라 유아들의 87%가 하루에 2~3회 이상 간식을 섭취하는 것으로 조사되었다.

간식을 주는 시간과 양은 정규 식사에 큰 영향을 주기 때문에 오전 10시와 오후 3시경 하루에 두 번 규칙적인 시간을 정해 주는 것이 중요하다. 이는 식사를 한 후 2시간 후면 음식물이 위에서 장으로 내려가므로 간식은 식사 후 2시간 후가 적당하며, 다음 식사의 2시간 이전에 간식을 하여 다음 식사의 식욕을 떨어뜨리는 일이 없도록 한다. 유아 전반기에는 오전 · 오후 두 번을, 유아 후반기에는 오후에 한 번 주는 것이 적당하다.

유아는 연령, 체격, 소화력, 식사 상태 등에 있어서 개인차가 크기는 하나 한 번에 많은 양의 간식을 좋지 않으므로 하루 섭취하는 총 열량의 10~15%를 제공하는 것이 바람직하다. 간식을 선택할 때는 단순당이나 지방이 많은 간식보다는 정규 식사에서 부족하기 쉬운 영양소, 즉 단백질, 비타민, 무기질, 수분이 풍부한 식품을 중심으로 양이나 종류를 선택하는 것이 좋다. 또한, 자극성이 적고 소화되기 쉬운 것이 좋으며, 제철에 나는 계절 식품을 선택하는 것이 신선하고 영양소도 풍부하다. 제공할 때도 유아의 시각적, 미각적 감각에 만족을 줄 수 있도록 준비하여 간식 시간이 즐거운 시간이 되도록 한다. 과다한 가공식품의 이용을 피하고, 캔디나 초콜릿 같은 설탕이 많이 든 식품은 공급하지 않는 것이 좋으며, 점착성이 강한 캐러멜 같은 것은 치아에 부착하여 충치를 유발시킬 수 있으므로 주지 않는 것이 좋다. 한 번에 여러 종류의 간식을 주는 것보다는 1~2가지 정도를 주는 것이 좋으며, 간식을 만들 때 유아들이 잘 먹지 않는 채소를 이용하는 것도 식생활 습관을 개선하는 방법으로 좋다. 그리고 가능하면 집에서 준비해서 주는 것이 좋으며, 간식을 먹을 때도 정상적인 식사 때와 같이 손을 깨끗하게 씻은 후에 바른 자세로 앉아 먹도록 한다.

CHAPTER

06

아동기 영양

1. 신체적 변화 및 생리적 특성
2. 아동기 영양관리
3. 아동기 영양필요량
4. 아동기의 영양 관련 문제
5. 아동기의 식생활 지도
6. 학교급식

CHAPTER

06 아동기 영양

아동기는 만 6세부터 11세까지의 초등학교 학령기 아동에 해당되는 시기이나 아동기가 끝나는 시기는 성별과 개인차가 크기 때문에 사춘기 변화가 시작될 때까지를 아동기 아동이라고 한다. 유아기와 마찬가지로 급속하지는 않지만 지속적인 성장이 이루어지는 시기이며, 내장기관과 조직은 그 기능이 더욱 발달하게 되고 골격의 형성과 발달도 뚜렷해지는 시기이다. 또한, 왕성한 활동과 더불어 자아 개념이 발달하는 중요한 시기이며, 제2의 급속한 성장과 성의 성숙기인 사춘기를 준비하는 시기이기도 하다. 그러므로 이 시기의 적절한 영양 공급은 사춘기는 물론 성인기, 노인기, 일생 전반에 걸친 성장 발달과 건강의 기본 바탕이 된다. 그러나 유아기에 이어 식생활 습관과 식품에 대한 기호도가 더욱 뚜렷하게 확립이 되어 일생의 식생활 습관에 지대한 영향을 끼치는 시기이기도 하다. 그러므로 이 시기의 불규칙한 식생활 습관, 편식, 영양 결핍, 소아 비만, 주의력 결핍 과잉행동증 등의 영양 문제에 대한 올바른 지도가 반드시 필요하다.

1. 신체적 변화 및 생리적 특성

1) 신장과 체중의 발달

아동기 어린이의 성장 속도는 유아기와 마찬가지로 지속적이면서 완만한 성장 속도를 보인다. 체중은 1년에 약 2~2.5kg 정도로 증가하며, 신장은 1년에 4~6cm 정도로 증가한다. 그러나 아동기 후반기에는 점차 성장 속도가 빨라지면서 남녀의 구분이 뚜렷해지기 시작한다. 여아의 성장 속도가 남아에 비해 2~3년 정도 빨라 여아는 10~12세, 남아의 경우 12~14세에 급성장기를 맞이하게 된다. 여아의 경우 급성장기가 일찍 시작되어 성장의 완료도 남아에 비해 빠르다. 성장 발달의 양상은 개인차가 아주 크게 나타난다.

2) 생리 발달

(1) 체구성 성분

유아기 때부터 체중에 대한 근육량의 비율이 점차 증가하게 되는데, 이는 아동기로 들어오면서 지속적으로 성장호르몬, 갑상선호르몬, 인슐린 등 호르몬의 영향으로 근육이 꾸준하게 증가하기 때문이다. 그러므로 이 시기의 아동은 연령이 증가함에 따라 체지방량이 감소하게 되어 날씬해지기 시작한다. 이러한 근육의 증가는 남아가 여아에 비해 많으며, 지방 조직은 아동기 전반적으로 남녀가 비슷하나 급성장기를 빨리 맞이하는 여아의 경우 점차 남아에 비해 많아지기 시작한다. 유아기에 비해 새로운 세포의 성장으로, 특히 근육량의 증가로 세포내액이 증가하는 동안 세포외액은 상대적으로 계속 감소하기 시작한다. 그러므로 유아기 때보다 탈수에 대한 부담이 적어지게 된다.

(2) 골격의 성장

아동기에는 유아기 때 완성된 유치가 6~7세경에 빠지면서 영구치가 나오기 시작하여 10대 후반까지 석회화가 계속된다. 골격은 뼈의 길이와 너비가 성장하는 골격형성이 지속적으로 이루어지는데, 이 시기에는 특히 성장호르몬의 분비가 높은 시기로 뼈 조직의 성장이 촉진되며, 특히 뼈 장골의 길이가 성장하여 몸체보다 사지의 성장이 빨라서 팔다리가 길어진 날씬한 모습을 갖추게 된다.

(3) 기관과 조직의 발달

두뇌는 유아기 후반에 이미 성인의 80~90% 정도로 빠르게 성장 · 발달하게 된다. 아동기에는 성인 두뇌의 100% 수준으로 성장과 발달을 하게 되고 기능도 더욱 충실해진다. 특히 정상적인 갑상선호르몬의 분비는 신체의 성장은 물론 중추신경계의 발달에도 중요한 영향을 끼친다. 두뇌의 발달이 아동기 전반기에 완료되는 것에 비해 신체는 지속적인 성장과 더불어 청소년기에 급격한 성장을 하기 때문에 점차 신체의 크기에 비하여 머리의 크기는 작아진다.

심장, 간, 폐, 위, 신장 등의 내장 기관들도 크기의 성장과 발달, 그리고 기능이 더욱 충실해진다. 그러나 두뇌의 경우 10세경이면 어른의 수준과 비슷한 것에 비해 이들 장기들의 성장과 발달은 신체 전체의 크기와 관련이 있는 기관들로 신체의 성장 패턴과 같이 성장 · 발달한다.

소화기관들의 경우도 아동의 성장과 발달에 따라 점차 증가하는 영양소를 소화 · 흡수하여 공급할 수 있을 정도로 기능이 발달하게 된다. 위의 용량도 증가하게 되면 소장의 길이도 출생 시 길이의 2배 가량 증가하게 되어 양적인 면과 기능적인 면에서 모두 발달하게 된다. 소화 관련 효소들의 경우에도 완전한 활성을 가지게 되고 모든 영양소 대사의 중추 역할을 하는 간의 대사 능력도 성인 수준과 비슷하게 발달한다.

아동기 아동의 성장과 발달에 있어 전반적으로 성장호르몬, 갑상선호르몬, 인슐린 등의 호르몬이 주도적으로 관여하고 남성호르몬인 테스토스테론과 여성호르몬인 에스트로겐과 프로게스테론의 분비는 적은 편이다. 그러나 남아에 비해 급성장기를 빨리 맞이하는 여아의 경우 개인차가 있기는 하지만 아동기 후반에는 여성호르몬의 분비가 증가하면서 초경을 시작하게 되고, 제2차 성징을 나타나는 성 성숙기로 들어가게 된다. 이는 아동의 영양 상태와 밀접한 관련이 있는 것으로 많이 알려져 있다.

2. 아동기 영양관리

아동기는 유아기와 마찬가지로 급속하지는 않지만 지속적인 성장이 이루어지는 시기이며 신장과 체중은 물론, 두뇌와 내장기관, 조직들이 성장은 물론 기능들이 더욱 충실해지는 시기이다. 또한, 왕성한 활동과 더불어 자아 개념이 발달하는 중요한 시기이며, 제2의 급속한 성장과 성의 성숙기인 사춘기를 준비하는 시기이기도 하다. 이 시기에는 개인에 따라 성장 속도의 차이가 크며, 활동량이나 종류, 성격 발달, 식품 섭취, 영양소 요구량 등 다방면에 걸쳐 개별적인 특성이 더욱 뚜렷해지는 시기이다.

유아기 때부터 형성되기 시작한 식품에 대한 기호도가 선명해지고, 식생활 습관이 더욱 뚜렷하게 고착화되어 식품의 선택과 영양소 섭취에 대한 일생의 기초가 형성되기 때문에 아주 중요한 시기이다. 그러나 아동기의 어린이들은 부모나 가족의 영향을 받기는 하지만 유아기 때보다는 영향을 덜 받게 되며 오히려 외부의 여러 요인들, 즉 TV, 대중매체, 그리고 학교에서 친구들과 보내는 시간이 늘어나면서 또래 친구들의 영향을 많이 받게 된다. 그리고 학교에서의 급식 프로그램이 어떠한 내용으로 운영되는가에 따라 대상 아동들의 전체 영양소 섭취는 물론 식생활 습관 지도에도 중대하게 영향을 미치게 된다. 따라서 아동기에는 성장과 발육에 필요한 영양소들을 골고루 적정량 공급해 줌으로써 건강한 신체의 발달을 도모하고, 활발한 신체 활동에 필요한 에너지를 공급해주며, 병원균 및 감염에 대한 면역력을 길러주며, 다가올 급성장기인 청소년기에 사용될 영양소를 체내에 저장해 줄 수 있다. 또한, 향후 생애 전반의 건강을 지배하는 식생활에 대한 기초적인 영양 지식을 이해시켜서 올바른 식생활 습관을 형성하도록 지도하는 것이 중요하며, 이 시기에 발생할 수 있는 다양한 영양 문제들을 예방하는 것이 중요하다.

3. 아동기 영양필요량

아동기의 균형 잡힌 영양소의 공급은 정상적인 성장과 활발한 신체 활동에 필요한 에너지를 공급해주기 위해서 필수적이며, 외부로부터의 병원균의 감염이나 질병에 대한 면역력을 유지하고 키워주는 것 또한 못지 않게 중요하다. 또한, 다가오는 폭풍성장기인 청소년기에 사용될 영양소들을 저장해 놓는 시기이기 때문에 단위체중당 필요로 하는 영양소 양은 성인에 비해 훨씬 많다. 그러므로 유아기 때와 마찬가지로 영양 밀도가 높으며, 소화와 흡수가 잘되는 식품의 섭취가 중요하다. 특히 양질의 동물성 단백질과 칼슘의 공급이 중요하며, 급성장기로 들어가기 시작하는 아동기 후반에는 빈혈 예방은 물론 성장에 필요한 철분을 충분히 공급해 주는 것이 중요하다. 2010년도에 개정된 한국인 영양섭취기준에서는 아동기를 남녀별로 아동 전반기(6~8세)와 아동 후반기(9~11세)로 구분하여 영양소 필요량이 설정되어 있다. 아동기는 남녀의 활동량에 있어 차이가 많이 나며, 남아의 경우 대사가 활발한 근육 조직의 증가로 인해 남아의 경우 에너지와 에너지 관련 비타민의 권장량이 여아보다 높게 설정되어 있다.

1) 에니지

아동기의 에너지 필요 추정량은 기초대사율, 성장률, 활동량, 식품 이용을 위한 에너지 등으로 결정된다. 이 중에서도 기초대사율은 휴식대사율로도 대체해서 사용할 수 있으며, 아동 전반기에는 남녀의 차이가 비교적 적은 편이지만 후반기로 갈수록 차이가 나기 시작한다. 이 시기는 같은 나이, 같은 성, 심지어는 신체의 크기가 같다고 할지라도 신체 활동에 따라 에너지 필요량에 큰 차이가 난다. 즉 전체 에너지 소비에 있어서 신체 활동으로 소비되는 에너지는 아동들의 활동량이나 강도, 시간에 따라 매우 다르게 나타나기 때문이다. 그러므로 개인차가 아주 크다. 남녀 간에 있어서도 남아들이 활동에 소모되는 열량의 비율이 여아들에 비해 훨씬 많다. 그러므로 아동기의 에너지 필요추정량은 아동기 전·후반기에도 차이가 있으며, 남녀 간에도 차이가 생긴다. 연령별 에너지 소비량을 산출 공식에 의해 계산한 값에 성장에 필요한 에너지를 아동기 전반에는 하루 20kcal, 후반기에는 25kcal를 추가하여 에너지 필요추정량을 설정하였다.

2) 당질

한국인 영양섭취기준에 따르면 아동기의 당질 섭취량은 총 섭취 열량의 55~70%를 권장하고 있다. 모든 연령대에서 그렇듯이 당질은 성장과 발육, 활동이 활발한 아동기 어린이들에게 있어 주요한 에너지 급원이다. 세포가 가장 좋아하는 에너지원인 포도당의 공급에 있어서 당질의 섭취는 무엇보다도 중요하다. 그러나 식생활이 서구화되면서 점차 쌀을 비롯한 곡류의 섭취는 감소하며 단순당인 설탕의 섭취량이 증가하고 있는 실정이다. 세계보건기구에서는 총 열량의 10% 이내로 설탕 섭취를 할 것을 권장하고 있으나 현재 우리나라 아동들의 설탕 섭취량은 세계보건기구 권장량에 비해 높은 14% 수준으로 섭취하고 있다고 보고되고 있다. 당 외에 비타민이나 무기질 같은 필수영양소를 함유하고 있지 않은 설탕 섭취의 증가는 과잉의 에너지 공급으로 비만을 초래할 수 있고, 충치 발생의 큰 원인이 된다. 그러므로 비타민, 무기질, 그리고 식이섬유소가 풍부한 복합 당질을 전곡, 두류, 과일 및 채소류 등 다양한 공급원을 통해 섭취할 것을 권장하고 있다. 특히 장 운동을 개선해 주고 배변 기능을 도와주며, 혈당 조절, 혈중 지질 수준 개선 등과 같은 다양한 생리 기능을 가진 식이섬유소의 충분한 섭취는 비만이나 변비, 고지혈증 등의 예방에 있어서 많은 도움이 된다. 현재 한국인 영양섭취기준에 따르면 하루에 섭취해야 할 식이섬유소의 충분섭취량은 15~20g으로 설정되어 있는데, 실제로 아동기 어린이들의 식이섬유소 섭취량은 기준의 30% 수준밖에 섭취하지 않고 있다. 그러므로 좀 더 많은 식이섬유소의 섭취가 요구되는 실정이다. 그러나 식이섬유소의 특성상 식이섬유소가 많은 식품들은 소화율이 떨어지고 부피가 크며, 단백질이나 비타민, 무기질 같은 영양소들의 함량이 다소 적은 경향이 있기 때문에 한꺼번에 너무 많은 양의 식이섬유소를 섭취하거나 장기간 섭취하는 경우에는 정상적인 성장에 필요한 에너지를 공급하지 못할 뿐만 아니라 비타민과 무기질 같은 미량 영양소의 결핍을 초래할 수 있다. 또한, 복통이나 위 팽창, 가스 발생, 배변 곤란 등과 같은 문제들도 발생할 수 있으니 적절한 양을 섭취해야 하며 충분한 수분 섭취를 같이 하는 것이 좋다.

3) 단백질

단백질은 근육이나 결합 조직과 같은 신체 조직을 새로이 합성하거나 유지하고, 효소, 호르몬, 항체, 삼투압 조절, 산, 염기 완충 작용, 체내 필수 물질의 운반과 저장 등 중요한 기능을 가진다. 아동기에는 성장호르몬, 갑상선호르몬 등의 분비 증가로 모든 조직과 기관의 단백질 합성이 촉진되며 세포가 증식되어 새로운 근육과 뼈의 성장이 많이 이루어지는 시기이다. 아동기의 체중 증가는 체단백질의 증가를 의미하며, 섭취한 단백질의 품질, 적당한 성장 속도, 에너지 섭취량, 그리고 비타민과 무기질의 적절한 섭취량 등에 의해 영향을 받는다. 그러므로 충분한 양의 단백질 공급은 물론 모든 필수아미노산을 골고루 충분하게 섭취해야 필요한 단백질 합성을 효율적으로 할 수 있다. 즉 단백가와 생물가가 높은 동물성 단백질로서 하루 권장 섭취량의 50%에서 75% 정도를 공급해 주는 것이 바람직하며, 제한 아미노산을 가지고 있는 식물성 단백질을 섭취할 경우 제한 아미노산의 종류가 다른 식품과 같이 배합하여 부족한 부분을 보완할 수 있도록 한다. 2010년도 한국인 영양섭취기준에 따르면 아동기에는 전·후반기 모두 남녀 구분 없이 단위체중당 1g의 권장섭취량이 설정되었으며, 전반기 25g, 후반기 35g으로 각각 설정되어 있다.

〈표 6 1〉 아동기 이동의 1일 에너지, 단백질, 식이섬유소 섭취기준

연령(세)		에너지(Kcal)	단백질				식이섬유(g/일)
		필요추정량	필요추정량		권장섭취량		충분섭취량
			(g/kg/일)	(g/일)	(g/kg/일)	(g/일)	
6~8세	남자	1,600	0.8	20	1.0	25	20
	여자	1,500	0.8	20	1.0	25	15
9~11세	남자	1,900	0.8	30	1.0	25	20
	여자	1,700	0.8	30	1.0	25	15

〈한국영양학회, 보건복지부, 식품의약안전청, 한국인 영양섭취기준, 2010〉

4) 지질

아동기에는 유아기에 비해 단위체중당 필요로 하는 에너지양은 적으나 성인에 비해서는 많은 열량 섭취를 필요로 한다. 이러한 점에서 지질은 당질과 마찬가지로 중요한 에너지 급원이며 당질에 비해 열량 공급 면에서는 효율성이 훨씬 좋을 뿐 아니라 체세포의 주요 구성 성분으로 우리 몸을 구성하는 영양소 중 단백질 다음으로 많은 양을 차지하고 있다. 그리고 지질은 식품의 풍미와 향에 있어서도 중요한 역할을 하여 섭취 식품의 수용도에 큰 영향을 미치며, 식품 속에 함유된 지용성비타민의 소화, 흡수, 운반에도 필수적인 역할을 하기 때문에 지방 섭취가 부족한 경우 지용성비타민의 결핍을 초래할 수 있다. 한국인 영양섭취기준에서 하루 필요에너지의 15~30%를 지질로부터 섭취할 것을 제시하고 있다. 지질의 양도 중요하지만 구성하고 있는 지방산의 종류가 무엇보다도 중요하다. 특히 세포막의 중요한 구성분인 필수지방산인 리놀레산과 리놀렌산은 체내에서 합성되지 않기 때문에 반드시 식품을 통해서 섭취해야 한다. 필수지방산은 정상적인 세포의 성장과 구조 완성이 필수적인 성

분으로 결핍 시 성장 지연과 피부병 등이 일어날 수 있다. 그러므로 필수지방산이 전체 에너지의 약 1~2%을 차지할 정도로 섭취하는 것이 바람직하다. 또한, 포화지방산, 단일불포화지방산, 다가불포화지방산의 섭취 비율도 1 : 1.5 : 1로 권장하고 있다. 그러나 포화지방산이나 콜레스테롤을 많이 함유하고 있는 동물성 지방을 많이 섭취하는 것은 바람직하지 않다.

5) 비타민

생체 내 다양한 대사 과정에서 필수 요소로 작용하는 비타민은 아동의 정상적인 성장과 발육에 있어서 매우 중요한 영양소이다. 대사 과정의 조효소로 작용하다 보니 비타민 권장섭취량은 에너지, 단백질, 지방의 섭취량에 따라 영향을 많이 받는다.

(1) 지용성비타민

비타민 A는 정상적인 성장과 상피 세포의 발달, 간상 세포의 발달, 면역력 등 다양한 생리활성에 관여하므로 아동기의 정상적인 성장과 발달에 필수적인 영양소이다. 간, 우유, 달걀노른자, 버터 등의 동물성 식품이 주요 급원 식품이며 당근, 시금치 같은 녹황색 채소들은 비타민 A의 전구체인 프로비타민 A의 좋은 급원 식품이다. 프로비타민 A는 흡수율과 효율면에서는 동물성 비타민 A보다는 떨어지지만 체내에서 일중항산소를 제거하는 항산화 활성을 가지고 있다. 비타민 A의 효율성은 체내에서의 대사에 있어서도 단백질 섭취가 적절하게 되었을 때 좋기 때문에 동물성 단백질 섭취에 주의를 기울여야 한다. 아동기 전 · 후반기 권장섭취량에 차이가 있으나 남녀 간에는 차이가 없으며 상한섭취량이 설정되어 있다.

비타민 D는 소장에서의 칼슘의 흡수와 신장에서의 재흡수를 도와주어 혈중 칼슘 농도 조절에 필수적인 영양소로서 아동기의 정상적인 골격 발달에 중요한 영양소이다. 비타민 D는 자외선에 의해 피부에서도 생합성이 되므로 야외 활동을 많이 하는 아동들에 있어서는 큰 문제가 없을 것으로 보고 있으나, 합성되는 양이 보통 자외선의 강도, 노출 시간, 피부 시간 등에 따라 차이가 나며, 예전에 비해 아동들의 야외 활동량이 줄어들고 실내에서의 활동량이 증가하면서 체내 비타민 D 합성량이 감소하여 비타민 D의 부족을 유발시킬 수 있다. 성장에 필수적인 칼슘의 흡수에 있어서 중요한 역할을 하는 영양소로서 아동기 전 · 후반기 모두 같은 양의 충분섭취량이 설정되어 있으며, 남녀 구분이 없고, 상한섭취량이 설정되어 있다. 특히 비타민 D는 비타민 중에서도 독성이 강한 비타민이므로 식품을 통해서 섭취하는 경우보다 보충제로 섭취할 경우 과잉 섭취에 주의하여야 한다.

비타민 E는 정상적인 건강한 세포막의 불포화지방산의 산화 방지에 필수적인 영양소로서 세포의 구조와 기능을 유시하는 데 중요한 역할을 한다. 부속 시 용혈성 빈혈과 신경 증상이 나타난다. 충분섭취량이 설정되어 있으며, 아동기 전·후반 차이가 있고 남녀 간에도 충분섭취량에 차이가 있다.

비타민 K는 혈액 응고에 관여하는 프로트롬빈과 뼈의 기질 단백질인 오스테오칼신의 합성에 관여하는 영양소로서 충분섭취량이 설정되어 있으며 아동 전·후반기에는 차이가 없으나, 남녀 간에는 충분섭취량에 차이가 있다. 거의 모든 식품에 함유되어 있을 뿐 아니라 장내 세균에 의해서도 합성이 되기도 한다. 지용성비타민 중에서 유일하게 상한섭취량이 설정되어 있지 않다. 다만 합성비타민 K의 경우에는 상한섭취량이 설정되어 있다.

〈표 6-2〉 아동기 아동의 1일 지용성비타민 섭취기준

연령(세)		비타민 A (㎍RE/일)		비타민 D (㎍/일)		비타민 E (mg α-TE/일)		비타민 K (㎍/일)
		권장	상한	권장	상한	권장	상한	상한
6~8세	남자	400	1,100	5	60	8	200	45
	여자	400	1,100	5	60	7	200	55
9~11세	남자	550	1,500	5	60	9	280	45
	여자	500	1,500	5	60	8	280	55

〈한국영양학회, 보건복지부, 식품의약안전청, 한국인 영양섭취기준, 2010〉

(2) 수용성비타민

티아민, 리보플라빈, 니아신 등은 에너지 대사 과정에서 조효소로 작용하기 때문에 에너지 섭취량이 증가함에 따라 권장섭취량이 같이 증가한다. 당질대사의 중요한 조효소 역할을 하는 티아민은 부족 시 각기병에 걸려 신경계 증상이나 울혈성 심부전

증상들이 나타나게 된다. 아동기 권장섭취량에 남녀의 차이는 없으나 아동기 전반보다 에너지 권장량이 높은 후반기에 권장섭취량이 더 높다.

자외선에 파괴가 잘되는 리보플라빈은 부족 시 구내염이나 구각염을 유발하고 성장 지연이 나타나는데 우유나 유제품, 생선, 달걀, 두류 등이 좋은 급원 식품이다. 권장섭취량이 설정되어 있으며 아동기 전 · 후반, 남녀 모두 권장섭취량에 차이가 있다.

니아신의 경우 체내에서 사용되는 상당량이 필수아미노산인 트립토판으로부터 전환되어지기 때문에 트립토판이 풍부하게 함유되어 있는 단백질 급원 식품의 공급이 중요하다. 니아신과 리보플라빈의 경우 한 가지 비타민의 결핍으로 인해 증상이 나타나기보다는 복합적으로 나타나는 경우가 많다. 니아신의 경우 아동기 전 · 후반기 권장섭취량이 구분되게 설정되어 있으나 남녀 간에는 차이가 없다. 독성이 있어 상한섭취량이 설정되어 있고 상한섭취량이 2개가 설정되어 있다.

단백질의 이용과 합성에 관여하는 피리독신은 성장에 필요한 단백질을 많이 필요로 하는 아동기에 있어 중요한 영양소이다. 부족 시 피부염, 빈혈, 성장 지연과 같은 결핍 증상이 나타나며, 단백질 섭취량에 비례하여 권장섭취량이 증가한다. 아동기 전 · 후반기로 구분되어 권장섭취량이 설정되어 있고 남녀 간에는 차이가 없다.

엽산과 비타민 B_{12}는 세포의 정상적인 성장과 발달에 필수적인 영양소로 부족 시 거대적아구성 빈혈과 악성 빈혈을 유발하고 성장 장애를 유발할 수 있기 때문에 섭취에 주의를 기울여야 한다. 엽산의 경우 푸른 잎 채소와 간, 콩, 내장육 등에 동식물 모두 골고루 함유되어 있지만 비타민 B_{12}의 경우 급원 식품이 대부분 간, 굴, 조개류 같은 동물성 식품에 한정되어 있기 때문에 편식이나 소식을 하는 경우 결핍증이 나타날 수 있다. 엽산의 경우 아동기 전 · 후반기에 각각 권장섭취량이 설정되어 있으며 남녀 간에 차이는 없다. 비타민 B_{12}의 경우 아동기 전 · 후반, 그리고 남녀 간에 모두 권장섭취량에 차이가 있다.

면역력, 구조단백질인 콜라겐의 합성, 항산화 활성 등 다양한 기능을 가진 비타민 C는 아동의 정상적인 성장에 매우 중요한 성분이다. 비타민 C는 감귤류, 토마토, 양배추 같은 과일류나 녹황색 채소류에 많이 함유되어 있으나 조리 과정에서 쉽게 파괴되기 때문에 조리법이나 또는 간식의 선택에 있어서도 비타민 C의 공급에 신경을 써야 한다. 감자에 함유된 비타민 C는 열에도 상당히 안정적이기 때문에 아동기 아이들에게 좋은 비타민 C 공급원이 될 수 있다. 비타민 C의 권장섭취량은 아동기 전·후반으로 나뉘어 설정되어 있는데, 전반기에는 남녀 간에 차이가 없으나 후반기에는 남아가 여아보다 권장섭취량이 높게 설정되어 있다. 과잉 섭취 시 독성을 유발할 수 있어 상한섭취량이 설정되어 있다.

〈표 6-3〉 아동기 아동의 1일 수용성비타민 섭취기준

연령(세)		비타민 C(mg/일)		티아민(mg/일)	리보플라빈(mg/일)	니아신(mg NE/일)		
		권장	상한	권장	권장	권장	상한	
6~8세	남자	60	700	0.7	0.9	9	15	700
	여자	60	700	0.7	0.7	9	15	350
9~11세	남자	70	1,000	0.9	1.1	11	20	800
	여자	80	1,000	0.9	0.9	11	20	500

연령(세)		비타민 B_6(mg/일)		엽산(μgDFE/일)		비타민 B_{12}(μg/일)	판토텐산(mg/일)	비오틴(μg/일)
		권장	상한	권장	상한	권장	충분	충분
6~8세	남자	0.9	45	220	500	1.3	3	15
	여자	0.9	45	220	500	1.5	3	15
9~11세	남자	1.1	60	300	600	1.7	4	20
	여자	1.1	60	300	600	1.9	4	20

〈한국영양학회, 보건복지부, 식품의약안전청, 한국인 영양섭취기준, 2010〉

6) 무기질

무기질은 미량이기는 하나 아동의 정상적인 성장과 발달에 필수적인 영양소로 섭취가 부족할 경우 성장속도가 지연된다. 영아기나 청소년기의 급성장기에 비하면 다소 완만하긴 하지만 지속적으로 성장이 이루어지는 시기이므로 무기질 결핍 시 여러 가지 영양 문제가 발생한다. 특히 골격의 석회화에 문제가 생기거나 철 결핍성 빈혈 등이 유발될 수 있다.

(1) 칼슘

성장기 아동에게 있어 칼슘은 골격 조직의 구성 성분으로 중요한 역할을 하지만 이외에도 혈액 응고, 근육의 수축과 이완, 심장 박동, 신경 흥분 전달, 효소의 활성화, 세포막의 투과성 등과 같은 중요한 생리적인 기능을 하고 있다. 그러나 칼슘은 체내 흡수가 잘 안 되는 영양소로서 흡수율이 섭취량의 30~60%로 매우 다양하며 성장기, 임신기, 수유기 등과 같이 체내 요구가 클 때에는 증가된다. 또한, 섭취하는 식품의 종류에 따라 소장 내 흡수율이 차이가 있다. 우유나 유제품에 들어 있는 칼슘의 경우 유당의 도움으로 흡수율이 높은 편에 반해 곡류나 채소류에 함유되어 있는 칼슘의 경우 피트산이나 수산과 같은 저해 물질로 인해 칼슘의 흡수율이 크게 떨어진다. 단백질과 비타민 D, 비타민 C도 칼슘의 흡수를 증가시키는 인자들로 잘 알려져 있다. 그러나 필요량 이상 동물성 단백질을 많이 섭취하게 되면 소변으로의 칼슘 배설량이 많아지므로 주의하여야 한다. 골격 형성에는 칼슘 못지 않게 칼슘과 인의 양적인 균형도 매우 중요하다. '칼슘 : 인'의 섭취 비율은 1 : 1로 권장되고 있는데, 가공식품과 음료의 소비가 늘어나면서 우유의 섭취량은 감소하고 반면에 인의 섭취량이 크게 늘어나 오히려 칼슘의 흡수를 방해하고 있는 실정이다. 칼슘의 섭취가 지속적으로 부족한 경우 골격 조직의 성장과 석회화에 문제가 생겨 구루병(rickets), 골연화증(osteomalacia), 테타니(tetany), 혈액 응고 지연 등과 같은 결핍증이 나타난다. 우리나라 아동의 칼슘 권장섭취량은 전반기에 비해 후반기가 권장섭취량이 높게 설정되어 있고, 아직까지 남녀 간에는 차이가 없다. 그러나 인의 경우 전·후반기 권장섭취량의 차이는 물론 남녀 간에도 권장섭취량에 차이가 있다.

(2) 철분

세포의 생명 유지를 위해 반드시 필요한 3요소라면 단연코 물, 영양소, 산소이다. 이 중 산소의 공급은 적혈구의 헤모글로빈에 의한 것으로 혈구의 생성과 헤모글로빈의 합성에 관여하는 영양소의 공급은 성장에 있어서 필수적인 요소이다. 그중에서도 전 세계적으로 빈번하게 나타나는 빈혈이 철분 결핍성 빈혈이다. 지속적으로 성장하고 있으며 특히 근육조직의 합성이 왕성한 아동기에는 혈액량의 증가 속도가 빠르기 때문에 그만큼 철분 요구량도 많다. 아동기 후반 여아의 경우 초경의 시작까지 동반되어 성장은 물론 출혈에 따른 철분의 필요량이 증가하게 되는 것이다. 철분이 결핍

되면 성장의 지연은 물론이거니와 면역력 저하, 학습 능력, 지적 수행 능력 등의 다양한 증상들이 나타난다. 식품에 함유된 철분 중 흡수율이 좋은 헴철은 주로 육류, 간, 콩팥 등에 다량 함유되어 있고, 생선류에도 많이 함유되어 있다. 그러나 대부분은 흡수률이 낮은 비헴철의 형태로 곡류, 채소류, 난황, 과일 등에 많이 함유되어 있으므로, 비헴철의 형태로 흡수될 경우 흡수율을 높이기 위해 육류를 함께 섭취하거나 비타민 C를 함유한 식품과 같이 섭취하는 것이 좋다. 반대로 식이섬유소가 많거나 피틴산, 수산, 탄닌, 칼슘 등은 비헴철의 흡수를 저해시킨다. 철분은 아동기 전 · 후반기로 나누어 각각 권장섭취량이 설정되어 있고 전반기에는 남녀 간에 차이가 없으나 후반기에는 남아가 여아보다 권장섭취량이 많게 설정되어 있다. 철분은 또한 철분은 과량 섭취 시 독성이 강하기 때문에 상한섭취량이 설정되어 있다.

(3) 아연

아연은 정상적인 단백질 합성과 성장에 필수적인 미량 무기질로서 결핍 시 성장 저해, 식욕 부진, 미각의 둔화, 상처 회복의 지연, 면역력 저하 등과 같이 신체 전반에 걸친 다양한 증상들이 나타난다. 아연은 성적 성숙에도 필수적인 영양소로서 아연의 체내 보유량은 특히 급성장기 동안 증가하며 식사 내 아연의 이용률도 높아지게 된다. 아연은 다양한 식품들에 함유되어 있지만 패류, 간, 유류, 가금류, 육류를 포함한 동물성 식품이 좋은 급원이며, 곡류 및 채소류는 적은 양을 함유하며 체내 흡수 이용률도 떨어진다. 히스티딘, 시스테인과 같은 아미노산들은 아연의 흡수를 도와주며, 철분이나 구리의 섭취 비율이 높을 때에는 특히 아연의 흡수가 저하된다. 구리의 경우 소장에서 흡수될 때 메탈로티오네인이라는 운반체를 공유하기 때문에 흡수에 있어 아연과 경쟁을 한다. 아동기 전 · 후반기에 각각의 권장섭취량이 설정되어 있고 철분과 마찬가지로 아동기 후반기에는 남아가 여아보다 권장섭취량이 높게 설정되어 있다.

〈표 6-4〉 아동기 아동의 1일 다량 무기질 섭취기준

연령(세)		칼슘(mg/일)		인(mg/일)		나트륨(g/일)	염소(g/일)	칼륨(g/일)	마그네슘(mg/일)	
		권장	상한	권장	상한	충분	충분	충분	권장	상한
6~8세	남자	700	2,500	700	3,000	1.2	1.8	2.8	150	130
	여자	700	2,500	600	3,000	1.2	1.8	2.8	150	130
9~11세	남자	800	2,500	1,000	3,500	1.3	2.0	3.2	210	180
	여자	800	2,500	900	3,500	1.3	2.0	3.2	210	180

〈한국영양학회, 보건복지부, 식품의약안전청, 한국인 영양섭취기준, 2010〉

〈표 6-5〉 아동기 아동의 1일 미량 무기질 섭취기준

연령(세)		철 (mg/일)		아연 (mg/일)		구리 (μg/일)		불소 (mg/일)		망간 (mg/일)		요오드 (μg/일)		셀레늄 (μg/일)		몰리브덴 (μg/일)
		권장	상한	권장	상한	권장	상한	충분	상한	충분	상한	권장	상한	권장	상한	상한
6~8세	남자	8	40	5	13	430	3,000	1	2.5	2.5	4	100	500	30	150	200
	여자	8	40	5	13	430	3,000	1	2.5	2.5	4	100	500	30	150	200
9~11세	남자	11	40	8	18	570	5,000	2	10	3	5	110	700	40	200	300
	여자	10	40	7	18	570	5,000	2	10	3	5	110	700	40	200	300

〈한국영양학회, 보건복지부, 식품의약안전청, 한국인 영양섭취기준, 2010〉

7) 수분

아동기는 성인에 비해 체중당 체표면적 비가 크고 대사가 활발하여 체중당 수분 필요량은 성인보다 많지만 유아기에 비해 세포외액의 비율이 점차 감소하여 나이가 들수록 성인에 가까워 진다. 그러므로 수분섭취량은 성인과 같이 에너지 섭취량에 그거하여 산출하여 한국인 영양섭취기준에 충분섭취량을 제시하고 있다. 에너지 섭취량에 근거한 만큼 아동기 전·후반 각각 차이가 있으며 남녀간에도 충분섭취량에 차이가 있다.

4. 아동기의 영양 관련 문제

1) 아동기 어린이들의 영양소 및 식품 섭취 실태

2009년도 국민건강영양조사에 따르면 아동기 어린이들은 대부분의 영양소들은 권장섭취량 이상으로 섭취하고 있는 반면에 칼륨과 칼슘의 섭취가 권장섭취량에 비해 부족하게 섭취하고 있다고 나타났다. 이전에는 칼슘의 섭취가 가장 부족한 것으로 나타난 것에 비해 최근에는 체내 삼투압 조절에 관여하며 세포내액의 주요 무기질로서 근육의 이완에 관여하는 칼륨의 섭취가 매우 저조하게 나타났다. 반면에 나트륨은 기준에 비해 2배 이상으로 많이 섭취하고 있으며, 기준량 대비 가장 많이 섭취하고 있으며 단백질의 경우에도 2배 가까이 많이 섭취하고 있는 것으로 나타났다. 칼슘 섭취가 저조한 이유는 우유나 유제품의 섭취보다 탄산음료나 기타 청량음료의 섭취 증가와 관련이 깊다. 실제로 학교 급식에서는 물론 가정에서도 우유를 섭취하도록 권장하고 있는데, 실제로 우리나라 아동기 어린이들의 1일 우유 섭취량은 매일 2컵 이상을 마시도록 권장되고 있는 것에 반해 1컵도 제대로 섭취하지 않고 있는 실정이다.

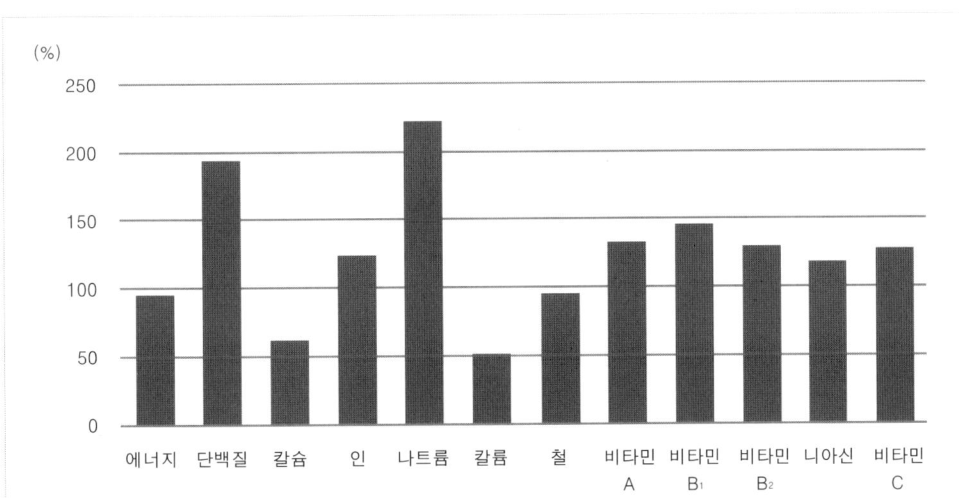

〈그림 6-1〉 아동기 어린이들의 영양소별 한국인 영양섭취기준에 대한 영양소의 섭취 비율
〈보건복지부 질병관리본부, 2009 국민건강통계, 2010〉

2) 비만

2009년 국민건강영양조사에 의하면 아동기 어린이의 과체중 및 비만 유병률이 각각 12.2%와 7.5%로 조사되었다. 특히 여아에 비해 남아에게서 과체중과 비만 유병률이 높이 나타났다. 서구 선진국에 비해서는 비만 유병률이 높은 편은 아니지만 예전에 비해 아동들의 비만 유병률이 증가하고 있으며, 이는 서구화된 식생활의 변화, 식사량의 증가, 운동 부족이 비만률 증가의 주요 원인이 된다. 학년이 올라가면서 학습량의 증가, TV와 컴퓨터 사용의 증가, 환경의 안전성 문제 등과 같은 다양한 원인으로 신체 활동량이 감소하는 생활 방식 또한 비만을 유발하는 문제가 된다.

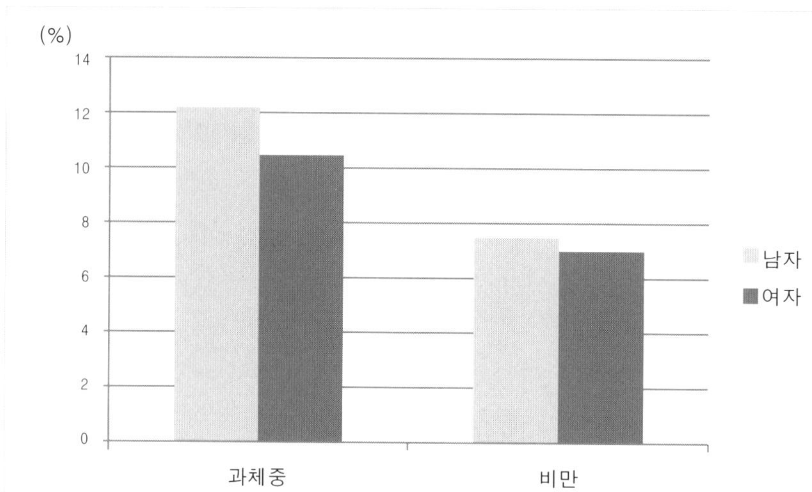

〈그림 6-2〉 아동기 아동의 비만 유병률

〈보건복지부 질병관리본부, 2009 국민건강통계, 2010〉

아동기의 비만은 지방 조직의 세포 수와 크기가 모두 증가하는 특징을 가지고 있어 성인 비만으로 이행될 가능성이 높으며 체중 감량도 상당히 어렵다. 단순하게 체중이 많이 나가는 단순형 비만인 경우에는 그 자체로는 병이 아니나 비만 상태가 장시간에 걸쳐 계속되는 경우 소아기에도 고혈압이나 당뇨병, 지방간, 동맥경화, 관절염, 이상지질혈증 등의 생활습관 질환이 조기에 발병할 수도 있다. 또한, 활동량이 많은 아동기에 체형의 변화와 운동 능력 저하에 따른 열등감으로 인해, 외모에 대한 자신감을 상실하게 되고 친구들과 어울리려고 하지 않으므로 활동량 부족이 더욱 심화되고 이로 인해 비만이 더 심해져, 정신적으로나 사회적으로 원만한 인격 형성에도 문제가 생길 수 있다.

비만이 발생하는 원인으로는 습관적인 과식으로 인해 과잉의 에너지가 축적되거나 활동량의 감소로 소비 열량이 섭취 열량보다 적은 경우 호르몬과 내분비계에 이상이 생긴 경우, 그리고 유전적인 요인, 즉 부모가 비만인 경우 그렇지 않은 경우보다 비만 유병률이 아주 높다. 이는 유전적인 요인, 외에도 식생활을 같이 하면서 가족이나 부모의 역할, 부모의 식품 선택, 식생활 습관, 총 지방섭취량, 포화지방의 섭취량, 잦은 외식, 청량음료, 채소, 과일의 섭취 부족, TV 시청, 컴퓨터 사용의 증가 등 다양한 환경적 요인들이 비만이 원인이 되고 있다.

아동기는 성장기이기 때문에 성장하는 어린이들의 비만 정도를 결정하는 것부터가 쉬운 일은 아니다. 성인들의 경우 신장에 비하여 체중을 평가하는 체질량지수를 사용하지만 이 지수는 성과 인종, 그리고 성장, 발달 단계에 따라 다양하기 때문에 아동의 비만 정도를 결정하는데 제한점을 가지고 있다. 아동기 아동의 영양 상태를 나타내는 지수로는 뢰러지수를 사용하기는 하나, 신장이 작은 어린이는 비만으로 판정되기 쉬운 단점이 있다. 이외에도 피부 두께, 신장별 체중, 비만도 등 다양한 방법을 통해 아동의 영양 상태를 분류하고 있으나 2007년 소아, 청소년 표준 성장 도표를 기준으로 체질량 지수 95 백분위수 이상과 체질량수 25 이상은 비만으로 진단하고 85~94 백분위수는 과체중으로 분류하고 있다.

비만 아동을 관리하고 치료를 하기 위해서는 기본적으로 식사요법과 더불어 운동요법과 행동수정 요법을 병행하는 것이 효과가 크다. 비만 아동들의 식생활 습관을 살펴보면 열량이 많은 식품을 선호하며, 음식의 양 조절이 어렵고, 식사 시간이 규칙적이지 않으며, 식사를 통한 사회성이 부족하며, 오전보다 오후, 특히 밤에 많이 먹는 식사 행동을 보이는 경우가 많다. 그러므로 비만 아동을 관리 치료하기 위해서는 우선 비만 아동의 식사력, 성장, 발달 과정, 가정 환경 등을 조사하고, 비만의 원인이 식사성 단순 비만인지 다른 병인에 의해 발생된 비만인지를 원인을 정확하게 판정하여 알맞은 관리 지도와 치료 방침을 세우는 것이 바람직하다.

우선 비만 아동의 식사요법은 성인과 같은 식사요법을 적용하기에는 무리가 따른다. 비만의 경우 기본적으로 섭취 에너지, 특히 당질을 제한하게 되는데 아동의 경우 성장기이기 때문에 몸무게를 무리하게 줄이지 않고 현상을 유지하는 것만으로도 비만의 정도를 가볍게 할 수 있다. 즉 무리한 체중 감량보다는 과잉 섭취, 식사량의 조절과 잘못된 식생활 습관을 수정하는 것이 바람직하며 더 효과적이다. 경도 비만아의 경우 체중을 줄이기 위해 적극적으로 섭취를 제한할 필요가 없이 성장 단계에 맞는 체중을 유지하는 정도로 식사요법을 하는 것이 좋다. 처음에는 완만하게 현재 체중을 유지하는 정도로 시작하고 차차 장기적으로 제한을 늘려가는 것이 지나치게 엄격하게 식사 제한을 하는 경우보다 실패율이 적다. 하루에 300~500kcal을 감소시키면 일주일에 500g 정도 체중이 감소하게 되고 6개월 내에 10% 정도의 체중을 감소할 수 있다. 고도 비만의 경우에는 하루에 500~1,000kcal의 열량을 감소시키면 일주일에 500~1,000g의 체중을 감소할 수 있다. 그러나 체중 감량 후에 지속적인 체중 유지 프로그램이 잘 지켜지지 않으면 체중이 다시 증가하여 오히려 요요 증상이 일어날 수 있다. 식단 구성에 있어서도 발육에 지장을 주지 않도록 제한은 당질에 한해서 하고 단백질, 지방, 무기질, 비타민 등의 영양소는 부족하지 않도록 섭취하는 것이 중요하다. 단백질과 지방이 성장에 필수영양소이기는 하지만 에너지를 내기 때문에 필요 이상으로 많이 섭취하는 경우는 필요량 정도로 줄이는 것이 좋다. 식단을 구성할 때도 아동의 식생활 습관 자체를 심하게 변화시켜서 좋아하는 음식을 무조건 제외시키는 것보다는 식사 형태를 수정하거나 대체하도록 하는 것이 좋은 방법이다. 아울러 채소나 해조류를 잘 이용하여 양적으로 분량을 보충하여 포만감을 조절하는 것도 좋다. 염분은 특히 제한할 필요는 없으나 짠맛이 강하면 반드시 쌀밥이나 빵 등을 많이 먹게 되므로 일반적으로 맛은 싱겁게 하고, 재료의 단맛을 살려 설탕류의 사용을 되도록 적게 한다.

비만 아동의 체중 감량 요법에 있어 식사요법과 더불어 운동요법을 병행하는 것이 효과가 더 크다. 운동은 신체의 신진대사를 증진시키고 체중과 에너지 균형을 조절하므로 체중의 감소는 물론, 심폐 기능을 강화시키고, 또한 체중 감량 후 감량된 체중을 유지시키는 것에도 효과가 크다. 과격한 운동보다는 규칙적이고도 지속적인 운동을 해야 하는데 최소한 일주일에 3~5번, 낮은 강도의 유산소 운동을 기본으로 활동량을 증가시키는 것이 좋다. 운동의 강도는 최대 맥박수의 50~60%로 하는 것이 바람직하다. 많이 권장되고 있는 유산소 운동으로는 달리기, 걷기, 자전거 타기, 수영 등이 있다. 이외에도 아동과 가족이 함께 할 수 있는 운동을 찾는 것이 필요하므로, 부모는 아동의 활동량을 증가시키는 방법을 강구해야 한다. 재미있는 운동으로 흥미를 가지고 참여할 수 있도록 하며 생활습관에서 활동량을 증가시키고 TV 시청이나 식사 후 바로 눕는 것과 같은 활동량이 적은 습관을 줄이도록 한다. 운동 후에는 음료수나 음식의 섭취를 제한하는 것이 좋다. 공공시설이나 유치원, 학교 등에서 준비된 프로그램에 참여시켜서 아동의 활동량을 증가시킬 수 있는 기회를 제공하는 것도 좋은 방법 중의 하나이다.

비만 아동의 관리에 있어서 식사요법과 운동요법 못지 않게 중요한 것이 행동 수정요법으로 가장 효과적인 방법이다. 스스로 비만을 초래하는 잘못된 식생활 습관과 생활습관을 찾고 그것을 교정하는 것이다. 행동 수정을 통해 음식 섭취량을 감소시키고 활동량과 운동량을 증가시켜 소비 열량을 높이게 되어 초기에는 체중 감소율이 다소 낮으나 장기간 지속 시 체중 감소 효과가 가장 크다. 우선 자기 관찰을 통해서 개인별 식사 습관 및 행동 양식을 정확하게 평가 분석하여 치료 지침을 세우고 이에 따라 부적절한 식사나 잘못된 생활습관을 유발하는 자극 요인들을 다양한 방법으로 줄이고 일상생활에서 활동량을 늘일 수 있는 각종 방법을 가르친다. 이 과정에서는 가족이나 친구들의 적극적인 참여와 지지가 필수적이며, 긍정적인 인식을 가지도록 하는 것이 치료 효과가 높이 나타난다.

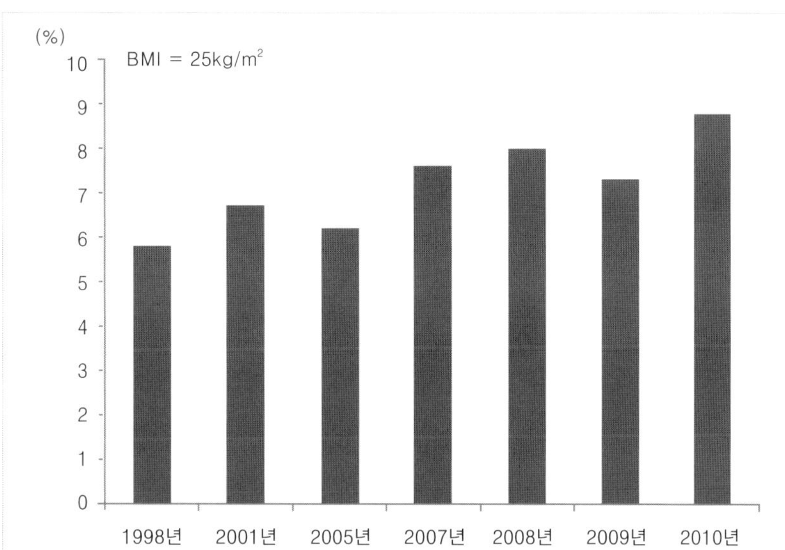

〈그림 6-3〉 6~11세 아동들의 비만 유병률의 변화
〈보건복지부 질병관리본부, 2009 국민건강통계, 2010〉

3) 철 결핍성 빈혈

아동기에 가장 흔하게 나타나는 영양성 질환 중의 하나가 바로 철 결핍성 빈혈이다. 빈혈이란 체내에 적혈구 수 또는 적혈구 내의 색소단백질인 헤모글로빈의 농도가 정상치보다 떨어져 있는 상태를 말하는 것이다. 지속적인 성장을 하는 아동기에는 철 요구량이 증가하고, 아동기 후반 초경을 하는 여아들의 경우 월경으로 인한 혈액 손실 등으로 인해 철의 요구량이 더욱 증가하게 된다. 그러나 철분은 흡수율이 아주 낮은 영양소로서 식사로부터 필요한 양을 충분하게 공급받지 못하는 경우 성장 지연은 물론 면역력이 떨어져 감염이나 질병에 잘 걸리게 되고, 지적 발달이 저해가 될 가능성도 있으며, 학습 의욕도 떨어지게 된다. 그리고 이러한 철 결핍성 빈혈은 그 증상이 바로 나타나는 것이 아니라 오래전부터 섭취량은 물론 체내 저장 철분들이 서서히 고갈되면서 증상이 뒤에 나타나는 것이기 때문에 철분 결핍은 이미 오래전부터 시작된 것이다. 그러므로 아동들의 철 결핍 증상에 대해 특별히 관심을 가지고 살펴봐야 한다. 철 결핍성 빈혈을 예방하기 위해서는 철의 흡수율이 높은 육류, 생선, 가금류와 같은 철분 급원 식품들을 충분히 섭취해야 하며, 도정하지 않은 곡류나 녹황색 채소, 콩 등에 함유된 흡수율이 낮은 비헴철들의 경우 철분의 흡수를 도와주는 비타민 C가 풍부하게 들어 있는 식품들과 같이 섭취하면 철분 흡수율을 높힐 수 있다. 빈혈이 심한 경우에는 의사의 처방에 따라 철 보충제를 복용할 수 있다. 실제 빈혈은 철분 외에도 단백질, 구리, 엽산, 비타민 B_{12} 등 다양한 원인에 비해 발생될 수 있으므로 빈혈의 원인이 무엇인지를 정확하게 찾아 대처하는 것이 중요하다.

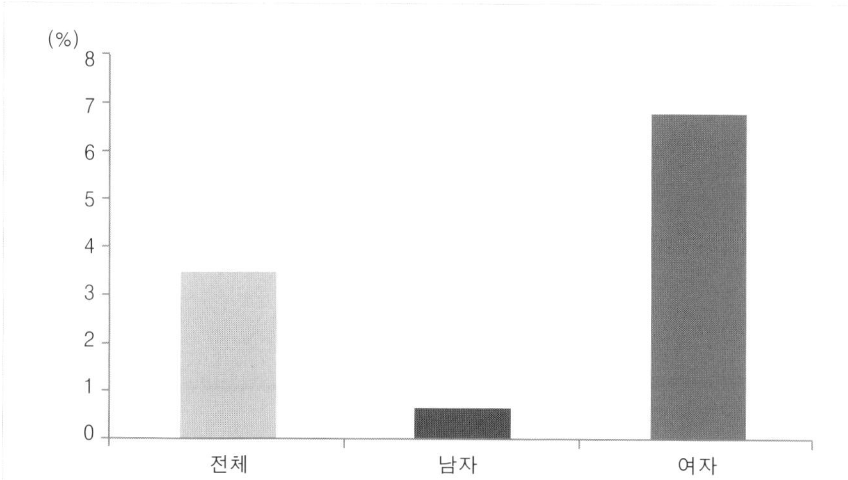

〈그림 6-4〉 빈혈 유병률(10~18세)

〈보건복지부 질병관리본부, 2009 국민건강통계, 2010〉

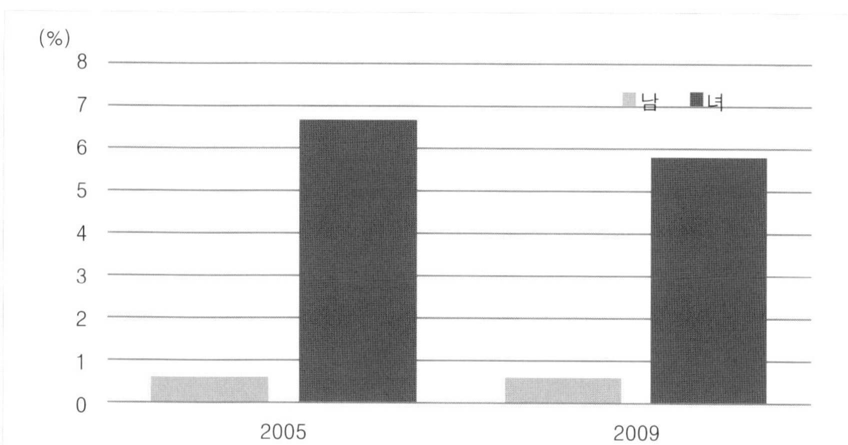

〈그림 6-5〉 10~14세 어린이들의 철분 결핍성 빈혈 유병률의 변화

〈Clinical Pediatic Hematology-Oncology, Vol. 18(1), p. 8~12, 2011〉

4) 주의력 결핍 과잉행동장애

주의력 결핍 과잉행동장애(attention deficit hyperactivity disorder, ADHD)는 과잉행동증(hyperactivity)으로 불리기도 하는데, 중추신경계의 뚜렷한 증상 없이 행동 장애, 학습 장애를 유발하고 집중력 결핍, 충동적 행동, 과행동증, 끈기 부족, 협동심 부족, 좌절을 견디지 못하는 등의 증상이 나타나는 것을 말한다. 보통 7세 이전에 많이 발생하며 이 증상이 최소 6개월 이상 지속되는 경우 주의력 결핍 과잉행동장애로 진단하게 된다. 대체로 가족 중에 제일 큰 아이에게 많이 나타나며 남아가 여아보다 발생하는 비율이 훨씬 높다. 정확한 원인은 밝혀지 있지 않으나 출산 시 여러 가지 합병증, 유전, 식이첨가물, 설탕, 카페인과 같은 식이 요인, 납과 같은 중금속, 또는 불안정한 가정 환경이나 부모와의 사이가 좋지 않은 감정 관계, 이외 여러 가지 대사 장애 등 다양한 원인들이 제시되고 있다. 한편 영양 실조, 배고픔, 아침 결식, 불규칙한 식생활 등도 아동들의 집중력 저하나 학습 장애와 같은 행동 변화를 일으킬 수 있으며 좋지 않은 영향을 끼칠 수 있다. 실제로 서울 지역 초등학생의 주의력 결핍 과잉행동장애와 식생활 행동과의 상관성에 관한 연구 논문에서 여아보다는 남아에게서, 부모의 학력이 낮을수록, TV 시청 시간이 길수록, 간식 섭취 횟수가 많을수록, 식사를 불규칙적으로 할수록, 실생활 실천 점수와 영양 지식 점수가 낮을수록 ADHD 진단 검사의 점수가 높게 나타났다(성신여자대학교 교육대학원 석사논문, 오은진, 2011).

유아기 때부터 이미 시작되기는 하나 유치원이나 초등학교에 들어가서 규칙적이고 또래와의 집단 사회활동을 하면서 뚜렷하게 증상이 구분되게 된다. 이러한 증세들은 성장하면서 점차 감소되기는 하나 그대로 방치할 경우 학습 장애, 우울증, 가출, 폭행, 약물 남용, 사회 부적응 등 이상 행동으로 발전할 수도 있으므로 조기 진단과 이에 따른 올바른 치료요법을 적용하는 것이 바람직하다. 치료법으로는 중추신경자극제를 이용한 약물 복용, 심리요법을 이용한 행동 수정과 아동의 환경 개선, 식사요법 등이 복합적으로 이용되고 있다. 식사요법의 경우 식사 성분 중에 원인된다고 생각되는 성분을 제한시켜 하나의 치료방법으로 이용되고 있기는 하나 과학적으로 그 관련성을 증명하지 못하고 있는 실정이다. 그러나 식품첨가제가 과 운동증의 원인이라고 단정하기는 어려움이 있지만, 일부 민감하게 반응하는 아동들의 경우에는 식이요법이 중요한 치료요법이 될 수 있다. 주로 사용되는 식사요법으로는 첨가물과 방부제 및 색소를 제한하는 파인골드 식이(Feinglod diet)와 설탕 제한식, 비타민 과량 복용법 등이 있다.

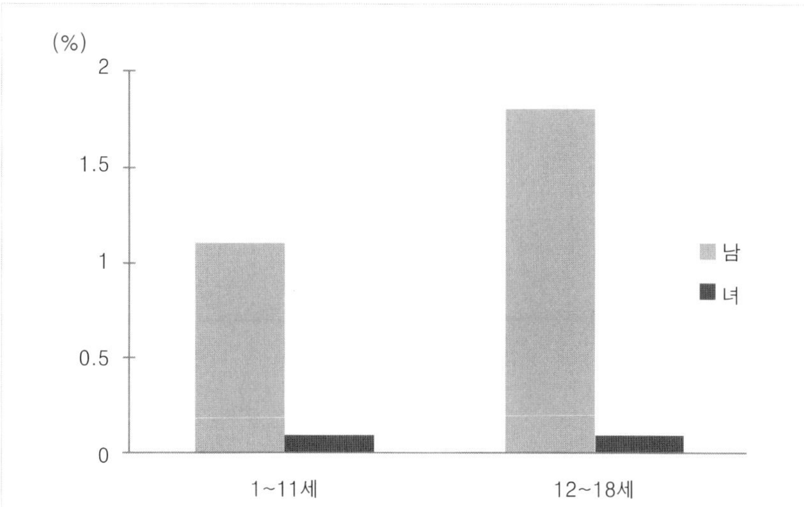

〈그림 6-6〉 주의력 결핍 과잉행동 장애 유병률(1~18세)
〈보건복지부 질병관리본부, 2009 국민건강통계, 2010〉

5) 충치

아동기는 유치가 빠지고 영구치가 나기 시작하는 시기로 이 시기의 치아관리는 성장기 아동뿐 아니라 전 생애 동안 영양 상태에 지대한 영향을 미친다. 입안에서 치아를 이용하여 음식물을 잘게 잘 파쇄시켜야 소화효소를 함유한 침과 음식물이 잘 섞여 연하 작용을 원활하게 해줄 뿐만 아니라 소화효소가 작용하는 식품의 표면적이 넓어져 소화효소의 효율성을 높여주고 이후 관여하는 소화기관들의 소화작용에도 큰 도움을 주게 되기 때문이다. 또한, 아동기의 건강한 치아관리는 발음을 배우는 데도 중요한 역할을 하며 어린 시절 성격 형성에도 중요한 역할을 한다.

충치가 생기는 가장 흔한 원인은 음식물과 세균에 의한 것으로 치아 표면에서 설탕을 이용하는 여러 가지 박테리아들이 설탕을 이용하고 부산물인 젖산을 생성하게 되면 이 젖산이 치아의 에나멜을 용해시켜 충치를 형성하게 된다. 치아 표면의 산도가 pH 5.5 이하로 낮아지면 충치를 유발하는 세균의 작용이 활발해지는데 타액의 산도는 약알칼리성으로 충치균들의 생육을 억제하며 치아에 대한 물리적인 세척 작용도 담당하므로 실제로 충치는 세균과 세균이 좋아하는 음식물, 그리고 타액이 서로 작용하여 발생이 증가하거나 방지하는 결과가 나타날 수 있다.

식생활과 관련된 가장 흔한 질환인 충치를 예방하기 위해서는 따라서 세균이 좋아하는 당분을 제한하거나, 치아 주변에 당분이 부착되는 것을 막기 위해 음식물을 먹은 후에는 치아를 깨끗하게 닦아야 세균의 번식을 막을 수 있다. 또한, 세균에 대한 저항력을 높이기 위해 튼튼한 치질의 이를 만드는 것이 중요하며, 이를 위해 양질의 단백질, 비타민 C, 비타민 D, 칼슘, 인, 마그네슘 등과 같은 치질 형성에 중요한 다양한 영양소들을 균형 있게 섭취를 해야 한다. 간식의 선택에 있어서도 충치의 생성을 억제하는 식품의 선택이 중요하다. 과자, 케이크, 사탕 등이 가장 충치 유발성이 높은 간식이며, 잠자기 전에 단 음료나 과장 등을 섭취하는 경우 충치 발생률이 높게 나타난다. 반대로 단백질 식품, 특히 염기성 아미노산을 많이 포함한 식품이나 지방 식품, 칼슘과 인 등의 무기질 함량이 높은 식품들은 충치 유발성이 낮은 식품이다. 섬유소가 많이 함유된 식품은 치아 표면에 달라붙은 음식 찌꺼기를 닦아내는 역할을 하며, 우유나 지방류의 경우에는 치아 표면에 막을 형성하여 치아를 보호하는 작용을 한다.

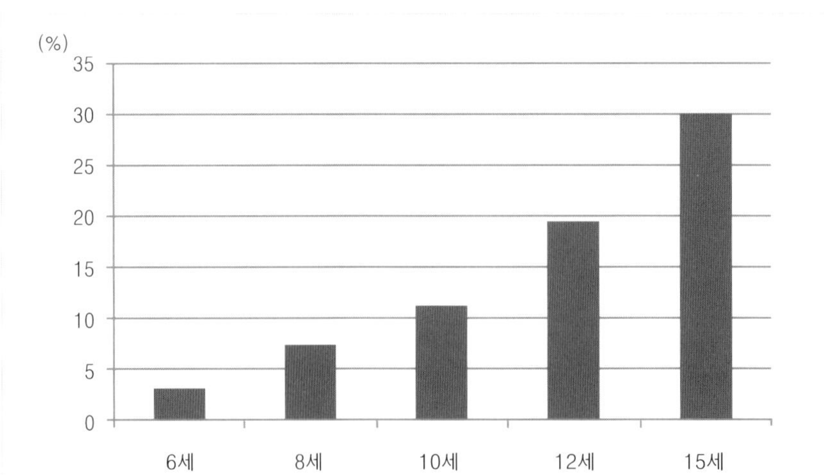

〈그림 6-7〉 아동기 어린이들의 충치 유병률

〈국민구강건강실태조사, 보건복지부, 2010〉

6) 변비

아동기 전반기와 후반기를 비교해 보면, 전반기에 비해 후반기 아동들의 경우 학습량이 늘어나면서 운동을 하거나 놀이를 하는 신체적인 활동량에 비해 의자에 앉아 있는 시간이 늘어난다. 또한, 학업에 관한 스트레스가 증가하고, 거기에 채소나 과일 같은 섬유질이 많은 식품의 섭취 감소, 인스턴트 식품의 섭취 증가 등 다양한 원인들로 인해 변비가 발생할 가능성이 높다. 변비는 그 원인과 증상에 따라 크게 경련성 변비와 이완성 변비로 나타난다. 스트레스나 불안과 같은 심리적인 요인과 과로 등과 같은 육체적인 원인들로 인해 대장이 과민해져서 경련성 수축을 일으키는 것이 경련성 변비이다. 경련성 변비의 경우 자극적인 음식의 섭취를 피해야 하기 때문에 카페인이나 탄닌이 많은 음료를 피하고, 차갑거나 뜨거운 온도의 음식의 섭취를 피하고, 소화가 잘되며 식이섬유소가 적은 식품을 섭취하여 대장에 과도한 자극을 주지 않도록 해야한다. 반대로 이완성 변비는 가장 흔하게 나타나는 변비로서 대장의 말단 부위인 결장 부위의 연동운동이 저하되어, 장의 내용물이 장내에 오랫동안 머무르면서 수분 함량이 적은 딱딱하고 큰 덩어리가 형성되어 장 통과 시간이 늦어지게 된다. 그러므로 규칙적인 식사와 배변 습관을 갖는 것이 중요하고, 장의 연동운동을 촉진시키는 식사요법을 해야 한다. 아침 식사 전 공복에 식이섬유소가 많은 과일이나 채소주스, 또는 보리차나 생수를 마시고 식이섬유소가 풍부한 과일, 채소 특히 해조류를 충분하게 섭취하고 물도 충분히 섭취하도록 한다.

7) 알레르기

식품 알레르기는 모든 연령층에서 일어날 수 있는 증상이나 유아와 어린이들에게 가장 흔하기 발생한다. 이것은 어떤 식품에 대해 신체가 과민하게 반응하여 나타나는 증상으로 아직 소화 흡수 능력이 미숙한 영유아 시절 이유식의 공급 시기나 이유 방법 등 다양한 원인에 의해 나타나며, 나이가 들수록 발생하는 빈도수는 감소하는 경향이 있다. 알레르기 반응은 모든 식품이 그 잠재성을 가지고 있으나 발생 빈도수를 보면 대체로 우유, 달걀, 옥수수, 생선, 견과류, 밀, 땅콩 등이 가장 흔한 알레르기 유발 식품으로 알려져 있다. 이외에도 향신료나 색소 등의 식품 첨가물 등도 알레르기의 원인이 될 수 있다. 알레르기 반응은 면역학적인 항원-항체 반응으로 거의 즉각적이며, 피부가 가렵거나 습진이 생기고 재채기, 기침, 천식, 코막힘, 기도부종 등과 같은 호흡기 증상과 메스꺼움, 구토, 설사, 복통, 경련, 가스 등과 같은 위장관 증상이 일반적으로 나타나며 심하면 저혈압, 과민증 쇼크와 같은 심혈관계에도 영향을 미칠 수 있다. 또한, 이러한 증상들이 일정하지도 않고 섭취량에 따라 반응이 다르게 나타나는 등 개인에 따라 다양하게 나타나기도 하기 때문에 식품 알레르기를 진단하기가 상당히 어렵다. 그러므로 정확한 알레르기 원인을 밝히기 위해서 식사일지를 작성하고 새로운 식품을 줄 때는 간격을 두고 한 가지씩 늘려나가는 것이 좋다. 알레르기 원인을 알아내었을 경우 식품 알레르겐 또는 식품 첨가물을 엄격히 제한하는 것이 식품 알레르기를 치료하는 일반적인 방법이다. 그러나 제한식을 하는 경우 판명된 바로 그 식품만 제외시켜야 하며, 이를 대체할 수 있는 다른 식품군을 찾아내는 것이 중요하다. 식품 알레르기가 많이 발생하는 영유아, 아동기 어린이들은 성장이 왕성한 시기이기 때문에 무분별하게 식품을 제한하였을 경우 정상적인 성장은 물론, 영양 결핍으로 인한 부작용이 나타날 수 있기 때문이다. 또한, 성장으로 인하여 알레르기 증상에서 벗어날 수도 있기 때문에 제한식도 장기간 하는 것은 바람직하지 않다.

8) 생활습관 질환

식생활의 변화와 더불어 우리나라의 사망 원인 질병의 양상이 악성 신생물(암), 뇌혈관계 질환, 심혈관계 질환, 그리고 당뇨병이 사망 원인의 중심이 되고 있다. 이러한 질환들은 특징은 하루아침에 발생하는 것이 아니라 오랜 시간 동안의 식생활과 관련이 깊은 생활습관 질환들이라는 것이다. 즉 이러한 만성 질환들의 예방과 발병 지연을 위해서는 어린 시기부터 그 위험 인자를 감소시키는 것이 중요한데 그 예방법의 중심이 바로 식생활 습관이다. 한국인의 사망 원인 2, 3위를 차지하고 있는 질환들의 공통점은 혈관계 질환들로 주요 증상으로 동맥경화증, 고지혈증, 고혈압, 비만 등과 밀접한 관련이 있으며, 유전적인 경향이 있는 경우에는 아동기부터 이미 증상들이 시작된다고 알려져 있다. 어린 시절부터 계속되어 온 식생활 습관과 비활동적인 생활습관, 거기에 유전적인 기질까지 더해지게 되는 것이다. 심혈관질환의 주요 원인인 동맥경화증은 특히 가족 중 50세 이전에 심장순환계 질환으로 사망한 경우가 있거나 고혈압, 고지혈증 있거나 또는 아동 자체의 혈중 지질 농도가 높은 경우에는 어린 시절부터 식생활에 변화를 주어야 한다. 성장에 필요한 영양소의 공급이 필수적인 아동기에 식이 제한을 하는 것은 상당히 어려울 수 있으나 위험 인자를 많이 가진 아동의 경우 아동뿐만 아니라 가족 전체가 식생활을 변화시켜야 하므로 콜레스테롤, 포화지방산, 동물성 단백질의 과잉 섭취에 주의하여야 한다.

혈압의 경우도 한국인들의 짜게 먹는 식생활 습관은 어린 시절부터 이미 시작되어 한국인 영양섭취기준과 비교하여 권장량 대비 가장 많이 섭취하고 있는 영양소가 바로 나트륨이다. 이는 유아기와 아동기에서도 이미 나타난 결과로 어린시절부터 혈압이 높은 경우 성인이 되어 고혈압을 나타내기 쉽다. 가족력이 있는 경우 이러한 경향은 더욱 뚜렷하게 나타난다. 과도한 나트륨의 섭취 외에도 과도한 체지방, 운동량의 감소 등도 혈압의 증가와 관련이 깊으므로 아동들의 식생활 습관은 물론 생활 방식에도 세심한 주의를 기울여야 한다. 염분이 적은 식품의 섭취는 물론이거니와 건강 체중 유지, 활동적인 생활양식, 칼륨이 풍부한 과일 및 채소를 충분하게 섭취해야 한다. 특히 최근에 조사한 한국인 국민건강영양조사에서 가장 많이 섭취하고 있는 영양소가 나트륨인 것에 반해 혈압을 낮추는 기능을 가진 칼륨의 섭취가 권장량 대비 가장 부족하게 섭취되고 있다는 결과를 볼 때 어린 시절부터 적절한 올바른 식사 지도와 저염 식사가 필요하다는 사실을 알 수 있다.

〈표 6-6〉 생활습관 질환 관련 인자 현황(10~18세)

	남자	여자
혈당(mg/dL)	89.5	94.1
혈중 총 콜레스테롤(mg/dL)	153.5	162.6
HDL 콜레스테롤(mg/dL)	47.7	50.9
혈중 중성지방(mg/dL)	86.9	89
수축기 혈압(mmHg)	109.8	104.7

〈보건복지부 질병관리본부, 2009 국민건강통계, 2010〉

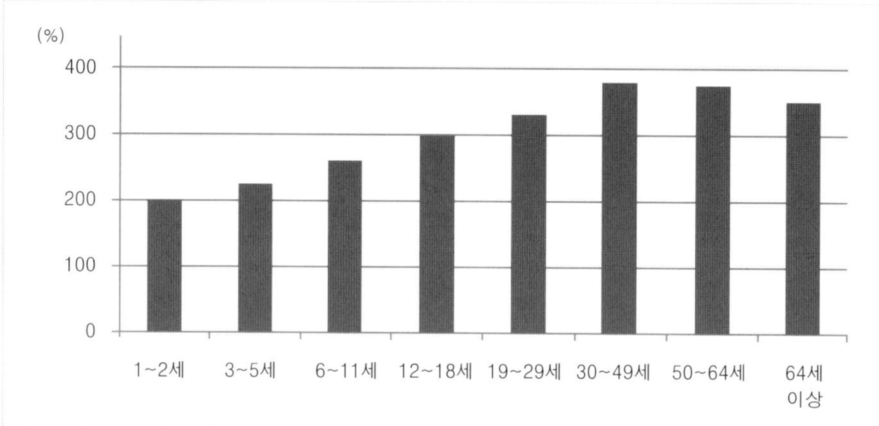

〈그림 6-8〉 연령별 나트륨 충분섭취량 대비 섭취 비율
〈보건복지부 질병관리본부, 2009 국민건강통계, 2010〉

5. 아동기의 식생활 지도

개인의 식생활 습관은 이미 유아기 때부터 기초가 형성되기 시작하여 아동기와 청소년기를 거치면서 고정화되는데, 그 과정에서 개인의 신체적, 정신적 조건, 경제, 문화, 종교, 대중매체, 가족 구성원, 부모의 교육 수준 등이 영향을 미치게 된다. 어린 시절부터 형성되는 식생활 습관은 한 번 고착화되면 지속성이 있어 나중에 변화를 주어 교정시키는 것이 쉬운 일이 아니다. 그러므로 어릴 때부터 가정과 보육시설, 학교 등에서 영양교육을 통해 올바른 식생활 습관을 가질 수 있도록 교육을 시키는 것이 중요하다.

1) 아동기의 식품 섭취와 식 행동의 문제점

(1) 낮은 칼슘 섭취량

2009년도 국민건강영양조사에 따르면 아동기 어린이들은 대부분의 영양소들은 권장섭취량 이상으로 섭취하고 있는 반면에 칼슘의 섭취가 권장섭취량에 비해 부족하게 섭취하고 있다고 나타났다. 한국인의 식단에서 하루에 필요한 칼슘의 주요 공급원으로 우유나 유제품만한 것이 없다. 그러므로 매일 2컵 이상의 우유를 마시도록 권장하고 있다. 실제로 학교급식은 물론 가정에서도 우유를 섭취하도록 권장하고 있다.

그러나 우리나라 아동기 어린이들의 1일 우유 섭취량은 매일 2컵 이상을 마시도록 권장되고 있는 것에 반해 1컵도 제대로 섭취하지 않고 있는 실정이다. 이는 우유나 유제품의 섭취보다 탄산음료나 기타 청량음료의 섭취 증가와 관련이 깊다.

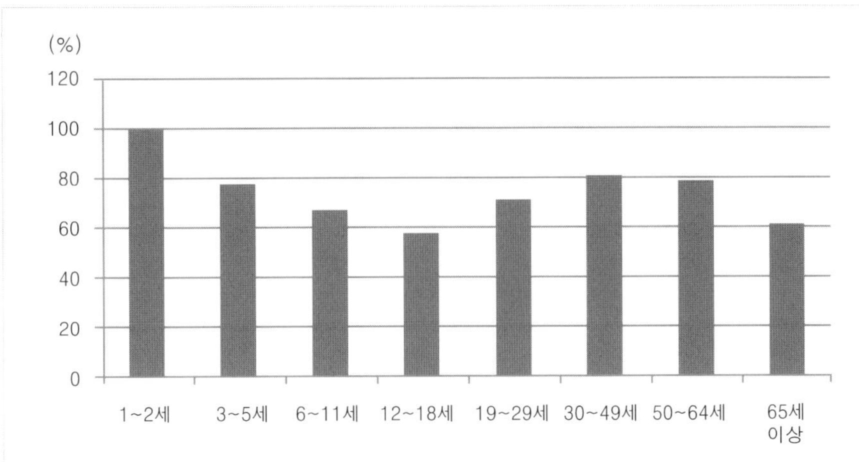

〈그림 6-9〉 연령별 칼슘 권장섭취량 대비 섭취 비율
〈보건복지부 질병관리본부, 2009 국민건강통계, 2010〉

(2) 설탕 섭취량의 증가

세계보건기구에서는 설탕 섭취량을 하루 총 열량 섭취의 10% 이하로 섭취할 것을 권장하고 있다. 우리나라 초등학생들의 설탕 섭취량은 총 에너지 섭취량의 약 14% 수준으로 이는 세계보건기구의 기준보다도 많이 섭취하고 있는 실정이다. 설탕은 대표적인 'empty calorie' 식품으로 열량 외에는 다른 영양소를 함유하고 있지 않아 아동의 성장에 필요한 주요 영양소를 제공하지 못한다. 설탕은 아동의 충치 발생을 증가시키고, 실제 설탕 섭취량이 많은 아동의 경우 열량, 당질, 지질의 섭취량도 높은 것으로 나타나 비만이나 고지혈증 등의 발생 위험률 증가와도 밀접한 관련이 있다. 설탕 섭취량의 지속적인 증가는 청량음료 및 초콜릿, 패스트 푸드 같은 식품들을 통해서 설탕의 과다 섭취가 우려되고 있다. 초등학생들을 대상으로 한 성별, 계절별 음료수 섭취 실태를 조사한 연구 논문에서 설탕이 첨가된 음료를 추가로 섭취한 경우 비만 위험도가 60%까지 증가하였으며, 탄산음료를 섭취하는 그룹이 비섭취 그룹에 비해 열량 섭취량과 지방 섭취량이 유의적으로 높다고 나타났으며, 비만 청소년들이

콜라, 사이다, 과일 탄산음료 등의 섭취 순위가 높은 것으로 나타났다.(경상대학교 교육대학원 석사학위논문, 이윤주, 2010)

(3) 인스턴트 식품의 과다 섭취

아동기 어린이들은 성장에 따른 영양소 요구량이 많기 때문에 단위 체중당 필요로 하는 영양소 양이 많으므로 세 끼 식사만으로 필요한 영양소를 충족하기에 무리가 따른다. 그러므로 정규 식사 외에 간식의 섭취가 매우 중요하다. 실제로 하루에 1~2회의 간식을 먹는 아동의 비율이 80% 이상인 것으로 나타났으며, 일주일에 1회 이상 외식하는 아동의 비율도 82% 이상으로 나타났다. 주로 학교 방과 후와 저녁 식사 후에 간식을 섭취하는데, 초등학교 고학년들을 대상으로 한 연구 결과에 따르면 조사 대상 아동의 2/3가 매일 또는 일주일에 3~5번 라면이나 피자, 햄버거, 프라이드 치킨 등과 같은 인스턴트 식품이나 패스트푸드를 섭취하고 있는 것으로 나타났다. 또한, 학생들이 용돈을 갖게 되면서 패스트푸드점, 자동판매기, 동네 식품가게에서 간식을 사 먹게 되며 이렇게 무분별하게 먹는 간식들이 대부분 지방 함량이 많고 열량이 높으며 나트륨 함량이 많으며 반대로 칼슘, 비타민 A, 비타민 C, 식이섬유소 등과 같은 성분들의 적게 함유되어 있다. 영양 불균형과 더불어 위생적인 면에서 문제가 생길 수 있다. 이러한 간식의 섭취는 비만, 변비, 고혈압, 고지혈증 등과 같은 영양 문제를 초래할 수 있다. 아동기는 유아기에 비해 학습량의 증가와 특별 활동으로 인해 가정에서의 시간보다 학교나 학원에 머무는 시간이 길어지게 되어 유아기 때처럼 가정에서 영양 보충을 할 수 있는 계획적이고 효과적인 간식을 섭취하기가 어렵다. 그러므로 학교와 가정 모두에서 아동들이 영양 밀도가 높으면서 소화가 잘되는 바람직한 간식을 선택할 수 있는 교육을 하는 것이 중요하다.

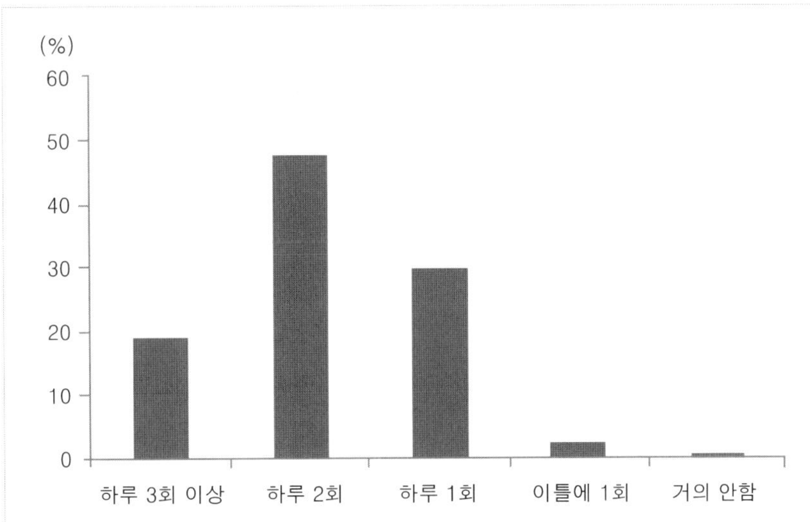

〈그림 6-10〉 간식 섭취 빈도(6~11세)
〈보건복지부 질병관리본부, 2009 국민건강통계, 2010〉

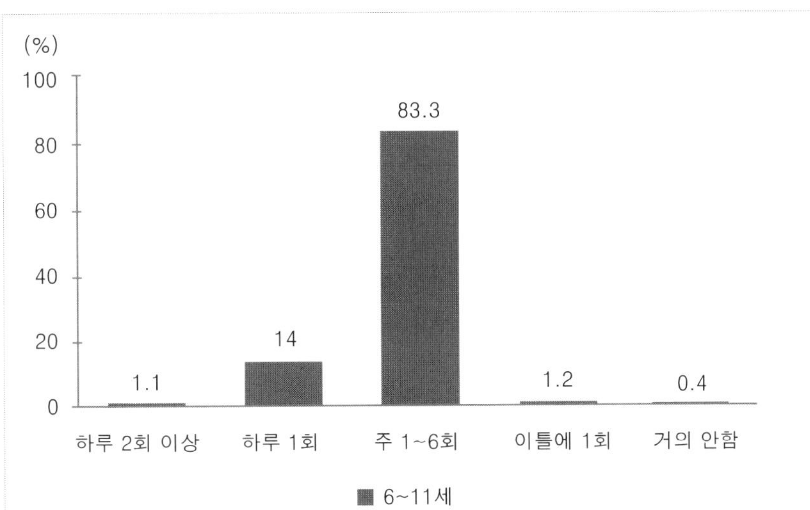

〈그림 6-11〉 외식 섭취 빈도(6~11세)
〈보건복지부 질병관리본부, 2009 국민건강통계, 2010〉

(4) 아침 결식

인간의 두뇌는 주된 에너지원으로 상당한 양의 포도당을 사용하고 있다. 불행하게도 신체에 포도당의 형태로 저장할 수 없으므로 혈당이 떨어졌을 때 당질의 섭취를 통해서 포도당을 공급해 줄 수 있다. 식사를 통한 포도당의 공급이 없을 경우 우리 신

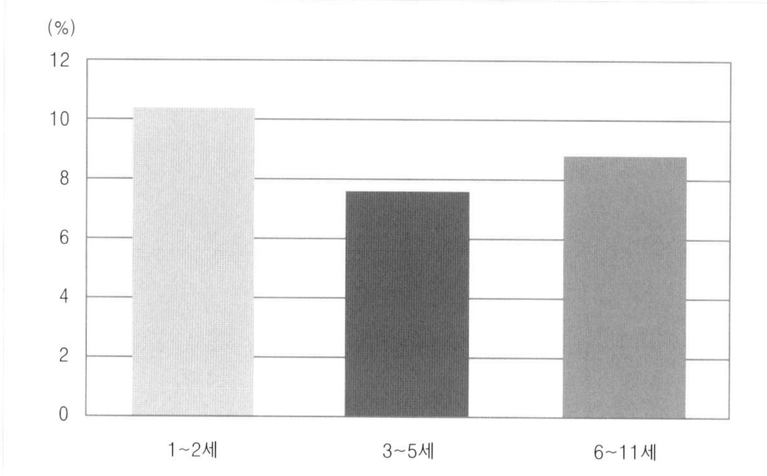

〈그림 6-12〉 아침 식사 결식률

〈보건복지부 질병관리본부, 2009 국민건강통계, 2010〉

체는 혈당을 상승시키는 호르몬들의 분비가 왕성해지면서 우선적으로 간에 저장되어 있는 100g 정도밖에 되지 않은 소량의 글리코겐을 분해하여 혈당원으로 사용하게 되고 이마저도 고갈되게 되면 체내는 체조직을 분해해서 포도당을 만들게 된다. 저녁 식사 이후 밤 사이 장기간 공복 상태가 되면서 대부분 체내에 저장되어 있던 글리코겐이 고갈되므로 아침 식사를 통해 혈당의 공급은 물론 간에 글리코겐을 다시 재저장시키고 활동에 필요한 에너지를 공급받을 수 있다. 국민건강영양조사에 따르면 아동기 어린이들의 10명 중의 1명이 아침을 먹지 않는 것으로 나타났다. 아침을 먹지 않은 아동의 경우 아침 식사를 제대로 섭취한 아동에 비해 주의 집중력이 떨어지고, 학습 능력이 저하되며, 체육 활동이나 놀이 활동에 대한 흥미도가 떨어지는 등 인지력을 비롯한 학습 수행 능력에서 뒤떨어진다. 또한, 아침을 굶게 되면 공복감에 점심을 많이 먹게되거나 간식을 먼저 먹게 되어 고열량 식품의 과다 섭취를 초래할 수도 있다. 실제로 초등학교 아이들의 두뇌는 성인과 거의 비슷한 수준으로 정상적인 두뇌 활동을 위해서는 4~6시간마다 식사를 통해서 포도당을 공급해 주어야만 한다. 또한, 포도당뿐만 아니라 이 시기의 아동들은 하루 영양권장량의 1/4에 해당하는 양을 아침 식사로 얻게 된다. 그러므로 아동기의 정상적인 성장은 물론 학습 능력과 주의력 집중을 위해서 균형 잡힌 아침 식사를 규칙적으로 먹는 것이 좋다. 대부분 아침 식사를 거르게 되는 이유는 식욕이 없거나 반찬이 맛이 없다던지, 시간이 없고, 또 늦잠을

자는 경우들로 이 시기의 아동들이 서두르지 않고 균형 잡힌 식사를 하기 위해서는 더 일찍 일어나는 것이 좋다.

2) 아동의 식 행동에 영향을 미치는 요인들

아동기 어린이들의 식품 선택에 영향을 주는 요인들을 살펴보면 우선적으로 부모의 영향이 아주 크다. 부모가 좋아하는 식품은 아동들에게 강력한 영향력을 발휘하며, 가족 구성원들 식생활 습관도 마찬가지로 영향을 끼친다. 부모나 가족의 식생활 습관은 아동들에게 그대로 이어지는 경우가 많으며, 이들의 영양 지식 또한 아동들의 식품 선택에 중요한 영향을 끼친다. 아동들은 반복적으로 제공된 식품들에 대한 수용도가 높으므로 식사를 준비하는 부모의 식품에 대한 선호는 아동들의 식품 선택에 직접적으로 영향을 준다. 또한, 자녀와 부모의 상호관계는 아동들의 식품 선택과 식생활 패턴에 영향을 주며, 부모와 아동들의 의사소통도 섭취하는 식품의 양에 중요한 영향을 끼친다. 실제로 정상 체중인 아이들이 비만인 아이들보다 식사 시간에 부모와의 대화를 많이 나누는 것으로 나타났다. 따라서 부모가 먼저 정확한 영양 정보를 가지고 올바른 식생활 습관의 모델이 될 수 있도록 노력하고 아동들에게 건전한 식품을 선택할 수 있는 방법을 교육시키는 것이 중요하다.

아동의 식생활 습관은 대중매체 특히 TV의 영향을 많이 받는다. 우선 TV나 신문 등의 광고는 아동의 간식 선택과 가족의 식품 구매에 큰 영향을 미치게 되고 TV를 시청하는 시간이 늘어날수록 활동량이 감소하여 운동 부족으로 비만이 발생하는 경우가 많다. 아동기 어린이들은 TV나 신문, 잡지 광고에 대해 매우 민감하게 반응하고 대체로 무비판적으로 수용하는 경향이 크기 때문에 대부분의 어린이들은 TV 광고를 보면 사 먹고 싶은 충동을 느낀다고 응답하고 있다. 또한, TV 광고에 자주 등장하는 식품들의 특성이 초콜릿, 소시지, 햄, 피자, 탄산음료, 캔디 등의 가공식품이나 편이식품으로 성장에 필요한 영양소들을 골고루 함유하지 못하고 포화지방산이나 단순 당질을 많이 함유한 식품들이 대부분이라는 것이 큰 문제인 것이다. 많은 식품업체들이 영양소의 기능이나 교육적인 면을 강조하기보다는 단맛이 강한 식품의 선택을 장려하는 경향이 있다. 실제로 TV 시청 시간과 비만 유병률과의 관계를 조사한 결과 시청시간이 길면 길수록 비만 유병률이 증가한다는 결과들이 보고되었다. 그러므로 부모들이 아동들의 TV 시청 시간과 시청 내용을 잘 조정해 줄 필요성이 있으며, 업체들도 아동을 대상으로 한 식품을 광고할 경우 될 수 있으면 영양 교육적 내용이 포함되도록 하는 것이 바람직하다.

아동들은 학년이 올라가면서 학교에서 대부분의 시간을 보내게 되며 방과 후에도 특별 활동, 취미 활동, 스포츠 등 다양한 활동에 참가하면서 가족과의 접촉 시간 외에 또래 친구들, 교사, 코치 등과 같은 다양한 계층의 사람들과 어울리게 되는 시간이 많아지면서 이러한 접촉을 중요하게 여기게 된다. 또한, TV 속의 우상하는 연예인이나 운동선수들과의 직 · 간접적인 접촉 또한 영향력이 커지게 되는데, 이러한 현상은 학년이 올라갈수록 더 뚜렷해지고 친구들의 영향력이 식품 선택이나 식 행동에도 큰 영향을 주게 된다.

3) 식생활 지도

아동기 어린이들은 유아기 때와 비교하여 독립적으로 의사 결정을 하고, 스스로 식품을 선택할 수 있고 식품에 대한 기호도도 뚜렷하게 확립되는 시기이다. 그러므로 아동기는 올바른 식행동이나 식생활 습관을 가질수 있도록 지도하기에 가장 좋은 시기이다. 또한, 이 시기는 일상생활의 상당 시간을 학교에서 생활하므로 비교적 규칙적인 식생활이 가능한 시기이기도 하다. 학교에서의 식사 내용은 학교급식에 의존하게 되므로 학교급식을 통하여 다양한 식품들을 접할 수 있게 되고, 익숙하지 못한 음식의 맛이나 질감 등 음식에 대한 다양한 경험을 하게 되고 된다. 또한, 급식과 더불어 식생활에 관한 기본 지식과 기초적인 영양 지식을 올바른 교육을 통해서 이해할 수 있게 되고, 편식이 교정되고 바람직한 식생활 습관을 확립할 수 있게 된다. 학교에서 선생님과 또래 친구들의 도움으로 받을 수 있으므로 학교급식을 통한 영양 교육의 효과는 매우 크다. 그러나 그 외의 식사 내용은 대부분 부모의 식품 선택과 조리법 등에 의존하게 된다. 부모나 가족 구성원의 나쁜 식생활 습관은 아동의 식생활 습관에 큰 영향을 미친다. 그러므로 아동의 편식 습관을 교정하거나, 올바른 식생활 습관을 가지도록 도움을 주기 위해서는 부모의 식생활 습관이나 식생활 태도, 영양 지식에 대한 영양 교육이나 역할 모델 등이 중요하다.

아동기 어린이들은 유아기와 마찬가지로 신체 크기에 비해 필요로 단위체중당 영양소를 많이 섭취해야 한다. 그러므로 규칙적인 아침, 점심, 저녁의 세 끼 식사만으로는 부족하며, 세 끼에 채우지 못한 영양소는 간식을 통해서 공급할 수 있도록 하는 것이 좋다. 1회 섭취량은 아동 개인의 소화 능력에 맞추어 조정하며, 식사의 구성도 아동의 성장, 발달에 필요한 에너지와 단백질, 비타민, 무기질과 같은 필수영양소를 골고루 충분하게 포함될 수 있도록 한다. 특히 고기, 생선, 달걀, 콩 등 생물가가 높은 단백질 식품과 골격 형성에 필수적인 칼슘의 공급을 위해 하루 2컵 이상의 우유 및 유제품을 섭취할 수 있도록 해야 한다. 아동들이 싫어하는 식품인 녹황색 채소와 과일들은 비타민과 무기질의 좋은 급원이므로 맛, 향, 색 등에 특별히 주의를 기울여 조리하거나, 아동들이 좋아하는 식기를 사용하거나 음식 담는 법에 신경을 쓰고, 싫어하는 음식에 대한 흥미를 유발시켜 섭취할 수 있게 한다.

간식의 선택에 있어서도 하루 필요 에너지의 보충 제공은 물론 에너지 외에 비타민, 무기질, 단백질, 섬유소 등이 골고루 들어 있는 영양 밀도가 높으면서 포만도가 높지 않고 소화흡수율이 좋은 식품을 선택해야 한다. 즉 영양 밀도가 낮은 탄산음료, 사탕, 튀긴 과자 등을 피하고 단 음식, 짠 음식, 자극성이 강한 음식들도 제한하는 것이 바람직하다.

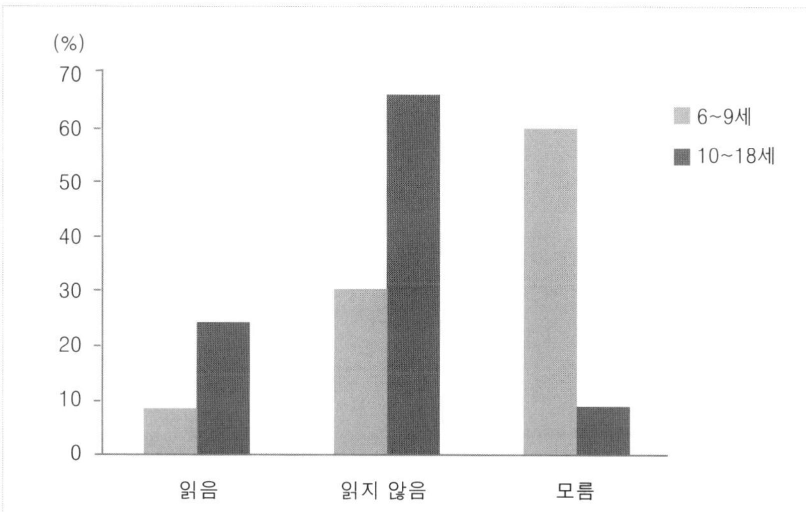

〈그림 6-13〉 가공식품 선택 시 영양 표시 이용 여부

〈보건복지부 질병관리본부, 2009 국민건강통계, 2010〉

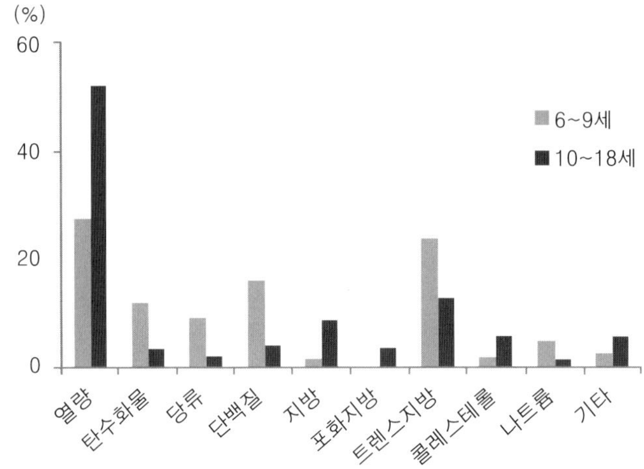

〈그림 6-14〉 영양 표시 중 관심 항목
〈보건복지부 질병관리본부, 2009 국민건강통계, 2010〉

〈표 6-7〉 어린이 기호식품 신호등 표시제 영양성분 등급 기준

간식용

	지방	포화지방	당	나트륨
녹색	3g 미만	1.5g 미만	3g 미만	120mg 미만
황색	3g 이상 ~ 9g 이하	1.5g 이상 ~ 4g 이하	3g 이상 ~ 17g 이하	120mg 이상 ~ 300mg 이하
적색	9g 초과	4g 초과	17g 초과	300mg 초과

식사 대용

	지방	포화지방	당	나트륨
녹색	3g 미만	1.5g 미만	3g 미만	120mg 미만
황색	3g 이상 ~ 12g 이하	1.5g 이상 ~ 4g 이하	3g 이상 ~ 17g 이하	120mg 이상 ~ 600mg 이하
적색	12g 초과	4g 초과	17g 초과	600mg 초과

〈어린이 기호식품 신호등 표시제도 이해, 보건복지부 식품정책과, 2011〉

6. 학교급식

학교급식은 성장기 아동들에게 따듯하고 영양적인 식사를 제공하여 정상적인 발육은 물론 학생의 건강을 유지 증진시키고, 올바른 식생활 습관을 형성하게 함으로써 평생 건강의 기반을 마련하게 하는 교육의 일환으로 실시하는 것이 중요한 목적이다. 1996년 학교급식법이 개정된 이래 현재 거의 대부분의 학교에서 학교급식을 실행하고 있으며, 약 700만 명이 넘는 학생들이 학교급식을 제공받고 있으므로 이 학생들의 식생활과 건강이 미래 국민 건강에 지대한 영향을 미치게 된다. 또한, 소요되는 예산 규모도 연 3조 원 이상이 되기 때문에 이는 국가의 식량, 영양 정책에도 크게 기여하고 있다.

아동기 어린이들은 경우 학교에서의 생활이 대부분 정오를 중심으로 이루어지기 때문에 점심으로 아동의 1일 영양권장량의 1/3을 충족시키는 범위에서 점심 한끼의 완전 식사의 형태로, 그리고 영양적인 면에서 특히 가정에서 결핍되기 쉬운 영양소를 보완할 수 있도록 학교급식이 이루어지고 있다. 식사 제공 외에도 식품과 건강, 그리고 영양에 대한 체계적인 교육을 실시하여 바람직한 식품을 선택할 수 있는 능력을 배양하여 편식을 교정하고, 올바른 식생활 습관을 형성하는데 도움을 줄 수 있다. 또래 친구들과 동일한 식사를 같이 함으로써 사회성을 배양할 수 있으며, 식사 예절, 위생교육, 식품의 생산과 소비에 대한 올바른 이해 증진, 음식물 낭비로 인한 환경 문제에 대한 중요성과 대책도 교육시킬 수 있다.

이렇게 중요한 학교급식의 식사 계획 및 식단 구성에 있어서 영양사와 영양교사의 역할이 가장 중요하다. 영양적인 면은 물론이거니와 학생들의 음식에 대한 기호도, 그리고 철저한 위생 안전관리 등을 고려해야 한다. 학생들의 기호도를 고려하지 않을 경우 잔반이 많이 남게 되어 경제적인 면은 물론 한 끼만 제대로 섭취하지 못할 경우 성장기 아동에게 필요한 영양소가 충분히 공급되지 않기 때문이다. 그러므로 식단 계획 시 학부모와 학생들이 함께 참여할 수 있는 기회를 갖게 하거나, 식품의 선택할 수 있도록 허용하여 식사량을 조정할 수 있게 하는 기회 등을 줄 수 있다. 또 미리 계획된 식단과 영양적인 특성을 배포하여 학생들이 식단에 대한 관심과 기대를 가지고 식사를 할 수 있게 하는 것도 좋은 방법 중의 하나이다. 실제로 학교급식에서 잔반이 많이 남는 식품 중에 하나가 채소류로 그중에서도 향이 강한 채소류들은 특히나 잔반이 많이 남는다. 그러나 조리법을 달리하여 데쳐서 조리하거나 다져서 모양을 변경하거나 또는 튀김옷을 입혀 튀겨낸 후 소스에 곁들이는 경우 섭취율이 향상되어 같은 재료라도 조리 방법에 따라 다른 기호도를 나타낼 수 있다.

학교급식의 위생 안전관리의 가장 중요한 사항은 식중독 예방이다. 단체급식의 특성상 식중독이 발생하면 한꺼번에 많은 학생들이 집단으로 피해를 입게 되므로 이로 인해 단체급식에 대한 신뢰도가 크게 떨어지게 된다. 이에 식품위해요소 중점관리기준(HACCP)이 2001년부터 전체 학교로 확산 추진되고 있으며, 이에 적합한 급식 시설의 완비는 물론이거니와 급식에 종사하는 사람들, 납품 업체들에게 체계적인 위생 교육이 실시되고 있다. 또한, 식생활과 위생 지도를 담당하는 교사들과 학부모들에게도 체계적인 위생 교육이 실시되어야 한다.

참고문헌

강현주 · 김경자 · 김경미 · 류은순, 〈유치원 아동을 둔 어머니들의 영양교육 프로그램의 효과 평가〉, 한국영양학회지 34(2) : 230~240, 2001

교육부, 〈학교급식법 시행령 및 시행규칙〉, 2002

구복자 · 이경애, 〈초등학생의 영양교육을 위한 식습관 및 영양지식 조사〉, 한국식생활문화학회지 15(3) : 201~213, 2000

구재옥 외, 《생애주기 영양학》, 도서출판 효일, 2006

김경아 · 심영현, 식행동과 신체발달, 〈인지능력 및 과잉행동간의 관련성에 관한 연구〉, 한국식생활 문화학회지 10(4) : 269~279, 1995

김미경 · 김희정 · 김영옥 · 이진희 · 이원철, 〈서울 시내 일부 학령 전 아동들의 비만 유병률과 이에 영향을 주는 요인〉, 대한 지역사회영양학회 6(2) : 121~129, 2001

김미영 외, 《생활 속의 영양학》, 라이프사이언스, 2005

김순기 외, 〈10세 이상의 집단에서 빈혈의 유병률의 변화 ; 2005년 및 2009년〉, Clinical Pediatric Hematology-Oncology, 18(1) 8~12, 2011

김유경 · 천종희, 〈대도시 지역 학령 전 아동의 영양소 섭취량과 비만 및 빈혈과의 관계 연구〉, 한국식생활문화학회지 16(5) : 451~462, 2001

김유경 · 천종희, 〈대도시 지역 학령 전 아동의 식생활 습관과 체위 및 비만과의 상관관계 연구〉, 한국식생활 문화학회지 5(5) : 349~360, 2000

김유려, 〈울산지역 초등학생 비만도와 어머니의 취업여부에 따른 식습관 및 영양지식〉, 울산대학교 교육대학원 석사학위논문, 2011

김은경 외, 《생애주기 영양학》, 신광출판사, 2008

김은경 · 김은경 · 송주미 · 최현정 · 이가희, 〈초등학생의 활동계수-휴식대사량 및 에너지 소비량의 평가〉, 대한 영양사협회 학술지 12(1):44~54, 2006

김정아 외, 〈어머니의 영양지식에 따른 유아기 자녀의 비만도 및 식습관의 차이〉, 한국식생활문화지, 23(5) 646~654, 2008

김정숙 외, 《생애주기 영양학》, 광문각, 2007

김현아 · 김은경, 〈강릉지역 국민학생의 고혈압 및 비만 이환율에 관한 연구〉, 한국영양학회지 27(5) : 460~472, 1994
김현숙 외, 《21세기 스포츠 영양》, 교문사, 2001
나우보건연구소, 《이유식영양》, 나우커뮤니케이션, 2009
노만 크레츠머 · 마이클 짐머만 저, 임현숙 외 역, 《발달의 관점에서 본 생애주기 영양학》, 교문사, 2002
대한내분비학회, 《골다공증 진단 및 치료지침》, 대한 내분비학회, 2007
대한비만학회 · 소아비만위원회, 〈소아비만의 진단과 치료지침〉, 2009
대한영양사협회, 《임상영양관리 지침서-제3판》, 대한영양사협회, 2008
모자영양연구회, 《임신, 수유 및 영유아기 영양》, 교문사, 2000
박수진, 〈초등학생 편식지도를 위한 영양교육 프로그램 운영의 효과〉, 대한 영양사협회 학술지 6(1) : 17~25, 2000
박신인 · 배소현, 〈서울지역 초등학생들의 가정과 학교에서의 우유섭취 실태 연구〉, 한국식생활 문화 학회지 14(4) : 361~369, 1999
박정난 · 김경희 · 이상선, 〈성장기 아동의 골밀도에 영향을 주는 요인에 관한 연구 : 신체계측치, 사회경제적 요인, 가족력 및 기타 환경요인〉, 한국영양학회지 37(1) : 52~60, 2004
박현서 · 안선희, 〈학령전 아동의 식습관과 사회적 행동과의 관계〉, 한국영양학회지 36(3) : 298~305, 2003
박현아 외, 〈초등학교 5학년 아동 아침결식과 관련된 요인과 영양소 섭취〉, 가정의학회지 32(1) : 11~20, 2011
보건복지부, 영양플러스사업보고서, 2010
보건복지부 · 질병관리본부, 〈2009국민건강통계〉, 2010
보건복지부 · 질병관리본부, 〈2008국민건강통계〉, 국민건강영양조사 제4기 2차년도, 2009
보건복지부 · 한국영양학회 · 식품의약품안전청, 〈한국인 영양섭취기준〉, 2010
보건복지부, 〈2010년도 국민구강건강실태조사〉, 2010
보건복지부, 〈어린이 기호식품 신호등 표시제도 이해〉, 2011
서정숙 외, 《고급영양학》, 지구문화사, 2009
손숙미 · 양정숙, 〈철분부족아동과 정상아동의 혈액, 소변, 머리카락속의 납, 카드뮴 수준 차이에 관한 연구〉, 지역사회영양학회지 3(2) : 167~173, 1998
송병춘 외, 《현대인의 식생활과 건강》, 건국대학교 출판부, 1999
스콧파워 외 저, 최대혁 역, 《알레르기 유발식품 표시제도》, 2007
식품의약품안정청, 〈알레르기 유발식품 표시제도〉, 2007
신경옥 · 유유영 · 박현서, 〈학령전 아동에서 식습관과 신체발달에 관한 연구〉, 한국영양학회지, 38(6) : 455~464, 2005
오유진 · 장유경, 〈유아의 편식실태 및 편식에 대한 학부모의 태도 조사〉, 한국 영양학회지 39(2) : 184~191, 2006
오은진, 〈서울지역 초등학생의 주의력 결핍 과잉행동장애와 식생활 행동과의 상관성〉, 성신여자대학교 교육대학원, 석사학위논문, 2011
윤군애, 〈초등학생의 과체중 이환율 추적과 관련요인 분석〉, 한국영양학회지 35(1) : 69~77, 2002
이명숙, 〈학교급식이 초등학생의 식행동에 미친 영향에 대한 학생과 학부모의 인식 비교〉, 건국대학교 교육대학원 석사학위논문, 2011
이명희, 〈학교급식에서 조리법 변화에 따른 초등학생의 채소류 섭취 연구〉, 단국대학교 정보미디어대학원 석사학위논문, 2011
이연숙 외, 생애주기영양학, 교문사, 2010
이정숙, 〈부산 시내 일부 지역의 소득수준별 학령 전 아동의 식생활 태도 및 영양상태에 관한 비교〉, 대한 지역 사회영양학회지 11(2) : 161~171, 2006
이정희, 〈서울 일부지역 초등학교 학생 대상의 영양표시 교육이 간식 구매 관련 신념, 자아효능감 및 행동에 미치는 영향〉, 성신여자대학교 교육대학원 석사학위논문, 2011
이현옥 외, 《생애주기 영양학》, 교문사, 2011
정미라 · 배소연 · 이기완 · 이영미, 〈유아들의 간식, 중식 식단계획〉, 한국어린이 육영회, 1995
정혜경 · 박성숙, 〈국민학교 아동의 설탕 섭취량이 주의 결핍 과잉활동장애에 미친 영향〉, 한국영양학회지 28(7) : 644~652, 1995
정혜경 · 박성숙 · 장문정, 〈급식과 비급식 초등학교 아동의 식행동 및 설탕 섭취실태 비교〉, 한국 식생활 문화 학회지 10(2) : 107~117, 1995

질병관리본부 · 대한소아과학회, 〈소아 · 청소년 표준 성장도표〉, 2007
최미자 · 정연수, 〈경주지역 유치원 아동들의 식습관과 영양소 섭취상태〉, 대한 지역사회영양학회지 11(1) : 3~13, 2006
최혜미 외, 《21세기 영양학》, 교문사, 2003
통계청, 〈한국사회지표〉, 2010
통계청, 〈2010 고령자 통계자료〉, 2010
한국비만학회, 〈한국인의 비만진료 지침서〉, 2009
한정순 외, 《NEW 생애주기 영양학》, 지구문화사, 2009
Brown JE. Preconceptional nutrition and teproductive outcomes. In: Keen CL · endich A · Willhite CC, eds. Meaternal Nutrition and pregnancy Outcome. ann NY Acad Sci(678: 286-292), 1993
Christian JL · Greger JL. nutrition for living, 1990
Earnest CP et al. Acta physiol Scanol, 1995
Epstein LH et al. Pediatrics : Treatment of Pediatric Obesity, 2005
Forver GB. Textbook of pediatric n, 1981
Fryer JH. Biological aspects of aging. Columbia University Press, HY, 1962
Kartch FI & MaArdie WD. Nutrition, Wetght Control and Ewercise. Houghton Mifflin Co., Boston, 1997
Kretchmer N & Zimmermann M. Developmental nutrition. Allyn and Bacon, 1997
Lawarence RA & Lawrence RM. Breastfeeding: A guide for the medical profession. 5th de. St Louis: Mosby, 2006
Lebenthal E. Impact of development of the gastrointesinal tract on infant feeding. J pediatr. 102:1, 1981
MA Boyle. personal nutrition 7th de. Wadsworth, 2010
Mahan LK. Krause's food, nutrition & diet therapy 11th de. W B Saunders, 2008
Mahan LK. Rees JM. Nutrition in adolescence. Mosby-year Book, 1984
Marcy J. Nutrition for healthy living. WCB/McGraw-Hill, 1998
Marshall WA. Growth and sexual maturation in normal puberty. Clin Endocrinol Metab 4:4, 1975
ME Shils et al. Modern nutrition in health & disease, 2006
Michaelsen et al. Feeding and Nutrition and Infants and Young Childrens WHO Regional Publication, European Series NO 87, 2000
National Osteoporosis foundation. Clinician's guide prevention and treatment of osteoporosis, 2008
Phelps RL et al. Am J Obstet Gynecol. 140(7):730, 1981
Rosso P. Nutrition and metabolism in pregnancy:Mother and fetus. Oxford univ.press, 1990
Scamon RE. The measurement of man. minneapolis Univ. Mann Press, 1930
Shils ME et al. Modern nutrition in health and diseawe, 10th ed. LWW, 2006
Shock NW et al. J Gerontol 18:1, 1963
Shock NW. Nutrition in old age, Sysmlosia Swedish Nutrition Foundation. Stockholm, Sweden, 1972
Wadlaw GM et al. Perspective in Nutrition, 8th ed. McGraw-Hill, 2009
Whitney EN. Nutrition for health and thelth care 2nd ed. West Pub. Co., 1996
Whitney EN et al. Understanding Normal and Clinical Nutrition. WPC, 1998
Williams MH. Nutrition for health, fitness & sport. 7th de. Graw-Hill, 2005
Williams SR & Worthington-roberts BS. Nutrition throughout the life cycle. 4th ed. Mosby year Book, 2000
Winick M. Malnutrition and brain development. Journal of Pediatrics 74(6), 1969
Winick M. Nutrition and cell growth. Nutr Rev 26:195, 1968
World health Organization. Prevention and management of osteoporosis, 2003
World health Organization. Protecting, promoting and Supporting Breast-feeding : A Joint WHO/UNICEF statement. Geneva, Switzerland, 1989
Worthington Roberts. Bs. Lactation. McGraw-Hill, 2000
DeBruyne/Pinna/Whithney, "Nutrition and Diet Therapy", 7thed(2007), p.308, 313
Kim JH, Jeong MH, Sim DS, Lee SH, Hong YJ, Park OY, Kim W, Rhew JY, Ahn YK, Cho JG, Suh SP,

Park JC, Kang JC (2002) : "The usefulness of cardiac troponin as a maker for the detection of minor myocardialinjury following percutaneous coronary intervension". Korean Circulation J. 32 : 413–419

Klerk M, Verhoef P, Clarke R, Blom HJ, Kok FJ, Schouten EG, (2002) : MTHFR 677CT "polymorphism and risk of coronary heart disease : a meta-analysis".JAMA. 288 : 20232031

Ki Coon Kim, So Yeon Ryu, Jong Park, Jong Ku Park, Chum-Bae Kim, Byung Yeol Chun, Tea-Yong Lee, Kang-Sook Lee, Duk Hee Lee, Kwang-wook Koh, Sun Ha Jee, Il Suh, "for Korean Research Group for Cardiovascular Disease preverntion and Control" (2001) :A nested case control study on risk factors for coronary heart disease in Korean. korean J Prev Med 34 : 149–156

U.S. Preventive service Task Force. (2001) : "Screening and treating adults for lipid disorders-Recommendationand rationale". AM. J. Prev. Med. 20(3S) : 73~76. Available from : URL : http://www.ahcpr.gov/clinic/upsetf/uspschol.htm.

Van Exel E, Gussekloo J. de Craen AJ, Bootsma-van der Wiel A, Frolich M, Westendorp RG.(2002) inflammation and stroke : the Leiden 85-Plus study. Stroke. 33 : 1135–1138

National Health and Medical Research Council Economic issues in the prevention and treatment of overweight. "In : Acting on Australia's weight : a strategic plan for the prevention of overweight and obesity." Canberra, Australian Government Publishing Service, 1997 : 85–95

Strauss R., "Childhood obesity. Curr Probl Pediatr 1999" ; 29 : 5029

Styne DM. "Childhood obesity : time for action, not complacency. Am Fam Physician 1999" ; 59 :758–62

Flegal KM, Carroll MD, "Kuczmarski Rj, Johnson CL."Overweight and obesity in the United States : Prevalence and trends. 1960–1994. Int J Obesity 1998 ; 22 :39–47

Pretrobelli A, Faith MS, Allison DB, Gallagher D, Chiumello G, Heymsfield SB, Body mass index as a measure of adiposity among childern and adolescents : A validation study. J Pediatr 1998 ; 132 : 204–10

Editorals. "Use of the body mass index (BMI) as a measure of overweight in children and adolescents."J Pediatr 1998 ; 132 : 191–3

Murata M. "BMI percentiles values in Japanese children based on the data in the Report of School Health Statistics", 1999, personal communication

Rolland-Cachera MF, Brambilla P, Manzoni P, Akrout M, Sironi S, Maschio AM, et al. "Body composition assessed on the basis of arm circumference and tri ceps skinfold thickness : a new index validated in children by magnetic resonance imaging " Am J Clin Nutr 1997 ; 65 : 1709–13

Whiaker RC, Wright JA, Pepe MS, Seidel KD, Dietz WH. "Predicting obesity in young adulthood from childhood and parental obesity." N Engl J Med 1997 ; 337 : 869–73

Kotani K, Nishida M. Yamashita S, Funahashi T, Fujioka S, Tokunaga K, et al. "Two decades of annual medical examination in japanese obese children : Do obese children grow into adults?" Int J Ovese Relat Metab Disord 1997 ; 21 :912–21

Pinhas-Hamiel O, Dolan LM, Danisls SR, Standiford D, Khoury PR, Weitler P, "increased incidence or non-insulin-dipendint diabetes among children and adolescents." J Pediatr 1996 ; 128 : 608–15

Eckel RH, Krauss KM, "American Heart Association call to action : Obesity as a major risk factor for coronary heart diesase," Circulation 1998 ; 97 : 2099–100

Danisls SR, "is there an epodemic of cardiovascular disease on the horizon?" Pediatrics 1999 ; 134 : 665–6

Gunnel DJ, Frankel SJ, Nanchahal K, Peters TJ, Davey Smith G, "Chlidhood obestiy and adult cardiovascular mortality : a 57-y follow-up study based on the Boyd Orr cohort" Am J Clin Nutr 1998 ; 67 : 1118–28.

Rosner B, Proneas R, Loggie J, Danniel SR. "Percentiles for body mass index in U.S. children 5 to 17 years of age." J Pediatr 1998 ; 132 : 211–22

International Ovesity task Force. "The Asia-Pacific perspective : Redefining obesity and its treatment", 2000

Moran R., "Evaluation and treatment of childhood Obesity." Am Fam Physician 1999 ; 59 : 861–8

Freedman DS, Srinivasan SR, Valdez RA, Williamson DF, Bernson GS. "Secular increases in relative weight

and adiposity among children over two decades : The Bogalusa heart study." Pediatrics 99 ; 1997 : 420-6
Dietz Wh, Robinson TN. "The use of the body mass index as a meaxure of overweight in children and adolescents." J Pediatr. 1998 ; 132 : 191-3
Guo SS, Roche AF, Chumlea WC, Gardner Jd, Siervogel RM. "The predictive value of childhood body mass index values for overweight at age 35y." Am J Clin Nutr 1994 ; 59 : 810-9
Vanltallie TB. "Predicting obesity in children." Nutr Rev 1998 ; 56 : 154-6
Widbrem K, Schoneger K, "BMI : Does it really reflect body mass?" J Pediatr 1999 ; 134 : 522-3
Freedman DS, Serdula MK, Srinivasan SR, Verenson GS. "Relation of circumferences and skinfold thickenesses to lipid and insulin concentrations in children and adlolescents : the Bogalusa Heart Study." Am J Clin Nutr 1999 ; 69 : 308-17
Daniels SR, Khoury pR, Morrison JA, "The utility of body indexas a measure of body fatness in children and adolescents : Difference by race and gender."Pediatr 1997 ; 99 : 804-7
Barlow SE, Dietz WH. "Obesity evaluation and treatment : Expert committee recommendations." Pediatrics 1998 ; 102 : e29
National Research Council. National Academy of Science, Washington DC,1989
Nitchell HH.Academic press,New York, 1982
Rask force on blood pressure control in children. American Academy of Pediatrics 79 : 1, 1987
Birch LL(1996) : Children's food acceptance patterns. Nutrition Today 31 : 234
Brown JE(2011) : Nutrition through the Life Cycle, Wadsworth Group
Conference on Dietary Fiber in Childhood(1995) : Pediatrics, 96 : 1023
Cowell C(1996) : Nutritional concerns for preschool-age children. Topics in Clinical Nutrition 11(3) : 38
Dietary Reference Intakes(2005) : Energy, Carbohydrate, Fiver, Fat, Fatty Acids, Cholesterol, protein, and Amino acids, Institute of Medicine, The National Academies Press
Grove E (1993) : Committee on Nutrition, American Academy of Pediatrics, Pediatrics Nutrition Handbooks, 3rd ed.
Maham LK and Escott-Stump S(2000) : Kraues's Food, Nutrition, and Diet therapy, 10th ed. WB Saunders Co.
Pipes PL & Trahms CM(1993) : Nutrition in Infancy and Childhood, 5th ed. Mosby-Year Book, Inc.
Wardlaw GM(2004) : Perspective Nutrition, 4th ed. McGraw Hill
World Health Organization(1991) : Energy and Protein Requirement, Report of a Joint FAO/WHO/UNU Extert consultation. Technical Report Series 724
Brown, JM(2011) : Nutrition through the Life Cycle. Wadsworth Group
Dietary Reference Intakes(2005) : Energy, Carbohydrate, Fiver, Fat, Fatty Acids, Cholesterol, protein, and Amino acids, Institute of Medicine, The National Academies Press
Grove E (1993) : Committee on Nutrition, American Academy of Pediatrics, Pediatrics Nutrition Handbooks, 3rd ed.
Maham LK and Escott-Stump S(2000) : Kraues's Food, Nutrition, and Diet therapy, 10th ed. WB Saunders Co.
National Cholesterol Education Program NCEP(1991) : Report of the Expert Panel on Clood Cholesterol Levels in Choldren and Adolescences, NIH Publication No. 91-2732
Olson BH. Schneeman BO(2001) : Dietary fiber in childhood. In : Nutrition in the Infant, Preedy VR et al.,ed. Greenwich Med. Media, Ltd
Popes PL, Trahms CM(1993) : Nutrition in Infancy and Childhood, Mosby-Year Book, Inc.
Pellet PL(1990) : Food energy requirements in humans, Am J Clin. Nutr 51 : 711Pollitt E et. al(1998) : Fasting and cognition in well-and undernourished school children : A review of three experimental studies. Am J Clin Nutr 67(suppl) : 779S
Wardlaw GM, Insel PM, Swyler MF (1994) : Contemporary Nutrition-issues and insights, 2nd ed. Mosby
World Health Organization(1991) : Energy and Protein Requirement, Report of a Joint FAO/WHO/UNU Extert consultation. Technical Report Series 724
Worthington-Roberts BS, Williams SR(2000) : Nutrition through the Life Cycle, 4th ed. McGraw-Hill Co. Inc.

CHAPTER

07

청소년기 영양

1. 청소년기의 특성
2. 청소년기의 성장과 발달
3. 청소년기의 영양섭취기준
4. 청소년기의 식사 지도
5. 청소년기의 영양 상태에 영향을 미치는 요인
6. 청소년기의 영양과 관련된 문제들

CHAPTER

07 청소년기 영양

1. 청소년기의 특성

청소년기는 아동기에서 성인기로 이행하는 시기이다. 일반적으로 우리나라의 13~18세까지의 중 · 고등학생이 이에 해당된다. 이 시기는 영아기 이후 제2의 급성장기로서 신체적, 정신적, 사회적인 변화를 다양하게 나타낸다.

청소년기는 동화 작용이 매우 활발하게 일어난다. 호르몬의 활동이 늘어나는 시기나 속도 등이 광범위하여 청소년기의 성장과 발달이 시작되는 연령은 건강한 개인 간에도 많은 차이를 보인다. 청소년기의 변화는 10~13세에 시작하여 10대 후반 또는 20대 초반까지를 포함하기도 한다.

사춘기라는 의미는 생식기관이 발달하는 시기로서, 성적으로 발달이 시작하여 완성되는 청소년기의 초기 3~5년을 이른다. 성별에 따른 성장의 차이는 사춘기의 시작과 함께 뚜렷해진다. 남성은 사춘기의 시작이 여성보다 늦은 편으로 12세~20세까지, 여성은 다소 빨라서 10~18세를 청소년기로 보고 있다. 대부분의 성장은 사춘기에 최고조로 이루어지며, 청년기에는 성장과 성숙이 완성되는 단계라고 할 수 있다.

2. 청소년기의 성장과 발달

1) 신체적 성장

(1) 청소년기의 호르몬 분비가 신체 발달에 미치는 영향

사춘기 이전에는 뇌하수체와 갑상선에서 호르몬이 분비됨으로써 성장이 이루어진다. 그러나 사춘기에는 성호르몬에 의해서 성장이 촉진된다. 성호르몬 작용과 함께 영양 상태 및 유전적 인자 등은 사춘기의 성장에 큰 영향을 미치게 된다.

일생을 통하여 뇌는 소량의 난포자극호르몬(follicle stimulate hormone, FSH)과 황체형성호르몬(leuteinizing hormone, LH)을 분비한다. 이 호르몬들은 뇌하수체에서 혈액으로 분비되어 성 기관에 신호를 보낸다. 난포자극호르몬과 황체형성호르몬은 남성의 정소에서 생성되는 테스토스테론과 여성 난소에서 생성되는 에스트로겐 및 프로게스테론의 생성을 조절한다. 소아기에는 뇌가 이 난포자극호르몬과 황체형성호르몬을 소량 분비하지만, 사춘기 시작 2~3년에 이 호르몬의 양이 증가하여 정소와 난소에서 성호르몬의 분비를 촉진시키게 된다.

안드로겐은 정소에서 분비되는 호르몬을 총칭한 남성호르몬으로 대표적인 것이 테스토스테론이다. 사춘기에 남성의 생식기 발육을 촉진하고 남성다운 체형을 만들며, 남성의 제2차 성징을 발현시킨다. 특히 사춘기에 단백질 동화 작용을 촉진하여 근육과 뼈의 성장을 도와준다.

난소는 난자를 형성하는 성선으로 외분비선인 동시에 난포호르몬(estrogen)과 황체호르몬(progesterone)을 분비하는 내분비선으로 이 두 호르몬을 여성호르몬 또는 난소호르몬이라 한다. 사춘기가 되면 성숙된 난포의 난포막 세포에서 주로 분비되는 에스트로겐의 분비가 증가하여 여성 생식기의 발육을 촉진하며 또 유방, 체형 등 여성의 상징이 발현된다. 이 호르몬에 의해서 성인 여자는 유선 발달, 자궁근육의 비대, 자궁점막의 증식을 촉진한다. 에스트로겐은 프로게스테론과 함께 여성의 생식에 중요한 역할을 하는 호르몬으로 월경주기 중에서 증식기와 분비기에 분비되며, 월경기에는 분비가 저하되지만 임신이 되어 태반이 형성되면 난소의 황체호르몬과 동일한 황체호르몬이 태반에서 분비됨으로써 배란 억제, 자궁근육 운동의 억제 등 임신을 유지하는 작용과 기초 체온을 상승시키는 작용을 한다.

(2) 사춘기의 시작을 좌우하는 요인들

아동이 성인이 될 때까지 신체적으로 발달하는 과정을 사춘기라고 한다. 전체적으로 신체의 성숙과 관련되는 사춘기는 여러 가지 생리적 요인들에 의해 시작된다. 학동기의 완만한 성장은 사춘기로 들어서서 영아기의 성장과 같은 빠른 성장 속도가 나타난다. 〈그림 7-1〉은 10대 청소년들의 연간 성장 속도를 보여주고 있다. 이 시기의 청소년은 성인 신장의 약 20%, 성인 체중의 약 50%가 증가하게 된다. 그리고 각종 신체 기관의 크기는 2배가 된다.

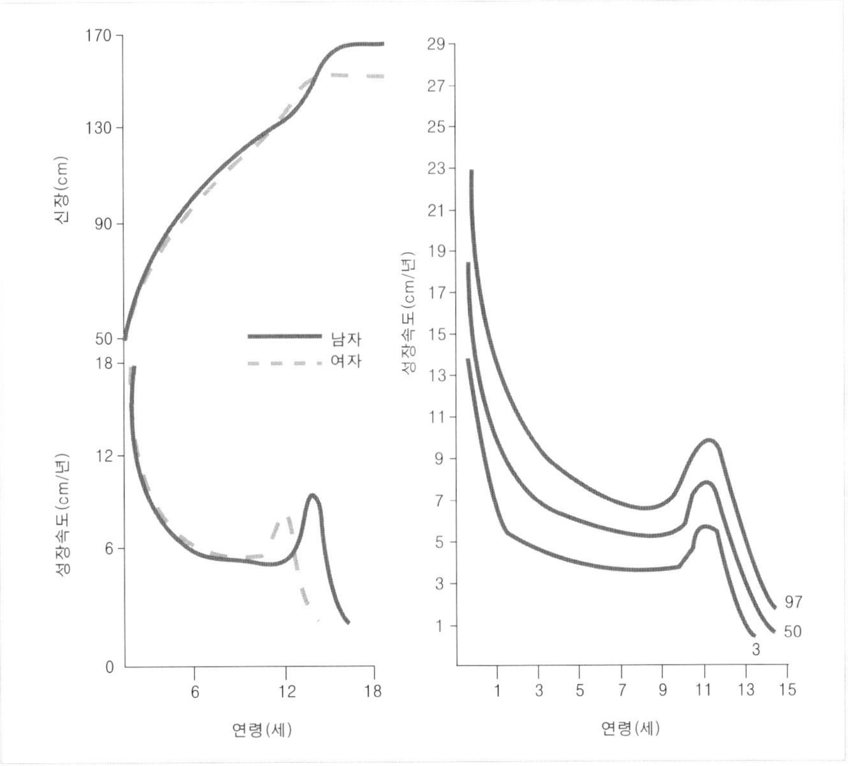

〈그림 7-1〉 연령에 따른 신장의 성장 상태와 성장 속도
〈Marshall WA. Clin Endocrinol Metab 4:4, 1975〉

사춘기의 발달을 시작하는 가장 중요한 호르몬의 작용에 영향을 주는 요인에 대해서 여러 가지 이론이 제시되었다. 그중에서도 가장 보편적인 이론은 생식기능중추(gonadostat)라는 성호르몬(testosterone, estrogen, progesterone)에 매우 민감한 부위가 있는데, 사춘기가 개시되면 이곳에서 성호르몬의 분비를 자극한다는 것이다.

사춘기를 시작하는 또 다른 중요한 인자는 영양 상태를 들 수 있다. 이 이론은 사춘기의 시작이 신체 구성 성분(body composition)의 변화와 관계가 있다고 제시한다. 즉 사춘기 소녀의 초경은 일정한 체중에 도달되었을 때 시작되고 청소년기 소녀의 급성장이 개시된다는 이론이다. 이런 관계를 설명하고 있는 또 다른 방법은 체지방 함량이 체중의 17%에 도달해야 월경이 시작된다는 이론도 있다. 대부분의 학자들이 신체 구성 성분과 월경의 개시 사이의 관계를 인정하고 있으나, 그것이 사춘기의 시작을 좌우하는 요인이라고 설명하기는 어려운 일이다.

(3) 청소년의 성장 순서와 단계

청소년기의 성장에서 보여주는 특징은 성적 성숙의 단계, 신장과 체중의 증가, 신체 구성 성분의 변화 등으로 설명할 수 있다. 사춘기의 발달 순서와 단계가 〈그림 7-2〉에 요약되어 있다.

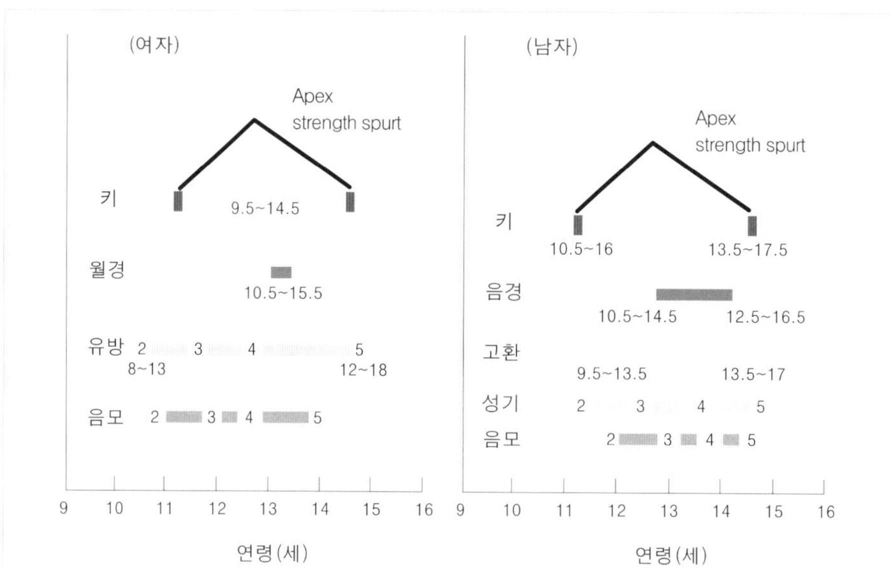

〈그림 7-2〉 사춘기의 발달 단계
〈Arch Dis Child 45:13, 1970〉

(4) 성 성숙도

여성에게는 유방의 발육, 남성에게는 성기의 확대와 함께 음모가 분포되면서 사춘기의 성적 성숙이 진행되기 시작한다. 〈그림 7-2〉는 청소년기의 성적 성숙을 신장의 급등곡선과 비교하여 나타낸 것이다. 이 그림에서 초경과 음경에 표시된 굵고 검은

직선은 그 기관의 빠른 성장 기간을 나타내고 있다. 여성의 유방과 음모, 남성의 성기와 음모에서 표시된 빗금 부분과 수직선의 5단계는 〈표 7-1〉의 성적 성숙의 단계를 보여주고 있다. 사춘기의 전 단계를 1단계라고 하고, 성인과 같이 성숙한 성 발달을 5단계로 구분하여 성 성숙도를 평가한다. 〈그림 7-2〉의 여성의 월경에서 보면 10.5~15.5세가 의미하는 것은 평균적으로 13세에 월경을 시작하게 되는데, 빠른 경우는 10.5세에도 시작할 수 있다는 것이다. 초경의 시작은 여성의 성숙을 의미하며 사춘기의 2차 성징 중 중요한 지표이다. 초경 연령은 고정되어 있지 않으며, 인종에 따라서, 시간의 변화에 따라서 달라진다고 한다. 우리나라 학동기 후반의 초등학교 여아들은 월경을 조기에 개시하는 경우가 많은데, 이것은 영양 상태가 매우 양호하기 때문인 것으로 보인다.

〈표 7-1〉 성적 성숙의 단계

단계	소년		소녀	
	음모	성기	음모	유방
1단계	음모 없음	변화 없음	음모 없음	변화 없음
2단계	치골의 바깥 가장자리에 소량 나타나며 약간 검게 됨	음경 확대의 개시	대음순 위에 소량의 솜털 같은 음모	유두
3단계	치골을 덮음	음경이 더 길어지고 음낭이 더 커짐	음모가 증가되고 검게 되며 컬이 생김	더 커지나 유두와 유륜의 구분이 없음
4단계	성인과 비슷하나 넓적다리까지 퍼지지 않음	음경이 더 크고, 더 넓어지고, 더 길어짐	더 많아지고 질감이 거칠어짐	크기가 커지고, 유륜과 유두가 둔덕을 형성
5단계	성인과 같이 넓적다리까지 퍼짐	성인형 음경	성인과 같이 넓적다리까지 퍼짐	성인과 같은 모양의 유방

〈Mahan LK, Rees JM, Nutrition in adolescence, p.7, St Louis, Mosby-Year Book, 1984〉

(5) 신장과 체중

약 5~7년간의 청소년기 발달을 통하여 급속한 성장이 계속되는데 특히 신장의 급성장이 두드러진다. 성장 속도는 사춘기가 시작된 지 18~24개월 후에 최고 정점에 도달하게 되는데 개인별로 성적 발달 순서에 맞춰 서로 다른 연령에 나타나게 된다. 소년보다는 소녀가 더 빠른 성장을 보인다. 대부분의 여성은 월경의 개시 이후에

1.5~7.6cm 정도 신장이 증가한다. 드문 경우로 여성은 10대 후반까지, 남성은 20대 초반까지 성장하기도 한다. 여성은 사춘기가 남성보다도 빨리 시작하고, 사춘기의 초반에 급성장하며, 남성은 사춘기의 시작이 늦고, 신장의 급성장은 사춘기의 후반에 일어난다.

(6) 신체 구성 성분

신체의 구성 성분은 성숙 과정에 따라 변화한다. 사춘기 이전에는 남성과 여성의 체지방과 근육의 비율이 비슷하다(체지방이 남성 15%, 여성 19%). 사춘기를 맞은 여성은 체지방 비율이 약 23%이나 남성은 약 12%로 그 차이가 현저하다. 이 시기의 남성은 여성이 갖고 있는 근육의 2배를 얻게 된다〈그림 7-3〉.

청소년기의 성장에서 남성과 여성의 두드러진 차이는 영양소 요구에도 영향을 미친다. 청소년기의 남성은 여성보다 골격과 근육 조직이 더 많이 증대되기 때문에 남성은 이 조직의 발달에 필요한 단백질, 철, 아연, 칼슘의 요구량이 여성보다 많다. 이 영양소들이 여성보다 더 많이 요구되는 또 다른 이유는 남성의 성장률이 여성보다 더 크기 때문이다.

2) 사회 심리적 발달

청소년기는 신체의 성장과 함께 정서적, 사회적, 지적 발달이 급속하게 이루어진다. 청소년이 갖는 많은 과제들은 개인의 영양 상태와 건강에 관련되어 있다. 예를 들면 정서적 성숙은 10대 자신의 가치 체계를 발전시킨다. 그들은 아동기에 선택했던 식품과는 달리 자신의 건강을 증진시킬 식품을 선택할 수 있게 된다.

성인의 신체 모습으로 점차 외모가 발달하면서 지적·정서적 발달과 함께 영양적인 문제도 일으키게 된다. 청소년은 빠르게 변화되고 있는 자신의 신체에 대해 불만을 갖게 된다. 동시에 그들 자신이 외부의 영향을 많이 받기 때문에 자신들의 완벽한 동료와 그들 문화의 우상들처럼 되고 싶어한다. 대중매체의 틀에 박힌 외모를 선호하고 모방한다. 10대 청소년들은 신체의 어떤 부분이 '더 커지기를', 또 '더 작아졌으면' 하고 바란다. 그들은 더 빨리 또는 더 천천히 성장하고 싶어한다.

이런 감정들은 자신들의 식생활을 임의로 조작함으로써 외모를 변화시키려고 노력하게 되며, 상업적인 광고와 선전에 충동적으로 반응하게 된다. 예를 들면 성숙한 외모가 발달되지 않은 젊은 여성이 제2차 성징의 발달로 얻게 되는 체중 증가에 예민하게 반응하여 식품섭취량을 불필요하게 제한한다든가, 성인 남자의 근육으로 발달시키고자 젊은 남성들이 영양 보충에 관심을 쏟는 경우도 있다.

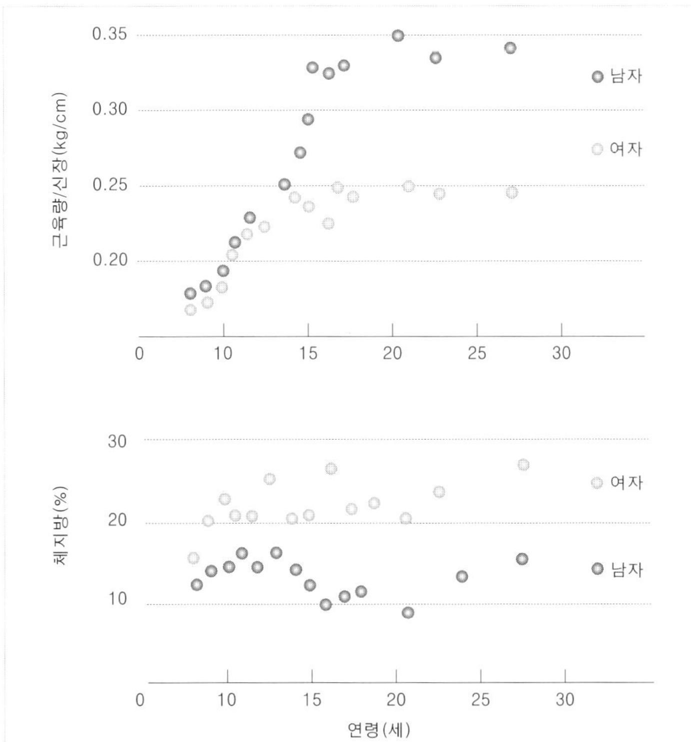

〈그림 7-3〉 연령에 따른 근육량/신장의 비율, 체지방 함량 변화

〈Forbes GB. Textbook of Pediatric Nutrition, 1981〉

3. 청소년기의 영양섭취기준

1) 에너지

청소년기의 에너지 필요추정량은 기초대사량과 활동 수준, 사춘기 신체 급성장 발달에 요구되는 에너지 요구량에 의해 결정된다. 기초대사량은 제지방량에 따라 달라지는데, 청소년기에는 제지방량이 증가되므로 에너지 필요량이 증가한다. 청소년기의 1일 에너지 필요추정량은 남자 12~14세 2,400kcal, 15~18세 2,700kcal, 여자 12~18세 2,000kcal이다.

〈표 7-2〉 청소년기의 에너지 섭취기준

성별	나이	에너지 필요추정량 (Kcal/일)	성별	나이	에너지 필요추정량 (Kcal/일)
남자	12~14세	2,400	여자	12~14세	2,000
	15~18세	2,700		15~18세	2,000

〈한국영양학회. 한국인 영양섭취기준, 2010〉

2) 단백질

청소년기의 단백질 섭취기준은 신체 유지와 새로운 조직의 합성에 필요한 단백질 요구량에 의해 결정된다. 청소년기에는 성장과 호르몬의 변화 및 체 구성 성분의 변화로 인하여 단백질 요구량이 증가한다. 청소년기의 1일 단백질 권장섭취량은 남자 12~14세 50g, 15~18세 55g, 여자는 12~18세 모두 45g이다.

〈표 7-3〉 청소년기의 단백질 섭취기준

성별	나이	평균필요량 (g/일)	권장섭취량 (g/일)	성별	나이	평균필요량 (g/일)	권장섭취량 (g/일)
남자	12~14세	40	50	여자	12~14세	40	45
	15~18세	45	55		15~18세	40	45

〈한국영양학회. 한국인 영양섭취기준, 2010〉

3) 당질과 지방

당질은 총 에너지의 55~70%를, 지방은 총 에너지의 15~30%를 권장한다. 청소년기에는 청량음료나 간식을 통한 단순당의 섭취 비율이 높고 야채 및 전곡류의 섭취는 낮으므로 복합당질 및 섬유소의 섭취를 증가시키도록 유도하여야 한다. 청소년의 지질 섭취량을 지나치게 제한하면 에너지 및 단백질 섭취가 부적절하게 되어 성장이 저해될 수 있다. n-6계 불포화지방산은 총 에너지의 4~8%를 섭취하고, n-3계 불포화지방산은 1% 내외로 섭취할 것을 권장한다. 다가불포화지방산, 단일불포화지방산, 포화지방산의 비를 1:1:1로 하고 n-6/n-3 비율을 4~10:1로 하며, 콜레스테롤의 섭취량은 1일 300mg을 넘지 않도록 한다.

4) 섬유소

청소년기의 섬유소 1일 충분섭취량은 남자 12~18세 25g, 여자 12~18세 20g이다.

5) 비타민

청소년기에는 급속한 성장을 위해 필요한 비타민을 충분히 섭취하여야 한다.

〈표 7-4〉 청소년기의 지용성비타민 섭취기준

성별	나이	비타민 A (㎍RE/일)			비타민 D (㎍/일)		비타민 E (mg α-TE/일)		비타민 K (㎍/일)
		평균	권장	상한	충분	상한	충분	상한	충분
남자	12~14세	510	700	2,100	5	60	10	380	70
	15~18세	590	850	2,400	5	60	12	430	80
여자	12~14세	470	650	2,100	5	60	9	380	65
	15~18세	440	600	2,400	5	60	10	430	65

〈한국영양학회. 한국인 영양섭취기준, 2010〉

(1) 비타민 A

비타민 A는 시력, 성장, 세포의 분화와 증식, 생식, 면역 능력 등에 반드시 필요하다. 비타민 A의 1일 권장섭취량은 남자 12~14세 700㎍RE, 15~18세 850㎍RE, 여자 12~14세는 650㎍RE, 15~18세는 600㎍RE이다.

(2) 비타민 D

골격의 석회화에 필요한 칼슘과 인의 항상성 유지에 관여하는 비타민 D는 골격이 빠르게 성장하는 청소년기에 요구량이 증가된다. 특히 사춘기에는 25(OH)-비타민 D_3이 $1,25(OH)_2$ 비타민 D_3으로의 대사가 증가한다. 청소년기의 비타민 D 1일 충분섭취량은 12~18세 남녀 모두 5㎍이다.

(3) 비타민 E

청소년기의 비타민 E의 1일 충분섭취량은 남자 12~14세 10mg α-TE, 15~18세 12mg α-TE, 여자 12~14세 9mg α-TE, 15~18세 10mg α-TE이다.

(4) 비타민 C

혈장 단백질 결합 조직 및 근육량이 급격히 증가하는 청소년들에게는 비타민 C가 충분히 공급되어야 한다. 비타민 C는 콜라겐 합성에도 관여하므로 청소년의 성장에 필수적이다. 비타민 C의 1일 권장섭취량은 남자 12~14세 100mg, 15~18세 110mg, 여자 12~18세 100mg이다.

(5) 티아민

티아민의 1일 권장섭취량은 남자 12~14세 1.1mg, 15~18세 1.3mg, 여자 12~14세 1.1mg, 15~18세 1.0mg이다.

(6) 리보플라빈

리보플라빈의 1일 권장섭취량은 남자 12~14세 1.5mg, 15~18세 1.7mg, 여자 12~18세 1.2mg이다.

(7) 니아신

청소년기의 니아신 1일 권장섭취량은 남자 12~14세 15mgNE, 15~18세 17mgNE, 여자 12~18세 14mgNE이다.

(8) 비타민 B_6

급격한 세포 성장과 질소 대사와 관련되는 수많은 효소계의 작용을 위해서 비타민 B_6의 필요량이 증가한다. 사춘기 동안 근육량이 급격하게 증가하는 소년들에게 특히 비타민 B_6가 충분히 공급되어야 한다. 비타민 B_6의 1일 권장섭취량은 남자 12~18세 모두 1.5mg, 여자는 12~18세 모두 1.4mg이다.

(9) 엽산

엽산은 DNA 합성에 있어서 중요한 역할을 하므로 세포의 증식과 성장이 왕성한 청소년기에 있어서 엽산의 섭취가 매우 중요하다. 엽산의 1일 권장섭취량은 12~18세 남녀 모두 400μgDEF이다.

〈표 7-5〉 청소년기의 수용성 비타민 섭취기준

성별	나이	비타민 C (mg/일)		티아민 (mg/일)		리보플라빈 (mg/일)		니아신 (mgNE/일)		비타민 B_6 (mg/일)		엽산 (μgDEF/일)	
		평균	권장	평균	권장	평균	권장	평균	권장	평균	권장	평균	권장
남자	12~14세	76	100	0.9	1.1	1.2	1.5	11	15	1.3	1.5	320	400
	15~18세	85	110	1.1	1.3	1.4	1.7	13	17	1.3	1.5	320	400
여자	12~14세	75	100	0.9	1.1	1.0	1.2	11	14	1.2	1.4	320	400
	15~18세	75	100	0.9	1.0	1.0	1.2	11	14	1.2	1.4	320	400

〈한국영양학회. 한국인 영양섭취기준, 2010〉

6) 무기질

(1) 칼슘

청소년기에는 전체 골격 성장의 45%가 이루어지므로 이 시기에 충분한 칼슘 섭취가 필요하다. 최고 칼슘 축적은 보통 소녀는 대략 13세, 소년은 14.5세에 이루어진다. 청소년기의 1일 칼슘 권장섭취량은 남자 12~18세 1,000mg, 여자 12~18세 900mg이다. 이러한 양의 칼슘을 섭취하기 위해서는 칼슘의 높은 함량뿐 아니라 이용면에서도 좋은 급원으로 평가되고 있는 우유 및 유제품을 많이 섭취해야 하고, 섭취한 칼슘의 체내 이용률을 증진시킬 수 있는 방안도 필요하다.

(2) 인

인의 1일 권장섭취량은 남자 12~18세 1,000mg, 여자 12~14세 900mg, 15~18세 800mg이다.

(3) 철분

청소년기에는 신장과 체중의 급속한 증가와 함께 근육량, 혈액량, 호흡계 효소의 증가에 따라 철분의 요구량이 많다. 특히 청소년기 여자의 경우는 월경으로 매달 철분의 손실이 늘어나기 때문에 요구량이 증가된다.

남자의 경우는 월경으로 인한 철 손실은 없으나 발육 정도가 여자에 비해 크다. 이를 근거로 철분의 1일 권장섭취량은 남자 12~14세 14mg, 15~18세 15mg, 여자 12~14세 13mg, 15~18세 17mg이다.

(4) 아연

청소년기는 신체의 급속한 성장과 성적 성숙이 이루어지는 시기이므로 아연의 섭취가 매우 중요하다. 청소년기에는 많은 양의 아연이 근육과 뼈에 저장된다. 아연은 체내에서 단백질 합성과 핵산대사에 중요한 역할을 하므로 세포 분열이 왕성하게 이루어지는 청소년에게는 아연이 결핍되는 경우가 많다.

아연이 결핍된 청소년은 성장이 지연되고 성적 성숙도 둔화된다. 아연의 체내 보유량은 성장기 동안에 급격히 증가하며, 이 시기에는 식사 내 아연의 이용률도 높다. 아연의 1일 권장섭취량은 남자 12~14세 8mg, 15~18세 10mg, 여자 12~14세 7mg, 15~18세 9mg이다.

(5) 구리

구리는 다양한 효소의 기능과 구조에 관련된 역할을 하므로 체중보다는 대사 체중과 성장 요인을 적용하여 성인의 필요량으로부터 청소년의 필요량을 추정한다. 구리의 1일 권장섭취량은 12~14세 남녀 모두 740㎍, 15~18세 남녀 모두 870㎍이다.

〈표 7-6〉 청소년의 무기질 섭취기준

성별	나이	칼슘 (mg/일)		인 (mg/일)		철 (mg/일)		아연 (mg/일)		구리 (㎍/일)	
		충분	권장	충분	권장	충분	권장	충분	권장	충분	권장
남자	12~14세	800	1,000	860	1,000	11.0	14	6.6	8	570	740
	15~18세	750	900	790	1,000	11.8	15	8.2	10	670	870
여자	12~14세	740	900	680	900	10.0	13	6.2	7	570	740
	15~18세	660	800	580	800	12.9	17	7.2	9	670	870

〈한국영양학회, 한국인 영양섭취기준, 2010〉

4. 청소년기의 식사 지도

1) 청소년을 위한 식사 구성안

급속한 성장을 하는 청소년기는 전 인생을 통하여 가장 많은 영양소 섭취가 필요한 시기로 다양한 식품군으로부터 충분히 섭취되어야 한다. 〈표 7-7〉은 청소년을 위한 권장 식사 패턴으로, 2010년에 발표된 한국인 영양섭취기준에 따른 식사 구성안을 이용하여 제시하였다.

2,600kcal가 권장되는 12~18세 남자에게 4회의 곡류, 6회의 고기 · 생선 · 달걀 · 콩류, 6회의 유지 · 당류가 공급되어야 한다. 2,000kcal가 권장되는 12~18세 여자에 있어서는 3회의 곡류가 제공되어야 하며, 4회의 고기 · 생선 · 달걀 · 콩류, 4회의 유지 · 당류가 공급되어야 한다.

우유 · 유제품류와 과일류는 청소년기의 남녀 모두 하루에 각각 2회 섭취가 권장되며, 채소류 역시 충분히 7회 제공되어야 한다.

〈표 7-7〉 청소년을 위한 권장 식사 패턴(식사 구성안 이용)

생애주기	성별	권장 식사 패턴	식품군별 권장 횟수					
			곡류	고기 · 생선 · 달걀 · 콩류	채소류	과일류	우유 · 유제품류	유지 · 당류
12~18세	남자	2,600kcal A타입	4회	6회	7회	2회	2회	6회
	여자	2,000kcal B타입	3회	4회	7회	2회	2회	4회

식품군별 권장 횟수 \ 식단		아침	점심	저녁	간식
		잡곡밥 두부된장국 어묵채소볶음 양배추샐러드 오이생채	쌀밥 콩나물국 갈치구이 김구이 배추김치	현미밥 미역국 제육볶음 호박나물 무생채	에그샌드위치 호상요구르트 우유 사과 오렌지
곡류	4회	잡곡밥 210g	쌀밥 210g	현미밥 210g	식빵 100g
고기 · 생선 · 달걀 · 콩류	5회	두부 40g 어묵 60g	갈치 120g	돼지고기 120g	달걀 30g
채소류	7회	양배추 70g 양파 35g 오이 70g	콩나물 35g 김 1g 배추김치 40g	미역 15g 양파 35g 호박 70g 무 35g	
과일류	2회				사과 1/2개(100g) 오렌지 1/2개(100g)
우유 · 유제품류	2회				우유 1컵(200mL) 호상요구르트 1개 (100g)

유지 · 당류(6회) : 조리 시 소량씩 사용됨

구분	식단	식단 사진	
		식사	간식
아침	잡곡밥 두부된장국 어묵채소볶음 양배추샐러드 오이생채		우유, 사과 
점심	쌀밥 콩나물국 갈치구이 김구이 배추김치		달걀샌드위치, 호상요구르트 
저녁	현미밥 미역국 제육볶음 호박나물 무생채		오렌지 

〈그림 7-4〉 청소년기 남자 12~18세(2,600kcal, A타입)

〈한국인 영양섭취기준, 한국영양학회, 2010〉

식단 / 식품군별 권장 횟수		아침	점심	저녁	간식
		쌀밥 미역국 궁중떡볶이 달걀찜 열무김치	검은콩밥 어묵국 돼지고기볶음 시금치나물 깍두기	보리밥 참치김치찌개 닭조림 양배추샐러드 겉절이	호상요구르트 우유 사과 귤
곡류	3회	쌀밥 105g 흰떡 65g	검은콩밥 210g	보리밥 210g	
고기 · 생선 · 달걀 · 콩류	4회	쇠고기 30g 계란 30g	어묵 30g 돼지고기 60g	참치 30g 닭 60g	
채소류	7회	미역 15g 당근, 표고, 양파 70g 열무김치 20g	무 35g 양파 35g 시금치 70g 깍두기 20g	김치 40g 양배추, 오이, 토마토 70g 겉절이 35g	
과일류	2회				사과 1/2개(100g) 귤 1개(100g)
우유 · 유제품류	2회				호상요구르트 1개(100g) 우유 1컵(200mL)

유지 · 당류(4회) : 조리 시 소량씩 사용됨

구분	식단	식단 사진: 식사	식단 사진: 간식
아침	쌀밥 미역국 궁중떡볶이 달걀찜 열무김치		호상요구르트 
점심	검은콩밥 어묵국 돼지고기볶음 시금치나물 깍두기		우유, 사과 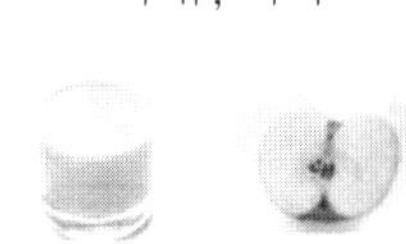
저녁	보리밥 참치김치찌개 닭조림 양배추샐러드 겉절이		귤 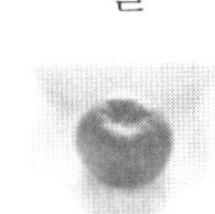

〈그림 7-5〉 청소년기 여자 12~18세(2,000kcal, A타입)

〈한국인 영양섭취기준, 한국영양학회, 2010〉

2) 청소년을 위한 식생활 실천 지침

청소년기 식사의 질은 식생활 습관에 영향을 주는 요인과 매우 깊은 관계가 있다. 따라서 보건복지부에서 청소년을 위한 식생활 실천 지침을 발표하였다.

채소, 과일, 우유 제품을 매일 먹자.
- 다양한 채소와 과일을 먹습니다.
- 우유를 매일 2컵 이상 마십니다.

튀긴 음식과 패스트 푸드를 적게 먹자.
- 스낵류와 튀긴 음식을 적게 먹습니다.
- 햄버거, 피자 등 패스트푸드를 적게 먹습니다.
- 가공식품과 인스턴트식품을 적게 먹습니다.

건강 체중을 바로 알고, 알맞게 먹자.
- 내 키에 맞는 체중을 압니다.
- 활동량을 늘리고 매일 운동합니다.
- 무리한 다이어트를 하지 않습니다.

음료로는 물을 마시자.
- 술은 절대 마시지 않습니다.
- 탄산음료를 적게 먹습니다.
- 물을 자주 마십니다.

아침을 꼭 먹자.
- 아침을 거르지 않습니다.
- 저녁을 제시간에 먹습니다.
- 한꺼번에 많이 먹지 않습니다.

위생적인 음식을 선택하자.
- 불량 식품을 먹지 않습니다.
- 가공식품의 영양 표시와 유통기한을 확인합니다.

밥을 주식으로 하는 우리 식생활을 즐기자.
- 하루에 두 끼 이상을 밥으로 먹습니다.
- 밥과 다양한 반찬을 갖추어 먹습니다.

5. 청소년기의 영양 상태에 영향을 미치는 요인

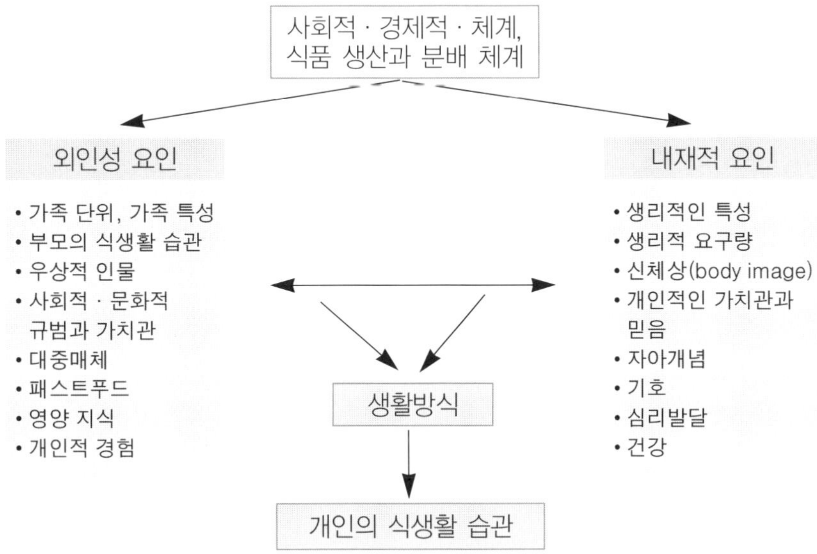

〈그림 7-6〉 청소년의 식생활 습관에 영향을 주는 요인
〈Worthington-Roberts BS, Williams SR, 2000〉

1) 아침 결식

아침 식사율에 대한 조사에서 다른 어떤 연령층에서보다 10대 청소년들이 가장 많이 아침 식사를 거르고 있다. 아침 식사를 결식하는 비율은 15~20%에 달하고 있으며, 결식하는 이유는 바쁜 등교 시간과 수면 부족으로 인한 식욕 부진을 들고 있다.

남학생보다 여학생이 아침 식사를 많이 거르는 데, 여학생이 아침 식사를 거르는 이유는 날씬해지기 위해서 식사 제한을 시도하기 때문이다. 많은 10대 여학생들은 아침이나 점심을 생략함으로써 체중 조절을 할 수 있다고 믿고 있다. 그래서 그들은 오전이나 점심 때가 되면 아침 식사를 간단하게 했을 때보다 더욱 시장기를 많이 느끼게 되어 과도한 열량을 섭취하게 된다. 결국 열량 섭취는 감소시키지 못하면서 여러 가지 영양소의 균형 잡힌 섭취만을 저해하게 된다. 이러한 잘못된 식사 습관과 영양 상태를 수정 · 증진시키기 위해서는 영양 교육자들은 영양 상담을 통하여 10대 청소년이 올바른 식생활 습관을 형성할 수 있도록 도와야 할 것이다.

2) 편의 식품 및 패스트푸드의 섭취

청소년들은 편의 식품을 쉽게 구입할 수 있는데 영화관, 운동 경기장, 즉석 식품 판매점, 편의점 등의 자판기 등을 통해서 음료와 식품을 자주 섭취하게 된다. 최고의 성장 속도를 나타내는 시기의 청소년은 자주 식품을 섭취할 필요가 있으며, 열량이 많은 식품을 이용할 수 있지만, 일단 성장이 완만해지기 시작하면 섭취하는 음식의 양이나 횟수를 줄여야 한다.

패스트푸드는 지방이 농축되어 있는 것이 많아 고열량이고 나트륨도 다량 함유되어 있는 반면 미량 영양소인 비타민과 무기질의 함량이 매우 낮다. 패스트푸드는 보통 식사에 영양소를 일부 공급할 수 있으나 청소년의 영양적 요구를 완전히 충족시킬 수는 없다. 따라서 패스트푸드는 균형 잡힌 정규 식사의 일부로서 섭취하는 것은 바람직하지만, 패스트푸드가 주식이 되어서는 곤란하다.

우리나라 청소년들은 식품 내 함유된 영양소에 대한 지식은 높은 반면, 함유 영양소량에 대한 개념은 매우 낮으며, 평소 많이 먹고 있는 간식 식품 내 함유된 열량이나 비슷한 열량을 함유한 식품에 대한 지식은 저조하였다. 그리고 간식이 하루 식사의 1/4을 차지하고 있으므로 균형 잡힌 영양 공급을 위해서는 이와 관련된 영양 교육의 필요성이 요구된다.

3) 흡연

미국 의무총감(Surgeon General)의 1989년도 보고서에서는 15세 이전에 흡연을 시작한 경우 폐암으로 인한 사망률이 비흡연자의 18.7배에 달한다고 하였다. 즉 청소년기의 흡연은 폐암으로 사망할 확률이 훨씬 높다.

담배가 우리 건강에 주는 독성은 주로 타르 속에 들어 있는 독성물질과 발암물질에 의한 것으로서, 타르는 담배 연기를 통해 폐로 들어가 혈액에 스며들어 세포, 장기에 피해를 주기도 하고 잇몸, 기관지 등에는 직접 작용하여 표피 세포 등을 파괴하거나 염증을 일으킨다. 니코틴은 마약과 비슷한 습관성 중독을 일으키는 물질로서 말초혈관을 수축하여 맥박을 빠르게 하고 혈압을 상승시킨다. 또한, 콜레스테롤을 증가시켜 동맥경화증을 악화시키며 그 외에도 소화기계, 내분비계, 호흡기계에도 나쁜 영향을 끼친다. 담배 1개피에는 1mg 이하의 니코틴이 들어 있으며, 40mg이면 치사량이 된다.

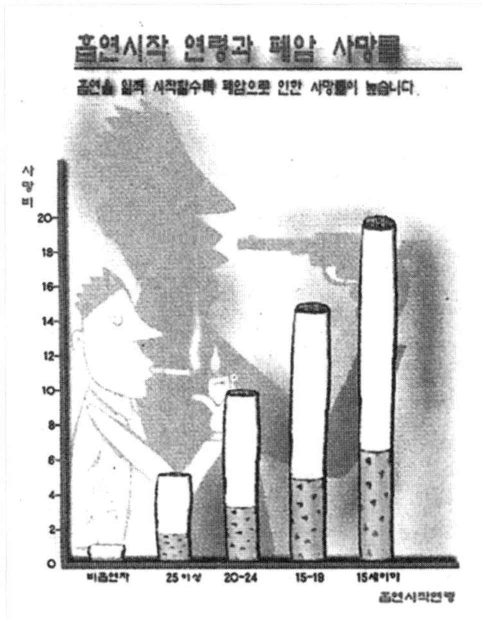

〈그림 7-7〉 흡연 시작 연령과 폐암 사망률

〈조선일보, 2001년 4월〉

담배 연기의 기체 성분에는 일산화탄소(CO)가 들어 있어 연탄 냄새를 지속적으로 맡고 있는 것과 같다. 그리고 이것은 혈액의 산소 운반 능력을 감퇴시켜서 만성적 산소증 현상을 나타내므로 신진대사에 장애를 주고 조기 노화 현상을 나타낸다.

담배 속에는 무려 4,000종이 넘는 여러 가지 유해한 화학물질이 함유되어 있고, 이 중에는 지금까지 밝혀진 것만으로 30여 종이나 되는 발암 물질이 포함되어 있다. 이들 유해 물질 중에는 흡연과 동시에 신체 각 조직과 장기에 피해를 주고 관련 신체 증상을 나타내는 것들도 있지만, 대부분은 긴 시간을 두고 몸에 축적되어 조직과 장기에 병적 변화를 일으키는 것들이다. 특히 담배의 가장 중요한 유해 물질인 타르와 니코틴, 그리고 일산화탄소는 암이나 심혈관 계통 질병의 원인이 되므로 신체 성장이 완성되지 않은 청소년기의 흡연은 이들 질병 발생 가능성을 높인다.

각 학교 학생들의 흡연율 실태 조사 결과, 우리나라 청소년들의 흡연 문제는 심각하다. 학생 흡연은 건강에 미치는 피해가 성인에서 흡연을 시작한 경우에 비해 엄청나게 크기 때문이다.

담배를 피우게 된 동기로는 호기심으로, 친구와 어울리기 위해, 스트레스 해소 등을 들 수 있다. 청소년 시기는 가족과 떨어져 친구들과 가장 많은 시간을 보내게 되며, 가족의 영향보다는 친구들의 영향을 더 많이 받는 시기이므로 고등학생들의 경우에는 호기심보다는 오히려 친구가 담배를 피우니까 따라서 피우는 경향이 높은 것으로 나타났다.

우리나라 청소년들은 학업이나 진로와 관련하여 스트레스를 많이 받는 환경 속에 있으면서도 청소년들이 갖고 있는 스트레스를 마음껏 해소할 수 있는 여건은 제대로 조성되어 있지 않은 편이다.

4) 음주

알코올은 1g당 7kcal로 에너지를 발생하지만, 다른 필수영양소들이 함유되어 있지 않으므로 다량 섭취하면 영양상의 불균형을 초래하게 된다. 청소년기에 알코올을 만성적으로 섭취하게 되면 뇌세포에 비타민과 같은 필수영양소의 공급에 차질이 생길 수 있는데, 이것은 알코올로 인한 영양 불균형과 대사적 요구량의 증가로 인한 영양 부족에 기인한다. 알코올은 청소년기의 정상적인 성장에 필수적인 아연과 엽산의 흡수를 방해하므로 청소년의 음주는 영양 상태에 매우 중요한 영향을 끼친다.

6. 청소년기의 영양과 관련된 문제들

1) 신경성 식욕부진증

신경성 식욕부진증(anorexia nervosa)은 사춘기 소녀나 젊은 여성들에게 나타나는 심각한 정신 생리학적 섭식 장애로 식욕이 부족하지 않은 사람이 심리적으로 먹을 수 없거나 음식을 스스로 거부함으로써 결국 극도로 쇠약해지는 질환이다.

신경성 식욕부진증을 가진 대다수가 청소년이며 여성이 대부분이다. 젊은 여성의 약 10%가 신경성 식욕부진증을 나타내는 것으로 보이고, 신경성 식욕부진증을 가진 10대 청소년의 약 5~10% 정도는 남성으로 여성과 동일한 증상을 보인다.

신경성 식욕부진 증상이 시작될 때 과체중인 경우가 있다. 처음 환자들은 체중 감소를 위해 친척이나 친구, 또는 건강 전문가와 체중 감소 계획을 상의하기 시작하는데, 잘못된 섭식 방법을 이용하기도 한다. 스스로 구토를 유도하거나 체중을 감소하기 위해 하제나 이뇨제를 사용하며 구토는 폭식으로 이어진다. 또한, 체중 감량을 위해 과도하게 강도 높은 운동과 단식을 병행함으로써 다량의 체지방이 감소하게 되어 무월경 상태가 된다.

에너지를 제한하는 정도의 초기 단계에는 체중 감소 이외에 다른 영양 불량은 나타나지 않으나, 장기간 계속되면 극심한 단식으로 인하여 체지방 고갈, 근육 소모, 무월경, 피부 건조, 탈모, 저혈압 등이 나타난다. 증세가 더욱 심각해 지면, 체액과 전해질의 불균형으로 체내의 항상성 유지가 어려우며, 전해질 불균형으로 심근장애가 나타나고 여러 가지 합병증이 생긴다.

우선 증세를 조기에 발견 · 진단하는 것이 신경성 식욕부진증을 치료하는 방법으로 매우 중요한 일이며, 정신 치료와 영양적 지원이 필요하다. 영양 전문가는 엄격한 식사 계획으로 환자에게 강요하기보다는 청소년의 요구를 참작하여 서서히 변화시켜야 한다.

2) 신경성 탐식증

신경성 탐식증(bulimia nervosa)은 가장 최근에 알려진 섭식 장애로서 한꺼번에 비정상적으로 많은 식품을 섭취한 후에 스스로 유도하는 구토와 설사를 반복한다. 일반적으로 탐식증 환자는 마구 먹기와 구토를 반복하는 동안 대개 정상 체중을 유지하게 된다. 10대의 신경성 식욕부진증 환자보다는 외모에 대한 왜곡과 체중 목표에 대한 제한도 다소 덜 심각한 편이며, 개시 연령도 신경성 식욕부진증보다 늦게 청소년기 후반에 나타난다.

신경성 탐식증을 가진 청소년은 주기적으로 다량의 음식을 먹은 후에 임의로 구토하고 하제를 섭취한다. 식품에 대한 생각이 왜곡되어 있기 때문에 도넛 1개도 폭식으로 생각하여 더 쉽게 구토하게 된다. 신경성 탐식증을 가진 청소년들은 치아 손상, 인후염, 기관지염, 식도염, 직장 출혈 등의 증상을 나타낸다. 생명을 위협하는 상황은 신경성 식욕부진증보다 드물다.

신경성 탐식증을 가진 청소년은 자존감이 극도로 저하되며, 자신의 신체에 모든 감정이 매여 있다. 외모와 체격이 원만한 편인데도 스스로 신체적 매력이 없다고 생각하며, 자신의 습관과 적당하지 못한 행동에 죄의식을 느끼고 있다. 신경성 식욕부진증의 청소년과는 대조적으로 자신에 대해 분노하고 후회하기도 한다. 자신의 비밀이 밝혀질지 모른다는 두려움 때문에 사회적 고립감도 계속된다.

신경성 탐식증을 치료하기 위해 심리치료와 영양요법이 동시에 병행되어야 한다. 심리치료에서는 환자가 죄의식으로부터 벗어나게 하는 것이 가장 중요하다. 또한, 환자가 자신을 존중하는 마음을 회복시키고, 왜곡된 목표 설정을 수정하고, 음식으로 고민을 해결하려는 행동을 고쳐야 한다. 더욱 바람직한 것은 환자의 가족이나 친구가 그 치료에 동참하도록 하는 것이다.

3) 비만

섭식 장애의 또 다른 것 중의 하나가 10대 청소년 비만이다. 비만은 신경성 식욕부진증과는 다르게 비정상적으로 체중이 증가된 상태이다. 비만의 원인은 심리적 요인과 생리적 요인으로 크게 분류할 수 있으며, 이 두 가지 요인이 복합적으로 작용하여 비만이 유발될 수 있다.

체중이 과다한 10대 청소년은 외모에 열등감을 가지고 있다. 열등감의 정도와 내용은 체중, 성별, 생활 환경 및 비만이 시작된 시기 등에 따라 달라진다. 신경성 섭식장애를 갖고 있는 청소년과 마찬가지로 많은 비만 청소년들도 자신의 체중 상태에 지나치게 예민한 반응을 나타낸다. 평소 체중 과다 또는 비만인 청소년은 대인관계나 주변 환경에 소극적인 면을 보인다. 이런 소극적 태도는 체중을 증가시켜서 사회적 고립, 운동 부족, 섭식 행위의 이상, 가족 간의 불화 등을 나타낸다.

대부분의 비만 청소년들은 영아기 때에도 비만했던 경우가 많으며, 이들 중 2/3 이상은 성인기 이후까지 비만하게 된다. 그러므로 비만의 가장 효과적인 치료는 예방이라고 할 수 있다. 식사요법은 비만 치료의 근본이며, 열량 섭취가 소모보다 적어서 체내에 축적된 지방으로부터 필요한 열량을 공급받아 사용하게 하는 것이다. 저열량 식사(low calorie diet, LCD)가 권장되는데, 이는 체중을 감소시키면서도 균형 잡힌 영양과 건강 증진에 적합해야 한다. 운동 또한 비만의 예방과 치료에 중요한 요인이 되지만 열량 제한 없이 운동만으로 체중을 감소시키기는 것은 어렵다. 따라서 신체적 활동을 통한 열량 소모를 증가시키는 것과 함께 열량 섭취를 감소시키는 것이 효과적인 치료 방법이다.

비만 청소년의 행동 치료는 먼저 불량한 식생활 습관을 초래하는 요인을 찾는 것부터 시작한다. 먹는 음식의 종류, 장소, 시간, 자세, 감정 상태에 대한 일기를 적도록 한 후에 이 기록으로부터 비만의 원인을 밝혀낸 다음 과식을 피하는 방법을 찾도록 한다. 행동 수정에 의한 비만 치료는 열량 제한 식사, 운동요법과 함께 사용함으로써 훨씬 더 좋은 효과를 나타낸다.

비만 청소년들의 잘못된 식생활 습관 수정과 식품 섭취에 대한 훈련은 장기간이 소요되며, 영양 전문가와 부모, 교사들은 비만 청소년이 치료 단계에서 스스로 자신들의 행동에 책임을 질 수 있도록 격려와 지원을 아끼지 않아야 한다.

4) 고혈압과 고지혈증

고혈압은 동맥혈압이 지속적으로 높은 상태로서 WHO의 분류에 의하면 안정 시 수축기 혈압이 140mmHg, 이완기 혈압이 90mmHg를 초과한 경우를 말한다. 부모 한쪽이 고혈압이면 그 자녀의 약 50%가, 부모 모두 고혈압이면 자녀의 70%에서 고혈압이 발생하는 것으로 보고되어 있어서 유전적인 원인이 가장 중요한 인자이며, 그 외에 고지혈증, 흡연, 당뇨병 등의 위험 요인들을 가지고 있다.

청소년이 고혈압이 있거나 그 질환에 대한 가족력을 가지고 있다면, 나트륨과 에너지 섭취를 조절하는 식사요법을 장기간 계속해야 한다. 고지혈증의 경우에는 지방과 에너지 섭취량이 조절되어야 한다. 모든 청소년들에게 나트륨, 지방, 에너지의 과도한 섭취는 심장혈관 질환과 관련되기 때문에 주의해야 한다.

혈청 내 중성지방이나 콜레스테롤 농도가 상승되어 있는 고지혈증은 동맥경화증과 같은 심혈관계 질환의 1차적 위험 요인으로 간주된다. 고지혈증은 혈중 중성지방 및 콜레스테롤이 비정상적으로 증가된 상태를 말한다. 콜레스테롤은 세포막과 스테로이드계 호르몬의 성분으로 정상적인 신체 기능의 유지를 위해 필수적이나 혈액 중에 지나치면 동맥벽에 플라크를 형성하여 혈액의 흐름을 방해하게 된다.

체내 콜레스테롤의 대부분은 당질, 지방, 단백질 대사의 중간산물로부터 주로 간에서 합성된 것이며 나머지는 식사를 통해 섭취된 것이다. 고지혈증의 식사요법으로는 혈중 콜레스테롤을 높이는 포화지방산이 높은 동물성 지방뿐만 아니라 식물성 급원인 팜유, 코코넛유, 경화 마가린 등의 섭취를 제한하고, 난황이나 내장류와 같은 고콜레스테롤 함유 식품과 중성지방의 수치를 높이는 단순당과 알코올의 섭취를 제한해야 한다.

또한, 성인의 동맥경화는 대부분 어린 성장기부터 시작되고 있으며 20세 이전에 조기 발견하여 치료하면 혈관 내부에 축적된 지방이 완전히 제거되지만 30~40대에 일단 섬유화된 동맥경화는 원상태로 회복되지 않는다.

5) 철 결핍성 빈혈

학동기를 넘어서면서부터 12~18세 사이의 청소년의 급격한 성장기에는 철분의 필요량이 증가한다. 소녀들의 경우에는 월경을 시작한 후에 철 결핍성 빈혈이 나타나기도 한다. 청소년의 약 10% 정도가 철분 보유량이 낮거나 빈혈과 관련되어 있다.

모든 청소년들은 간, 내장, 말린 과일, 말린 콩, 견과류, 살코기, 전곡, 강화 곡류 및 녹색 채소와 같은 철분이 많이 들어 있는 좋은 급원을 선택할 필요가 있다. 동물성 단백질을 섭취하면 철분 흡수와 헤모글로빈 합성을 촉진시키며, 비타민 C의 섭취는 철분을 제1철로 환원시켜 흡수를 높인다. 월경이 과다한 여자 청소년들은 철 결핍성 빈혈에 더 위험할 수 있으므로 철분 급원 식품의 충분한 섭취와 철분 제제의 복용도 필요할 수 있다. 철 결핍성 빈혈의 증세는 피로를 나타내며, 집중하여 배울 수 있는 능력이 감소된다. 그리고 일반적으로 활동적인 생활 방식을 좋아하지 않는다. 학교 공부와 운동의 수행 능력도 떨어지게 되어 고통을 받게 된다.

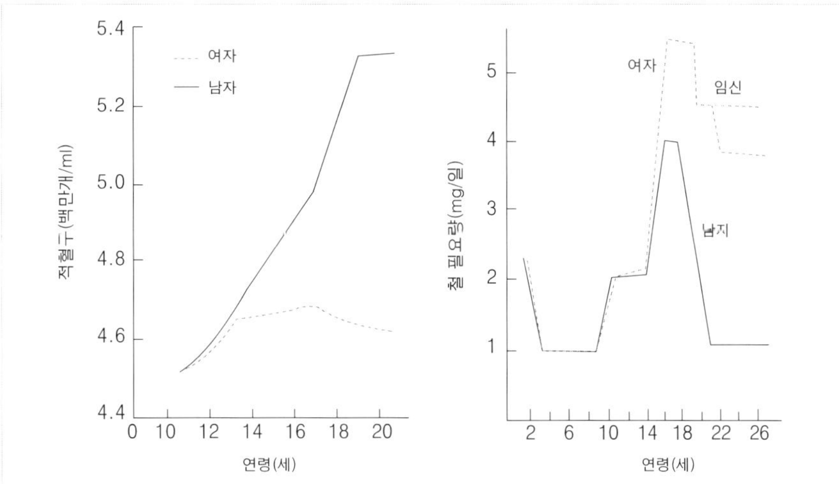

〈그림 7-8〉 연령별 적혈구량의 증가와 철 요구량의 변화

〈Kretchmer N, Zimmermann M, 1997〉

〈표 7-8〉 철 결핍성 빈혈 판정 기준

성별	나이	헤모글로빈 (g/dL)	헤마토크릿 (%)	성별	나이	헤모글로빈 (g/dL)	헤마토크릿 (%)
남자	12~14세	12.5	37.3	여자	12~14세	11.8	35.7
	15~18세	13.3	39.7		15~18세	12.0	35.9

〈CDC, 1998〉

참고문헌

한국영양학회, 〈한국인 영양섭취기준〉, 2010

김은경 · 남혜원 · 박영심 · 명춘옥 · 이기완, 《생활주기 영양학》, 신광출판사, 2001

보건복지부, 〈2001년 국민건강 · 영양조사〉, 2003

홍창호, 〈청소년기의 신체변화와 청소년의학〉, 국민영양 11 : 2~5, 1993

박상화 · 임달오 · 조진만, 〈우리나라 초령발한시기의 추이에 관한 연구〉, 한국학교보건학회지, 5(2) : 66~73, 1992

박성효 · 정낙원 · 이효지, 〈서울시내 남 · 여 고등학생들의 식습관과 건강상태에 관한 연구〉, 한국조리과학회지 7(1) : 67~80, 1991

하점순 · 이효지, 〈중학생의 식행동이 건강상태와 학업성취도에 미치는 영향〉, 대한가정학회지 33(3) : 225~242, 1995

송윤주 · 정효지 · 김영남 · 백희영, 〈서울 지역 일부 아동 및 청소년의 성장발달 및 식생활 비교연구〉, 한국영양학회지 39(1) : 44~57, 2006

김향숙 · 이일하, 〈대도시 여고생의 비만실태와 식생활 양상에 관한 연구〉, 한국영양학회지 26(2) : 18~188, 1993

이종호, 〈비만증의 치료〉, 한국영양학회지 23(5) :345~350, 1990

맹광호, 〈학교흡연예방교육〉, 2001

박명윤, 〈청소년 흡연실태와 대책〉, 한국학교보건학회지 5(2) : 24~30, 1992

최진숙, 〈청소년기 섭식장애〉, 대한의학협회지 34(11) : 1179~1182, 1991

이규희 · 김은경 · 김미경, 〈강릉대 일부 여대생의 철분 영양상태에 관한 연구〉, 지역사회영양학회지 2(1) : 23~32, 1997

이선희 · 류옥남 · 박계월 · 김은경, 〈강릉지역 일부 사춘기 소녀의 철분영양상태에 관한 연구〉, 대한지역사회 영양학회지 4(2) : 139~148, 1999

Bonnie S. Worthinton-Roberts & Sue Rodwell Willams ; Nutrition Throughout The Life Cycle, Third Ed., Mosby-Year Book, Inc., 1996

Peggy L. Pipes & Cristine M. Trahms ; Nutrition in Infancy and Childhood, Fifth Ed. Mosby-Year Book, Inc., 1993

CHAPTER

08 성인기 영양

1. 성인기 영양의 특성
2. 성인기의 영양섭취기준
3. 성인기의 영양 및 건강 문제
4. 성인기의 식생활관리
5. 갱년기 여성의 건강관리

CHAPTER

08 성인기 영양

1. 성인기 영양의 특성

성인기는 대개 만 19세에서 64세로 성장에 따른 신체적 · 정신적 변화가 끝나면서 부분적 노화가 시작되나 일생에서 가장 안정된 시기라고 볼 수 있다. 성인기에는 성장보다 유지를 위한 대사 과정이 이루어지며, 이 시기의 영양필요량은 유지에 요구되는 양만 필요하므로 성장기보다 적다. 또한, 정신적 · 육체적으로 사회활동을 가장 왕성하게 하는 시기이므로 최적의 건강을 유지하는 것이 중요하다. 그러나 성인은 가정과 사회에서 중추적 역할을 담당하게 됨에 따라 스트레스를 크게 받는다. 그리고 식생활관리의 소홀로 인해 성인병이 발생할 수 있으며 서서히 노화가 진행되기도 한다. 따라서 성인기의 건강은 건전한 식생활 습관뿐만 아니라 운동 여부, 흡연, 음주, 스트레스 관리 방법에 따라 많이 좌우되며, 성인병 예방을 위한 건강 및 영양관리에 중점을 두어야 한다.

1) 신체적 특성

성인기는 사춘기의 급격한 성장 발달과는 달리 신체적 변화가 적으며 기능적으로도 안정된 시기이다. 대부분의 신체기관은 18세경에 생리적 성숙 상태에 도달한다. 근골격계 발달 중 최대 신장은 20대 초반에 완성되나 최대 근육 강도는 최대 신장 5년 후에 나타나며, 골질량은 30대 초반까지도 축적되어 약 35세에 최대골질량에 도달하게 된다. 이러한 결과 20대 후반이나 30대 초반에 신체의 크기와 체력 및 성숙도가 정점에 달한다. 이 시기에 신장도 정점에 도달하며 이후 신장의 변화 없이 체중은 지속적으로 증가하여 체질량지수도 증가하게 된다.

체중의 증가와 함께 체 조성의 변화도 일어난다. 체중이 증가함에도 불구하고 제지방 조직은 줄어들고 체지방량은 늘어난다. 제지방 조직은 주로 골격과 근육으로 구성되어 있다. 체내 칼륨과 단백질 함량을 측정함으로써 알 수 있는 근육량은 10년마다 2~3%씩 감소한다. 골격량의 지표가 되는 체내 칼슘 함량 역시 성인기 동안 감소하는데, 남자의 경우 25~35세 사이에 감소하는 양상을 보인다. 반면 여자는 폐경과 관련해서 50대 이후에 체내 칼슘이 급격히 감소한다〈그림 8-1〉.

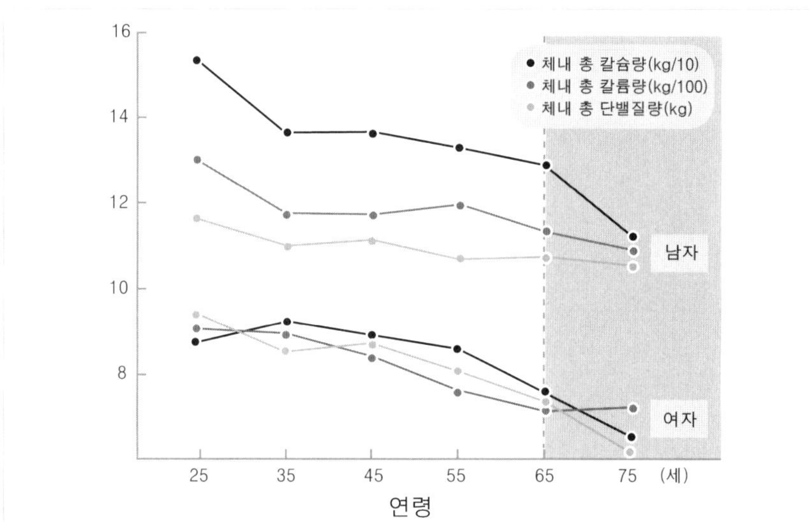

〈그림 8-1〉 성인기 동안의 체 성분 변화
〈Christian JL · Greger JL, Nutrition for Living, 1990〉

체지방의 증가는 양에너지 평형의 정도에 따라 다르다. 체 조성의 이러한 변화는 비만과 관련성이 높은 질병인 제2형 당뇨병, 이상지질혈증, 심 · 순환기계 질환, 고혈압, 담낭질환, 체중 과부하로 인한 골관절염 및 각종 암의 발생률을 높여 성인기의 건강 상태를 불량하게 할 수 있다.

2) 생리적 특성

대부분의 신체 기능은 20대 중반이 되면 완전히 발달하여 최고에 달하지만, 그 후 점차 감소한다. 30대 이후 연령 증가에 따른 신체 기능의 감소 정도는 〈그림 8-2〉와 같다. 일반적으로 중년기까지의 감소 정도는 완만하다가 50대 이후 급격히 떨어짐을 볼 수 있다. 그러나 이러한 신체 기능의 감소 정도는 개인의 영양 상태와 운동량 및 기타 건강 상태에 따라 그 변화의 정도가 달라진다.

뇌의 무게가 반드시 기능과 비례하는 것은 아니지만 40세 정도에도 청년기의 98% 이상, 70대 이후에도 청년기의 92% 수준으로 비교적 잘 유지되고 있다. 신경 전달 속도도 뇌의 무게와 비슷하게 비교적 덜 감소하는 편이다.

성인기에는 점차 나이가 들면서 근육량이 줄어들며 이에 따라 기초대사율도 감소하게 된다. 심장, 신장, 폐의 기능은 뇌나 신경계와 달리 중년기에 상당히 저하된다. 안정 시 심박출량은 30대 후반부터 급격히 감소하여 40대 중반에서 50대 말까지 서서히 저하되는 반면, 신장의 여과율은 40대 후반까지 원활한 기능을 유지하다가 그 이후 급격히 감소한다. 폐 기능을 대변하는 최대 호흡 능력은 나이가 들면서 제일 급격하게 감소되어, 이미 40대 후반에 최고치의 80%에 이르며 50대 중반까지 급격히 감소하여 최고치의 60% 수준까지 감소한다.

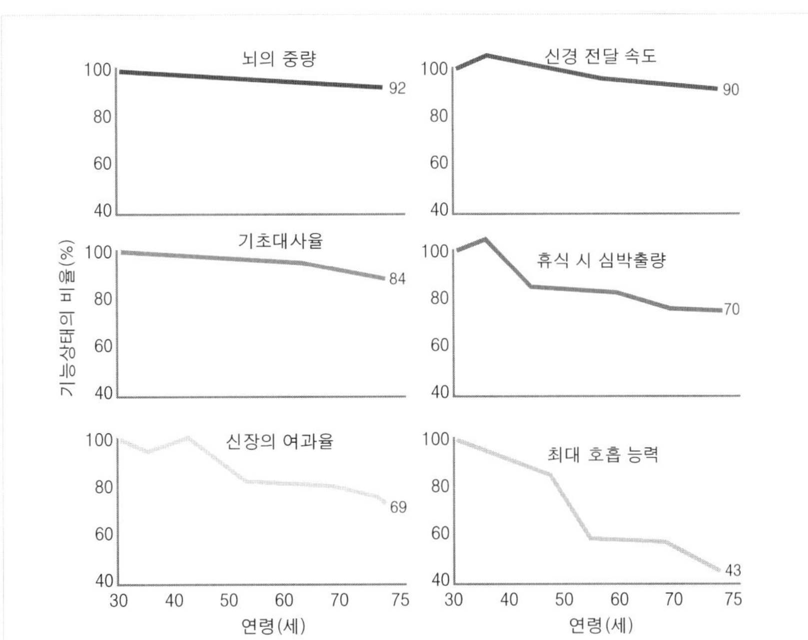

〈그림 8-2〉 가령에 따른 여러 가지 기능의 손실
〈Christian JL · Greger JL, Nutrition for Living, 1990〉

3) 사회 · 심리적 특성

성인기에는 신체적 변화보다는 사회 심리적 요인이 영양 상태에 큰 영향을 미친다. 특히 남성의 경우 연봉제, 능력별 대우 등 심한 경쟁 체제 속에서의 사회활동에 의해 스트레스가 많이 쌓이게 된다. 그리고 여성은 가사 노동, 육아와 자녀 교육에 대한 부담, 특히 직장 여성의 경우 일과 가정을 병행해야 하는 이중 부담을 안고 있다.

중년기는 사회적 · 경제적 지위가 정점에 도달하였으나 성취감보다는 하강과 은퇴를 감지하여 무기력해지기 쉬운 시기이다. 특히 조기 퇴직을 한 경우에는 경제적 압박, 소외감, 우울감 등 사회 심리적 변화도 크지만 신체적으로도 갱년기 증상이 나타나며 여러 변화를 겪게 된다. 더구나 중년기 이후의 여성들에게는 폐경을 전후한 갱년기 증상으로 심리적 불안, 우울증 등이 오기 쉽다.

4) 생활 습관적 특성

현대인들은 직장 및 가정에서 작업 수단의 기계화와 자동화, 교통 및 통신 수단의 발달로 생활의 편리를 누리는 반면, 신체적 활동의 기회가 줄어들었다. 이에 따라 운동 부족 현상이 초래되어 질병의 위험 요인으로 작용하고 있다. 더구나 현대인들은 음주 및 외식의 기회가 많아 과다한 열량 섭취에 의한 체중 증가도 우려 되는 상황이다. 특히 우리나라 40대 남성의 경우에는 경제 활동에 의한 스트레스와 과다한 음주, 흡연 등으로 OECD 회원국 중 40대 사망률 1위에 이르고 있다. 따라서 정상 체중을 유지하고 규칙적인 운동을 하며 여러 가지 식품을 바르게 섭취하고 음주, 흡연 및 스트레스를 줄이는 것이 무엇보다 필요하다.

2. 성인기의 영양섭취기준

2010 한국인 영양섭취기준 개정 시 체위 분과에서 성인기의 시작을 미국, 유럽 및 동남아 지역의 추세에 맞춰서 20세에서 19세로 하향 조정하였다. 따라서 성인기는 19~64세이며, 이를 19~29세, 30~49세, 50~64세로 구분하여 영양섭취기준을 책정하였다.

사춘기를 거치면서 성인기에는 남녀의 뚜렷한 신체적 차이가 나타난다. 즉 여성은 남성에 비하여 체격이 작을 뿐만 아니라 체조성에도 차이가 있다. 남성은 근육질이 많은 반면 여성은 피하지방 축적량이 많아, 대부분의 권장섭취량이 남성에서 더 높다. 성인기 이후 근육량은 10년에 2~3%씩 감소하여 기초대사량도 줄어들게 된다.

1) 에너지

성인기에는 더는 성장을 위한 에너지는 필요하지 않으나 원활한 신진대사와 신체적 · 정신적 활동을 위해 에너지가 필요하다. 현재 한국인의 영양섭취기준에서 성인기는 3개의 연령군으로 구분되고 있는데, 이는 각 연령군의 체격, 즉 신장과 체중의 차이에 근거한 분류일 뿐 모두 동일한 에너지 필요추정량 공식을 적용하고 있다. 이때 성인의 기준 체중은 신장 기준치를 사용하여 BMI가 22가 되는 체중 값을 사용하고, 활동계수로는 저활동적 수준을 적용하고 있다.

현재 우리나라 성인의 에너지 필요추정량은 19~29세, 30~49세 및 50~64세 남자의 경우 각각 2,600kcal, 2,400kcal, 2,200kcal이고, 여자의 경우에는 각각 2,100kcal, 1,900kcal, 1,800kcal이다〈표 8-1〉.

[TIP] 성인의 에너지 필요추정량 산출식

남자 : 662 − 9.53 × 연령(세) + PA[15.91×체중(kg) + 539.6 × 신장(m)]

PA = 1.0(비활동적), 1.11(저활동적), 1.25(활동적), 1.48(매우 활동적)

여자 : 354 − 6.91 × 연령(세) + PA[9.36 × 체중(kg) + 726 × 신장(m)]

PA = 1.0(비활동적), 1.12(저활동적), 1.27(활동적), 1.45(매우 활동적)

〈보건복지부 · 한국영양학회 · 식품의약품안전청, 한국인 영양섭취기준, 2010〉

〈표 8-1〉 에너지의 필요추정량

성 별	연령(세)	신장(cm)	체중(kg)	에너지 필요추정량(kcal)
남자	19~29	173	65.8	2,600
	30~49	170	63.6	2,400
	50~64	166	60.6	2,200
여자	19~29	160	56.3	2,100
	30~49	157	54.2	1,900
	50~64	154	52.2	1,800

〈보건복지부 · 한국영양학회 · 식품의약품안전청, 한국인 영양섭취기준, 2010〉

건강한 성인 남자를 대상으로 연구한 결과, 20세 때부터 총 에너지 소비량이 매년 12~13kcal/일 정도씩 감소하는 것으로 나타났는데, 이 중 약 5kcal는 기초대사량의 감소 때문이고, 나머지는 신체 활동량이 줄어들기 때문이었다. 따라서 중년이 되어도 예전과 같은 열량을 섭취할 경우 살이 찌게 된다. 한편 성인기 만성질환의 예방을 위한 에너지 적정 비율(acceptable macronutrient distribution ranges, AMDR)은 탄수화물 55~70%, 지질 15~25%, 단백질 7~20%이다〈표 8-2〉.

〈표 8-2〉 성인의 에너지 적정섭취비율

영양소		에너지 적정섭취비율
탄수화물		55~70%
단백질		7~20%
지 질	총 지방	15~25%
	ω-6(n-6)계 지방산	4~8%
	ω-3(n-3)계 지방산	1% 내외
	포화지방산	4.5~7%
	트랜스지방산	1% 미만
	콜레스테롤*	300mg/일 미만

*목표섭취량

〈보건복지부 · 한국영양학회 · 식품의약품안전청, 한국인 영양섭취기준, 2010〉

2) 단백질

성인의 경우 단백질은 근육량과 체단백질의 합성 감소로 청소년보다 필요량이 적지만, 기존 조직을 유지하기 위한 구조 단백질과 효소, 호르몬 등의 형성, 운반 및 저장, 항체 형성, 체액 및 산·염기의 균형 유지 등을 위해 필요하다. 또한, 신체의 에너지원으로 쓰이거나 포도당 합성을 위해 필요한 탄소를 제공한다. 성인의 경우 단백질의 평균필요량은 0.66g/kg/일이며, 이를 바탕으로 기준 체중에 맞추어 단백질의 평균필요량을 계산하였고, 권장섭취량은 평균필요량에 변이계수 12.5%를 적용하였다〈표 8-3〉.

만약 당질 또는 지질의 섭취가 낮아 인체가 필요한 만큼의 에너지를 충분히 공급해주지 못한다면 단백질이 에너지 생산을 위해 사용되므로 체 조직의 소모가 일어난다.

〈표 8-3〉 단백질의 영양섭취기준

연령(세)	남 자		여 자	
	평균필요량(g)	권장섭취량(g)	평균필요량(g)	권장섭취량(g)
19~29	45	55	40	50
30~49	45	55	35	45
50~64	40	50	35	45

〈보건복지부·한국영양학회·식품의약품안전청, 한국인 영양섭취기준, 2010〉

3) 탄수화물

탄수화물의 필요량 설정은 케토시스(ketosis)를 예방하고 체내에 필요한 최소한의 포도당을 공급하는 양을 기준으로 한다. 케톤증을 예방하기 위해서는 하루에 50~100g의 탄수화물은 섭취해야 한다. 한편 탄수화물을 정제된 식품으로 과량 섭취하면 과체중과 비만의 위험을 증가시키며 혈액 내 중성지방량을 증가시키고, HDL-콜레스테롤을 감소시키며 LDL 농도를 증가시키는 등 여러 만성질환의 위험을 증가시킨다. 따라서 탄수화물의 경우 도정되지 않은 곡류, 채소, 두류 및 과일 등과 같이 혈당지수가 낮은 복합 탄수화물 형태로 섭취하는 것이 바람직하다. 복합 탄수화물은 섬유소를 다량 함유하고 있으므로 장의 운동을 도와주어 변비나 장질환의 예방에도 효과적일 뿐 아니라, 혈중 지질 수준을 낮추고 나아가 만성질환의 발생 위험을 줄인다. 식이섬유의 충분섭취량은 12g/1000kcal를 설정 근거로 하여 성인 남자의 경우 25g, 성인 여자는 20g으로 설정하였다.

4) 지질

지방은 에너지 밀도가 높기 때문에 소화기 부담의 경감, 지용성비타민의 섭취 및 흡수 촉진, 필수지방산의 공급, 비타민 B_1의 절약, 세포막 및 뇌, 신경 기능의 유지 등에 있어 매우 중요하다. 그러나 고지방 식사나 포화지방과 콜레스테롤 함량이 높은 식사는 비만을 유발시키거나 동맥 경화 및 심장질환 발생과 관련이 있으므로 성인기 식사에서 적절한 지방 섭취 조절이 필요하다. 성인기에 지방의 에너지 적정섭취비율은 15~25%이다. n-6/n-3 지방산 섭취의 적정 비율은 4~10%이며, n-3 지방산의 섭취를 강조하기 위하여 등푸른생선, 콩제품, 들기름 등의 섭취를 높이도록 한다. 콜레스테롤은 남녀 모두 1일 300mg 미만을 섭취하도록 권장한다〈표 8-2〉.

5) 비타민

균형 잡힌 식사를 하고 여러 가지 식품을 골고루 먹고 있다면 성인의 비타민 권장량만큼은 충분히 섭취할 수 있으므로, 특별히 비타민 영양제를 복용할 필요가 없다. 단 식품 섭취가 불량하거나 질병이 있을 때는 개별적으로 비타민의 보충이 필요할 수도 있다.

(1) 지용성비타민

한국인은 주로 식물성 식품에서 비타민 A를 섭취하고 있기 때문에 서양인에 비해 혈중 레티놀 수치는 낮은 반면 β-카로틴은 높은 것으로 보고되고 있다. 최근 항산화작용으로 인하여 만성질환의 예방 및 치료에 효과가 있다고 알려진 β-카로틴은 식품에 포함되어 있을 때에는 독성이 거의 없으나, 보충제의 경우 폐암 발생 위험을 증가시키므로 β-카로틴은 보충제의 형태보다는 시금치, 당근, 토마토, 감, 귤, 푸른 잎 채소 등과 같은 식품으로 섭취하는 것이 바람직하다.

비타민 D는 햇빛과 식사를 통해 공급되어 체내 골격과 칼슘 대사에 중요한 역할을 한다. 햇빛을 충분히 쪼이면 비타민 D의 섭취가 불필요하다고도 할 수 있으나 50세 이상에서는 피부에서 비타민 D의 합성 능력이 감소하고 햇빛에 노출될 기회가 줄어들어, 골다공증과 골절 위험이 증가하므로 비타민 D를 충분히 섭취하는 것이 바람직하다.

비타민 E는 항산화 작용을 통해 세포막의 불포화지방산들이 과산화 상태로 진전되는 것을 막아주므로 직혈구의 용혈이나 근육 및 신경세포의 손상을 억제한다. 그리고 T-림프구의 기능을 유지하므로 면역력 증강 및 항암 효과도 나타낸다. 그러므로 신체 기능을 최적의 상태로 유지하고 노화를 지연하기 위해서는 성인기에 비타민 E의 영양은 매우 중요하다.

비타민 K는 대부분의 식품에 다량 함유되어 있으며 일부는 장내 세균으로부터 합성되어 공급된다〈표 8-4〉.

〈표 8-4〉 지용성비타민의 영양섭취기준

구분	연령	비타민 A(μgRE)	비타민 D(μg)	비타민 E(mg α-TE)	비타민 K(μg)
		권장섭취량	충분섭취량	충분섭취량	충분섭취량
남자	19~29	750	5	12	75
	30~49	750	5	12	75
	50~64	700	10	12	75
여자	19~29	650	5	10	65
	30~49	650	5	10	65
	50~64	600	10	10	65

〈보건복지부 · 한국영양학회 · 식품의약품안전청, 한국인 영양섭취기준, 2010〉

(2) 수용성비타민

비타민 B_1, B_2, 니아신은 에너지대사에 중요한 역할을 담당한다. 비타민 B_1은 남자의 경우 1일 1.2mg, 여자의 경우는 1.1mg을 섭취하도록 하며, 열량 섭취량이 감소하여도 1일 1.0mg 이상 섭취하도록 한다. 알코올 중독자의 경우 비타민 B_1 결핍이 나타나기 쉬우며, 신장 투석 환자, 장기간 경관급식 환자, 매일 다량의 차를 마시는 사람들도 비타민 B_1 결핍 위험이 높다.

비타민 B_2의 임상적인 결핍증은 드물지만 경구 피임약을 복용하는 여자, 당뇨병 환자, 알코올 중독자, 간질 환자 등에서 생화학적 결핍증이 보고되고 있다. 성인 남자의 비타민 B_2 권장섭취량은 1.5mg, 여자는 1.2mg이다.

니아신 역시 에너지대사에서의 중요성을 감안하여 하루 평균 남자 16mg NE, 여자 14mg NE를 권장한다. 식품으로부터 섭취한 니아신에 의한 부작용은 보고된 바 없으나 보충제 및 강화식품, 약물 등을 복용할 경우 유해한 효과가 나타날 수 있다. 성인 남녀의 엽산 권장량은 400㎍ DFE이다.

엽산이 강화되지 않은 일반 식품을 통해서는 유해 영향이 나타나지 않지만, 강화식품이나 엽산 보충식품의 과량 섭취는 신경계의 손상을 악화시킬 수 있다.

성인의 비타민 C 권장섭취량은 100mg이나, 흡연으로 인해 비타민 C의 소모량이 증가하므로 흡연자는 비흡연자에 비해 30mg을 더 섭취하도록 권장하고 있다〈표 8-5〉.

〈표 8-5〉 수용성비타민의 권장섭취량

구분	연령(세)	비타민B_1 (mg)	비타민B_2 (mg)	니아신 (mg NE)	비타민B_6 (mg)	엽산 (㎍ DFE)	비타민B_{12} (㎍)	비타민C (mg)
남자	19~29	1.2	1.5	16	1.5	400	2.4	100
	30~49	1.2	1.5	16	1.5	400	2.4	100
	50~64	1.2	1.5	16	1.5	400	2.4	100
여자	19~29	1.1	1.2	14	1.4	400	2.4	100
	30~49	1.1	1.2	14	1.4	400	2.4	100
	50~64	1.1	1.2	14	1.4	400	2.4	100

〈보건복지부 · 한국영양학회 · 식품의약품안전청, 한국인 영양섭취기준, 2010〉

6) 무기질

(1) 칼슘

35세까지는 골격 형성을 위하여, 35세 이후에는 골격 유지를 위하여 지속적으로 칼슘은 요구된다. 칼슘의 권장섭취량은 남자의 경우 19~49세 750mg, 50~64세 700mg이며, 여자의 경우에는 19~49세 650mg, 50~64세 700mg이다. 폐경기 여성의 경우 만성질환 및 골다공증 예방에 초점을 두어, 추가로 손실되는 양을 감안하여 권장섭취량을 700mg으로 하였다. 50세 이후의 여성은 골격장애에 민감하므로 충분한 칼슘 섭취가 더욱 강조된다.

우리나라 성인의 칼슘 권장섭취량은 유제품 섭취가 많지 않은 사람들의 경우, 특별히 신경을 써야 충족할 수 있는 양이다. 국민건강 영양조사에 의하면 우리나라 국민의 1인 1일 칼슘 섭취량은 1969년 이후 지금까지 400~600mg으로 매우 부족한 실정이다. 칼슘의 식품 급원을 평가할 때 생체 이용률이 매우 중요한데, 이러한 점을 고려할 때 우유가 가장 좋은 칼슘 급원으로 평가되고 있다. 우유의 칼슘 흡수율은 콩의 2배, 시금치의 10배 정도 높다. 따라서 특히 폐경기 여성을 포함한 성인은 우유나 유제품의 섭취를 늘리고 칼슘 강화 오렌지주스를 선택하거나 칼슘 함량이 높은 잔생선이나 채소류의 섭취를 늘려야 할 것이다.

〈표 8-6〉 무기질의 권장섭취량

구분	연령(세)	칼슘(mg)	인(mg)	마그네슘(mg)	철(mg)	아연(mg)
남자	19~29	750	700	340	10	10
	30~49	750	700	350	10	9
	50~64	700	700	350	9	9
여자	19~29	650	700	280	14	8
	30~49	650	700	280	14	8
	50~64	600	700	280	8	8

〈보건복지부 · 한국영양학회 · 식품의약품안전청, 한국인 영양섭취기준, 2010〉

(2) 철과 아연

철 권장섭취량은 남자의 경우 19~49세 10mg, 50~64세 9mg이며, 여자의 경우에는 19~49세 14mg, 50~64세 8mg이다. 특히 50세 이상의 여성은 폐경 하는 것으로 가정하여 월경 손실량이 없으므로 19~49세보다 낮게 설정하였다. 즉 여성의 경우 생리가 있는 동안에는 철 섭취기준이 남자보다 높으나, 폐경 후는 남자보다 낮아진다. 철의 흡수는 섭취량, 식품 중의 형태, 체내 저장량, 식사 중의 다른 성분 등의 의해 영향을 받는다. 성인기에는 연령 증가에 따라 철 흡수를 증가시키는 동물성 식품의 섭취량은 감소되는 반면, 철 흡수를 억제하는 콩제품, 섬유소, 피틴산 함유 식품 등 식물성 식품 섭취가 증가되므로 철의 흡수와 이용률을 고려한 영양관리가 요구된다.

아연은 성인의 경우 1일 아연 손실량을 구한 후 흡수율 40%를 적용하고 변이계수 10%를 적용하여 권장섭취량을 설정하였다. 아연의 권장섭취량은 성인 남자는 19~29세 10mg, 30~64세 9mg, 성인 여자는 모두 8mg이다. 아연의 상한섭취량은 최대 무독성량 50mg을 불확실계수 1.5로 나눈 값 35mg을 성인의 상한섭취량으로 정하였다.

7) 수분

수분은 신생아의 경우 체중의 75%, 성인 남녀는 50~60%, 노인은 45~50% 정도를 차지하는 주요한 신체 구성분이다. 체수분량은 12세까지는 남녀가 유사하나 그 이후에는 여성과 노인은 근육 감소, 체지방 증가로 인하여 감소한다. 성인의 수분 충분섭취량은 〈표 8-7〉과 같이 음식의 수분량과 액체 섭취량을 합한 섭취량에 근거하여 설정하고 있다. 즉 2005년도 국민건강 영양조사 결과로부터 액체 섭취량을 구하고, 음식 수분량은 0.53mL/kcal를 이용하여 추정한 후, 두 섭취량을 합하여 수분의 충분섭취량을 설정하였다.

〈표 8-7〉 수분의 충분섭취량

성 별	연령(세)	음식(mL)	액체(mL)	총 수분 충분섭취량(mL)
남자	19~29	1,400	1,200	2,600
	30~49	1,300	1,200	2,500
	50~64	1,200	1,000	2,200
여자	19~29	1,100	1,000	2,100
	30~49	1,000	1,000	2,000
	50~64	1,000	900	1,900

〈보건복지부 · 한국영양학회 · 식품의약품안전청, 한국인 영양섭취기준, 2010〉

3. 성인기의 영양 및 건강 문제

1) 우리나라 성인의 영양 섭취 실태

1969년 최초로 국민건강 영양조사가 실시되었을 때 우리 국민의 3대 에너지 영양소의 구성 비율은 단백질 : 지방 : 당질이 12.5 : 7.2 : 80.3이었다. 그 후 지속적으로 지방의 에너지 기여 비율이 증가하여 2005년 국민건강 영양조사에서는 단백질 : 지방 : 당질이 16 : 20 : 64로 나타나 지방의 에너지 기여 비율이 20%를 초과하였다. 2009년 국민건강 영양조사에서는 단백질 : 지방 : 당질의 에너지 섭취 비율이 14.6 : 19.0 : 66.4로 나타났으나 과거에 비해 지방 기여 비율이 여전히 높다.

2009년 국민건강 영양조사에 의하면 우리나라 성인의 평균 영양소 섭취량을 한국인 영양섭취기준과 비교한 결과, 필요추정량 대비 에너지 섭취 비율은 19~29세 84.1%, 30~49세 94.3%, 50~64세 94.8%이었다. 단백질은 권장섭취량의 약 1.4배를 섭취하였으며, 철, 비타민 A, 비타민 B_1, 비타민 B_2, 니아신, 비타민 C 섭취량은 권장량의 75~125% 범위였으나, 칼슘은 69.4~72.8%를 섭취하였다. 나트륨은 충분섭취량의 3배 이상을 섭취하고, 칼륨은 충분섭취량의 61.5~68.4%만을 섭취하였다〈그림 8-3〉.

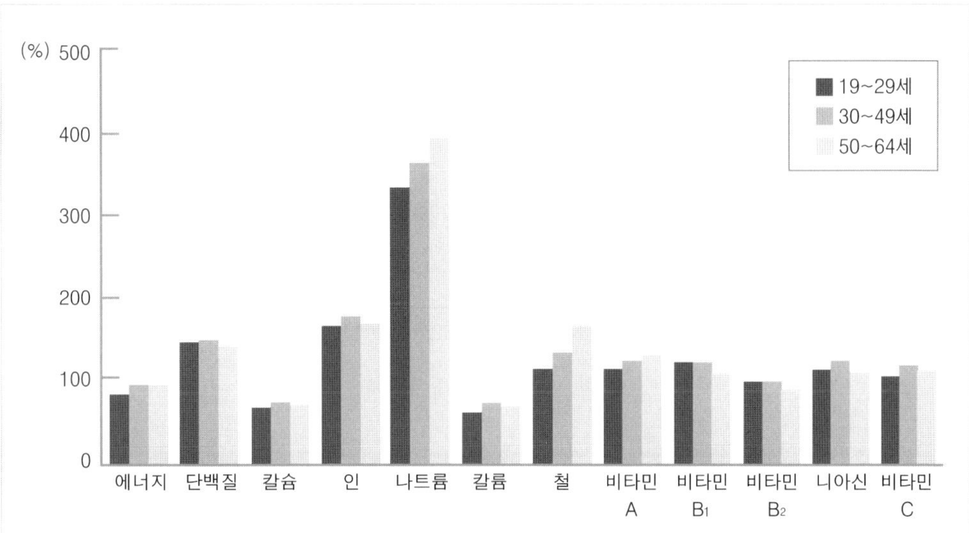

〈그림 8-3〉 성인의 영양소별 영양섭취기준에 대한 섭취비율

〈보건복지부 질병관리본부, 2009 국민건강통계, 2010〉

에너지 섭취량이 필요추정량의 75% 미만이고, 칼슘, 철, 비타민 A, 비타민 B_2 등의 섭취량이 모두 평균필요량 미만인 영양섭취 부족자 분율은 전체 14.2%이었으며, 19~29세 19.2%, 30~49세 11.9%, 50~64세 9.1%로 19~29세가 영양섭취 부족자 분율이 가장 높았다. 한편 에너지 섭취량이 필요추정량의 125% 이상이면서 지방 섭취량이 적정 에너지 섭취 비율을 초과한 인구 분율은 전체 4.7%인 반면, 19~29세 8.7%, 30~49세 6.1%, 50~64세 3.6%로 나타나 성인기 중 역시 19~29세가 다른 연령군보다 에너지/지방 과잉 섭취자가 많음을 알 수 있다〈그림 8-4〉. 이와 같이 성인기, 특히 19~29세 연령군은 영양 섭취 부족과 과잉의 문제가 공존하는 영양 양극화 현상이 나타나고 있다.

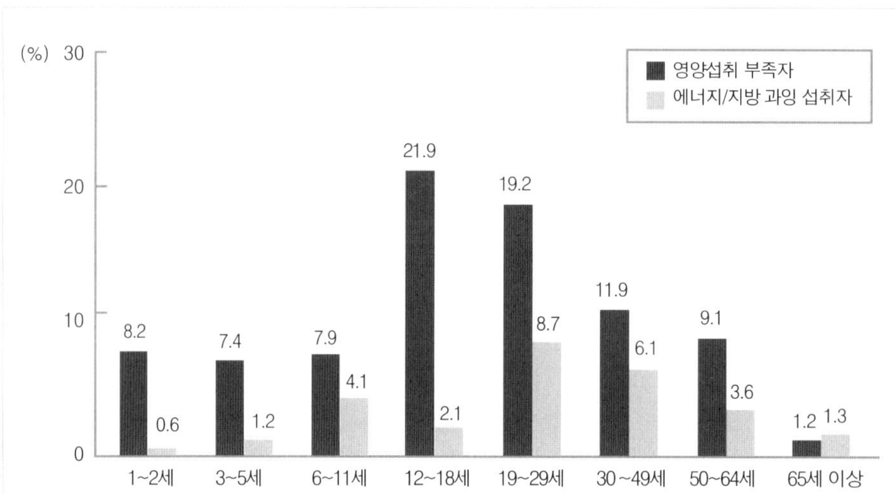

〈그림 8-4〉 연령별 영양 섭취 부족자와 에너지/지방 과잉 섭취자 분율
〈보건복지부 질병관리본부, 2009 국민건강통계, 2010〉

2) 성인기의 건강에 영향을 미치는 요인

현재 증가 추세에 있는 만성 질환의 주된 원인은 영양 과잉, 불규칙한 식사, 동물성 지방의 과다 섭취, 맵고 짠 자극적인 음식의 과잉 섭취 등 잘못된 식생활에 의한 것이다. 또한, 날로 복잡하고 다양해지는 사회 구조와 고도의 경제 성장으로 인한 환경 오염, 스트레스, 식품 공해 등 건강 위해 요인이 증가하고, 운동 부족, 과음, 흡연으로 성인병의 발병 위험도 높아지고 있다. 우리나라 중년 남성들은 같은 연령의 여성들에

비해 사망률이 3배가 높은데 이는 음주와 흡연, 스트레스 등의 생활양식과 관련이 있는 것으로 평가되고 있다.

(1) 스트레스

스트레스란 신체가 내부나 외부로부터의 자극으로부터 자신을 방어하고자 하는 본능적인 반응으로, 기분 좋은 흥분이나 행복감까지 포함한다. 따라서 적당한 스트레스는 오히려 신체와 정신에 활력을 준다. 그러나 내 · 외적 자극에 대해 감당할 능력이 약화되거나 이러한 상태에 장기간 반복적으로 노출되면 정서적으로 불안과 갈등을 일으키고 자율신경계의 지속적인 긴장을 초래하여 정신적 · 신체적인 기능 장애나 질병을 유발하게 된다.

① 스트레스 현황

2009년 국민건강 영양조사에 의하면 성인의 스트레스 인지율은 31.4%(남자 28.6%, 여자 33.3%)로 남자보다 여자가 높았고, 남자는 30대, 여자는 20대에서 가장 높았다〈그림 8-5〉.

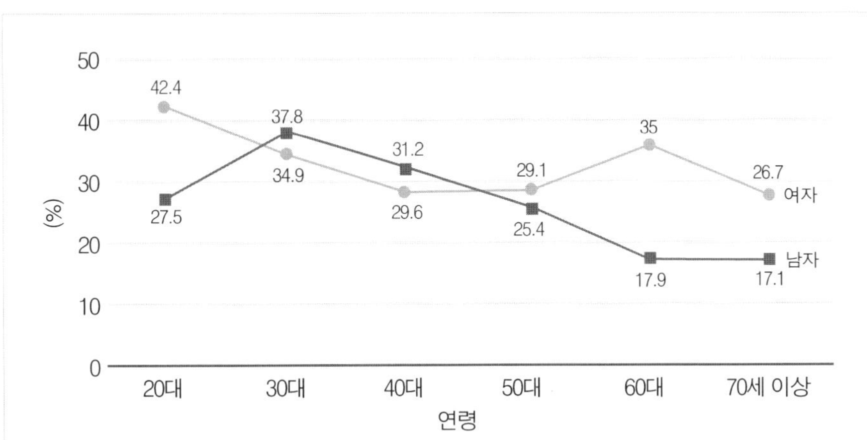

〈그림 8-5〉 우리나라 성인의 스트레스 인지율
〈보건복지부, 2009년 국민건강영양조사〉

② 스트레스 원인

현대는 스트레스의 시대라 할 정도로 직장에서는 물론 가정에서도 자녀의 교육, 생계비, 체력의 저하, 질병에 대한 불안 등이 스트레스의 원인이 되고 있다.

특히 남성의 경우 직장생활로 인해, 여성의 경우는 경제적 어려움이나 부모 자녀 간 관계로 스트레스를 많이 받는다. 연령별로는 20대에서는 직장생활, 30~40대에서는 직장생활이나 경제적 어려움, 50대에서는 경제적 어려움과 인간관계, 60대와 70대에서는 경제적 어려움, 부모 · 자녀 문제, 건강과 질병으로 많은 스트레스를 받는 것으로 조사되었다.

③ 스트레스와 건강

스트레스의 정도가 크거나 장기간 지속될 경우 신체적 · 정신적인 항상성을 잃게 되어 여러 가지 질환을 유발하게 된다〈표 8-7〉. 또한, 면역력을 약화시키고 활성산소의 생성을 촉진하여 노화를 초래한다.

〈표 8-7〉 스트레스로 인한 증상들

분류	내용
신체적	피로, 두통, 불면증, 위궤양, 당뇨병, 폐질환, 피부계 질환, 심혈관 질환, 근골격계 질환, 면역 기능의 저하, 암, 사고, 과로사
감정적	근심, 걱정, 불안, 우울, 성급함, 인내 부족, 집중력이나 기억력 감소, 짜증, 직무 불만족, 대인관계 기피, 자살
행동적	안절부절 못함, 흡연, 약물 의존, 카페인 및 알코올 음용 증가

[TIP] 스트레스 해소법

- 균형 있는 식사를 한다.
  - 술과 카페인이 있는 음식을 피한다.
  - 채소와 과일을 많이 먹는다.
  - 적당한 식사를 규칙적으로 한다.
- 적당한 운동을 한다.
- 하루에 2~3번씩 깊은 호흡을 한다.
- 긍정적인 태도를 갖는다.
- 여유 있게 스케줄을 짠다.
- 거절할 줄도 알아야 한다.
- 유머 감각으로 긴장을 해소한다.
- 긴장 이완법을 실천한다.

(2) 흡연

① 흡연 현황

우리나라의 흡연율은 조금씩 감소되고는 있지만 여전히 세계 최고 수준이다. 지난 1980년 79.3%로 최고점에 달하던 성인 남성의 흡연율은 2009년에는 46.7%로 낮아졌으나 선진국에 비하면 여전히 높은 편이다. 성인 여성 흡연율의 경우도 낮아지고는 있으나 최근 여자 청소년과 20대 여성의 흡연율이 높아지면서 2007년 5.3%에서 2009년 6.9%로 다시 증가하고 있다. 성인기 연령에 따른 흡연율은 남자의 경우 30대가 56.2%로 가장 높았던 반면, 여자는 19~29세가 11.1%로 가장 높았다〈그림 8-6〉.

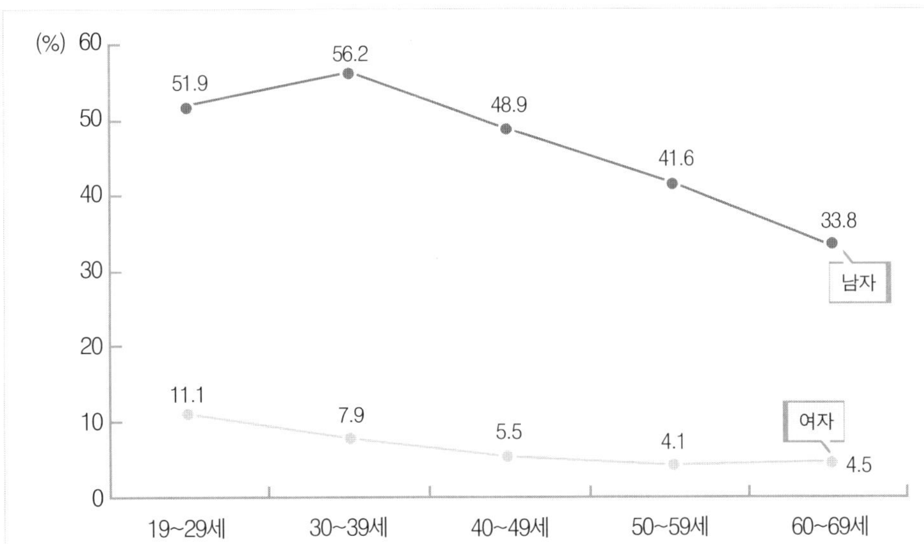

〈그림 8-6〉 성인의 현재 흡연율*

*평생 담배 5갑(100개피) 이상 피웠고 현재 담배를 피우는 분율

〈보건복지부 질병관리본부, 2009 국민건강통계, 2010〉

② 흡연과 건강

담배는 4,000여 가지 화학물질로 이루어져 있으며, 60여 종의 발암물질이 함유되어 있다. 따라서 흡연은 폐암을 비롯한 각종 암과 심혈관계 및 폐질환을 유발한다〈표 8-8〉.

흡연은 자신의 건강을 해칠 뿐 아니라 주위 사람들의 건강에도 악영향을 미친다.

간접 흡연은 비흡연자들에게도 폐암을 비롯한 여러 가지 질병의 원인이 되며, 부모가 흡연하는 가정의 어린이는 폐기능 증가 속도가 더디고 천식, 감기, 호흡기 질환, 중이염 등에 걸릴 확률이 높아진다.

〈표 8-8〉 흡연이 건강에 미치는 영향

분 류	내 용	비 고
각종 암의 원인이 된다.	폐암, 식도암, 위암, 췌장암, 후두암, 인후암, 구강암, 신장암, 방광암, 자궁경부암, 백혈병 등	흡연자가 폐암에 걸릴 확률은 비흡연자의 20배 이상이다.
심혈관질환을 유발한다.	동맥경화, 뇌졸중, 복부대동맥류 등	흡연은 심혈관질환으로 사망할 확률을 4배나 증가시킨다.
호흡기질환을 유발한다.	만성폐쇄성폐질환, 만성기침, 천식 등	청소년기의 흡연은 폐의 성장을 지연시킨다.
임산부 및 태아에게 나쁜 영향을 미친다.	저체중아, 조산, 영아돌연사증후군	임신 중 흡연은 태아에게 산소 공급을 감소시킨다.
건강 전반에 나쁜 영향을 미친다.	백내장, 위궤양, 치주염, 폐경 후 골다공증, 수술 후 회복 지연 및 합병증 유발	비흡연자에 비해 결근율이 높다.

〈CDC, Surgeon General's Report, 2004〉

(3) 음주

① 음주 현황

한국인의 음주율은 IMF 이후 매년 증가하고 있으며, 특히 청소년과 여성 음주율은 계속 높아지는 추세이다. 실제 1년간 한 달에 1잔 이상 술을 마신 사람의 비율은 남자 74.8%, 여자 42.9%이었으며, 성인기 연령에 따른 월간 음주율은 남녀 모두 20대가 각각 82.7%와 55.4%로 가장 높았다〈그림 8-7〉. 2005년 통계청이 발표한 '2005 한국의 사회 지표'에 따르면 19세 이상 성인 1인당 평균 술 소비량은 소주 71병, 맥주 140병이었다. 우리나라의 음주 문화는 음주의 사회적 기능을 강조한다는 점에서 남성의 경우 사회활동이 늘어나는 중년기가 될수록 음주 빈도는 증가하는 것으로 보인다.

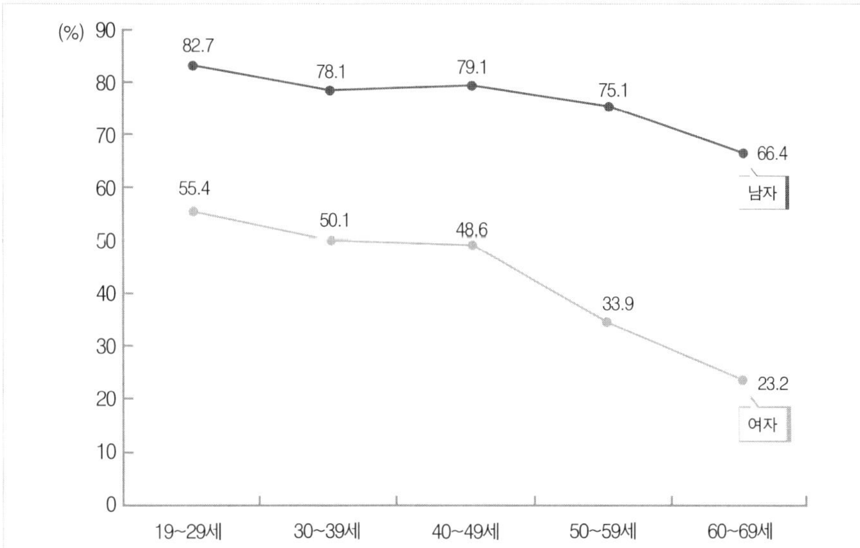

〈그림 8-7〉 성인의 현재 월간 음주율*

*최근 1년 동안 한 달에 1회 이상 음주한 분들

〈보건복지부 질병관리본부, 2009 국민건강통계, 2010〉

② 음주와 건강

음주는 간질환을 비롯한 신체적 문제와 불면, 기억 상실 등의 정신적 문제, 그리고 가정 불화, 이혼, 실업 등 사회적 문제의 원인이 된다〈표 8-9〉.

특히 우리나라 남자의 40.4%, 여자 8.2%가 고위험 음주군(1회 평균 남자 소주 1병 이상, 여자 소주 5잔 이상인 경우가 일주일에 한 번 이상인 경우)으로, 각종 질병 및 교통사고, 산재사고 등의 원인으로 작용하고 있다.

〈표 8-9〉 술이 건강에 미치는 영향

분류	내용
신체적	지방간, 간염, 간경변증, 간암, 위염, 췌장염, 구강 · 후두 · 식도암, 유방암, 직장암, 영양결핍, 비만, 당뇨, 고혈압, 심근경색, 심장마비, 뇌손상, 성기능이상, 불임, 태아 손상, 타약물과의 반응
정신적	불면, 우울, 근심, 자살기도, 자살, 성격 변화, 기억상실, 건망증, 환각, 치매, 약물남용
사회적	가정불화, 근무장애, 실업, 재정적 어려움

〈WHO, "Managemant of Drinking Problem", WHO Regional Publication, European Series, NO. 32, 1990〉

(4) 아침 결식

우리나라 성인의 아침 결식률은 19~29세 남자 42.6%, 여자 38.5%로 상당히 높고, 특히 30~40대 21.7%, 50~60대 10.1%보다 크게 높아 20대 성인의 아침 식사 중요성에 대한 교육 및 홍보가 더욱 필요한 실정이다〈그림 8-8〉. 결식을 하는 이유로는 시간이 없거나 입맛이 없어서, 또는 습관적으로 결식을 하고 있는 것으로 조사되었다.

아침 식사는 하루 식사의 영양적 균형 유지와 함께 혈당의 유지, 인지 능력의 향상, 과식 방지, 체중 조절, 기타 여러 질병 발생의 예방 효과 등으로 그 중요성이 강조된다. 그러나 아침을 굶게 되면 혈당이 떨어져 두뇌 활동에 필요한 포도당 부족으로 집중력과 사고력이 떨어지고 심리적 불안감을 갖게 되며 아침 결식으로 하루에 두 끼만 먹는 식생활 습관은 체내에서 에너지 소비량을 줄이기 때문에 기초대사량이 낮아져 조금만 먹어도 살이 찌는 등 오히려 비만을 초래하기 쉽다. 그뿐만 아니라 아침 결식은 간식 섭취량을 증가시키고 점심과 저녁의 과다한 섭취를 초래하기 때문에 1일 영양소 필요량과 섭취량의 불균형을 일으키는 요인이 된다. 따라서 규칙적이고 적절한 아침 식사를 통해 건강 상태를 유지하고 개선해야 한다.

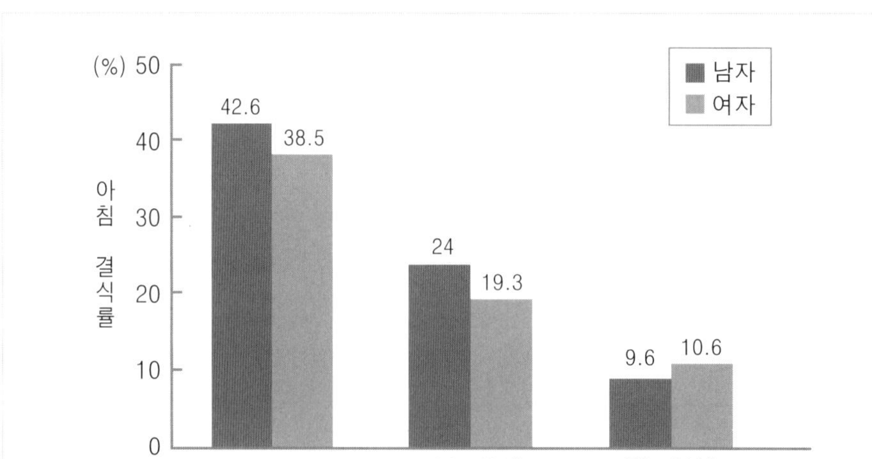

〈그림 8-8〉 성인의 아침 결식률

〈보건복지부 질병관리본부, 2009 국민건강통계, 2010〉

(5) 잦은 외식

생활 수준의 향상과 여성의 사회 참여 증가, 소비 패턴의 변화 등으로 현대인의 식생활에서 외식이 차지하는 비중은 꾸준히 증가하고 있다. 2009년 국민건강 영양조사에 의하면 전체 국민의 1/4 이상이 1일 1회 이상 외식을 하였으며, 2006년 도시 근로자 가구의 식료품비 지출에서 외식비가 차지하는 비중은 48.5%로 상당히 높았다.

잦은 외식은 영양소 섭취의 불균형을 초래하여 각종 성인병을 일으킬 수 있는 요인으로 지적되고 있다. 한식에 비해 중식, 양식, 패스트푸드 및 외식으로 자주 찾는 쇠고기나 삼겹살, 부대찌개 등은 고지방, 고단백, 고열량 식품이다. 실제 외식의 경우 가정식에 비해 총 지방, 포화지방, 나트륨, 콜레스테롤의 함량은 높고 식이섬유, 칼슘, 철의 함량은 낮았다는 보고가 있다. 특히 외식을 많이 하거나 미리 조리된 음식을 자주 사 먹을 경우 나트륨의 과잉 섭취가 초래될 수 있으며 비만을 비롯한 당뇨, 고혈압, 동맥경화증, 통풍, 대장암 등 여러 가지 건강 문제를 일으킬 수 있다. 외식이 비만 및 성인병 유발에 미치는 영향에 대한 사회적인 문제에 관심이 쏠리면서 일부 외식업체에서는 건강 메뉴 개발이 이루어지고 있으나, 잦은 외식을 줄이고 가능한 한 집에서 음식을 직접 조리해 먹는 것이 바람직하다.

(6) 건강보조식품의 이용

최근 들어 건강 유지와 질병 예방에 대한 관심이 증가되면서 건강보조식품, 건강기능식품, 보신제품과 같은 건강 관련 식품(health food)에 대한 수요 · 공급 역시 지속적으로 증가하고 있다. 특히 50세 이상의 중년 및 노인들이 대부분 건강 증진을 위해 특수 영양 및 건강보조식품을 섭취하는 것으로 나타났다. 건강식품 사용자들의 대부분은 건강식품은 건강을 좋게 해주는 것으로 생각하는 경향이 있다. 또한, 전문가의 처방보다는 주변 사람들이나 판매원의 권유에 의해 건강식품을 구입하는 경우가 대부분이다. 건강식품은 건강을 유지하고 증진시키는 데 도움이 되는 식품이어야 하는데, 소비자의 잘못된 인식과 단순한 체험에 의해 식품이 약물로 오용되고 있으며 건강식품 제조판매회사의 과장된 광고나 홍보에 의해 남용되고 있는 실정이다.

이와 같은 건강식품의 오 · 남용에 따른 건강 부작용 발생, 건강식품 섭취로 식사를 통한 영양 섭취를 소홀히 하는 점, 무분별한 건강식품 구입에 따른 식비 부족 초래, 건강식품을 통한 비타민과 무기질의 과잉 섭취 등의 다양한 문제점이 발생하고 있다.

따라서 건강식품을 선택할 때는 구입하고자 하는 식품에 대해 정확한 지식과 함께 관련 전문가의 올바른 지도와 조언을 따르는 것이 필요하다.

3) 성인기의 영양과 관련된 건강 문제

통계청의 2009년 사망 원인 통계 결과에 의하면 한국인 남녀 전체의 사망 원인 1위가 악성 신생물, 2위가 뇌혈관 질환, 3위가 심장 질환, 4위가 고의적 자해(자살), 5위가 당뇨병의 순서로 나타났으며, 이들 5대 사인에 의한 사망자 수가 전체 사망자의 53.2%를 차지하였다. 연령별로 보면 20~30대는 고의적 자해가 많으나, 40대 이후는 암과 뇌혈관질환에 의한 사망률이 높은 것으로 나타났다. 특히 40~50대는 간질환에 의한 사망률도 다른 연령층에 비하여 높게 나타났다〈표 8-10〉.

우리나라 10대 사인에 포함되어 있는 만성 질환은 대부분 식생활 습관이나 생활 습관과 밀접한 관련을 가지고 있다. 〈표 8-11〉는 여러 만성 질환에 대한 식이 및 생활 양식의 위험 요인을 나타낸 것이다. 그러므로 성인기에서 만성 질환을 예방하기 위해서는 건전한 식생활 습관과 생활 양식을 유지하는 것이 무엇보다 중요하다.

〈표 8-10〉 2008년 성인의 연령층별 사인 순위

(단위 : %)

연 령	1위		2위		3위	
20대	고의적 자해	40.7	운수사고	188	악성신생물	10.5
30대	고의적 자해	28.7	악성신생물	20.6	운수사고	9.6
40대	악성신생물	29.4	고의적 자해	13.5	간질환	9.2
50대	악성신생물	39.1	간질환	7.9	뇌혈관질환	7.7
60대	악성신생물	42.1	뇌혈관질환	10.8	심장질환	7.7
70대 이상	악성신생물	14.9	뇌혈관질환	13.1	심장질환	10.6

〈통계청, 2009〉

〈표 8-11〉 만성 퇴행성질환과 식이 및 생활양식 요인

질환 / 위험 요인	식이관련 위험요인						기타 위험 요인					
	고지방식	과량의 음주	복합당질 및 섬유질 섭취 부족	비타민 및 무기질 섭취 부족	고설탕 섭취	염장 식품 섭취 증가	유전	나이	좌식생활	흡연	스트레스	환경오염
암	V	V	V	V	V	V	V	V	V	V		V
고혈압	V	V		V		V	V	V	V	V	V	
당뇨병	V		V				V	V	V			
골다공증		V		V			V	V	V	V		
동맥경화	V	V	V	V			V	V	V	V	V	
비만	V	V	V		V		V		V			
뇌출혈	V	V	V				V	V		V	V	
게실염	V		V	V				V	V			
치아및구강				V	V		V			V		

〈최혜미 등, 2001〉

(1) 심뇌혈관계 질환

2009년 사망 원인 통계 결과에 의하면, 순환기계 질환의 경우 10년 전과 비교하여 고혈압성 질환과 뇌혈관 질환의 사망률은 감소하고 허혈성 심장 질환(심근경색 등) 사망률은 증가하였다.

미국의 역학 연구나 우리나라 의료보험관리공단 연구에 의하면 고콜레스테롤혈증, 고혈압, 흡연이 관상심장 질환의 가장 중요한 위험 인자로 알려졌다. 그러나 최근 역학 연구나 실험적 연구들을 통하여 심혈관계 질환 발생의 가장 중요한 원인이 LDL-콜레스테롤의 증가임이 밝혀졌다. 따라서 미국의 콜레스테롤 교육 프로그램(National Cholsterol Education Program's Adult Treatment Panel Ⅲ, NCEP-ATP Ⅲ)에서도 증가된 LDL-콜레스테롤을 감소시키는 것을 고지혈증의 주된 치료 방법으로 삼았다. NCEP ATP Ⅲ의 고지혈증 선별 기준에서는 혈청 콜레스테롤이 240mg/dL 이상, LDL-콜레스테롤은 160mg/dL 이상이 되면 위험 수준으로 분류하고, 혈청

HDL-콜레스테롤 농도는 40mg/dL 이하이면 낮은 수준으로 분류한다.

우리나라에서도 최근 국민건강 영양조사에서 나타난 지질 농도의 분포를 감안하여 새로운 이상지질혈증 진단 기준 및 치료 지침이 2009년 수정하였다〈표 8-12〉.

관상심장 질환의 위험요인에는 LDL-콜레스테롤 외에도 흡연, 고혈압, 낮은 HDL-콜레스테롤, 가족력, 연령의 증가 등이 있다〈표 8-13〉. 따라서 심혈관계 질환의 위험도에 따라 LDL-콜레스테롤과 비HDL-콜레스테롤에 대한 치료 목표가 제시된 이상지질혈증의 치료 지침이 만들어졌다〈표 8-14〉.

한국인의 혈청 콜레스테롤 농도와 중성지질의 농도는 과거에 비해 증가 추세에 있는 반면, HDL-콜레스테롤은 감소 추세에 있다. 특히 우리나라의 경우 에너지 섭취 중 당질의 비중이 높으므로 고중성지방혈증이 고지혈증의 상당 부분을 차지하며, 이는 비만이나 당뇨병과 밀접한 관련이 있다. 중성지질의 농도도 200mg/dL 이상이면 위험 수준으로 분류된다.

〈표 8-12〉 한국인의 이상지질혈증 진단 기준

총 콜레스테롤	(mg/dL)
높음	≥230
경계치	200~229
정상	〈 200
LD-콜레스테롤	(mg/dL)
높음	≥150
경계치	130~149
정상	100~129
적정	〈 100
HD-콜레스테롤	(mg/dL)
낮음	〈 40
높음	≥60
중성지질	(mg/dL)
높음	≥200
경계치	150~199
정상	〈 150

자료 : 한국지질·동맥경화학회, 2009

〈표 8-13〉 LDL-콜레스테롤을 제외한 심혈관계 질환의 주요 위험 인자

<table>
<tr><th>위험 요인</th><th>보호 요인</th></tr>
<tr><td>흡연</td><td></td></tr>
<tr><td>고혈압
수축기혈압 140mmHg 이상 또는
이완기혈압 90mmHg 이상
또는 항고혈압제 복용</td><td rowspan="4">HDL-콜레스테롤
60mg/dL이면
총 위험 인자 중에서
하나를 감함</td></tr>
<tr><td>낮은 HDL-콜레스테롤(40mg/dL)</td></tr>
<tr><td>연령
남자 45세 이상
여자 55세 이상</td></tr>
<tr><td>관상동맥질환 조기 발병의 가족력
부모, 형제자매 중 남자 55세 미만, 여자 65세 미만에서
관상동맥 질환이 발병한 경우</td></tr>
</table>

〈표 8-14〉 위험도에 따른 LDL-콜레스테롤 및 비HDL-콜레스테롤 목표치

위험도	LDL-콜레스테롤 치료 목표	비HDL-콜레스테롤 치료 목표
고위험군 관상동맥 질환 경동맥질환, 말초혈관 질환, 복부동맥류 당뇨병	〈 100mg/dL	〈 130mg/dL
중등도 위험군 주요 위험인자 2개 이상	〈 130mg/dL	〈 160mg/dL
저위험군 주요 위험인자가 없거나 1개	〈 160mg/dL	〈 190mg/dL

결국 심혈관계 질환의 위험 요인들은 식생활 습관 및 생활양식과 밀접한 관련이 있으므로 고혈압 · 고콜레스테롤혈증 · 고LDL-콜레스테롤 · 저HDL-콜레스테롤 · 비만 · 당뇨병은 식사의 변화를 통하여, 흡연 · 스트레스 · 운동 부족은 생활양식을 변화시킴으로써 조절이 가능하다.

(2) 고혈압

혈압에 영향을 주는 인자로는 유전적 소인 이외에 여러 가지 식생활 인자와 생활 습관 인자가 있다. 식생활 인자로 에너지와 나트륨, 칼륨, 칼슘 등 몇몇 무기질 섭취가 있고 생활습관 인자로는 음주, 운동, 스트레스 등이 있다. 세계적으로 극히 일부 지역을 제외하고는 연령이 증가하면서 혈압이 상승하는 추세를 보인다. 우리나라 2009년 국민건강 영양조사에서도 30세 이상 성인의 경우 남녀 모두 연령 증가에 따라 고혈압 유병률이 크게 증가하는 것으로 나타났다〈그림 8-9〉.

고혈압은 앞서 언급한 여러 가지 고혈압 인자가 작용하겠지만, 이 중에서도 평생에 걸쳐 생리적 필요량 이상으로 나트륨을 과다 섭취라는 것이 고혈압 발생의 주요 원인이다. 한국인의 경우에도 하루 평균 소금 섭취량이 12.5g으로 높아 고혈압 발생의 주요인으로 지적되고 있다.

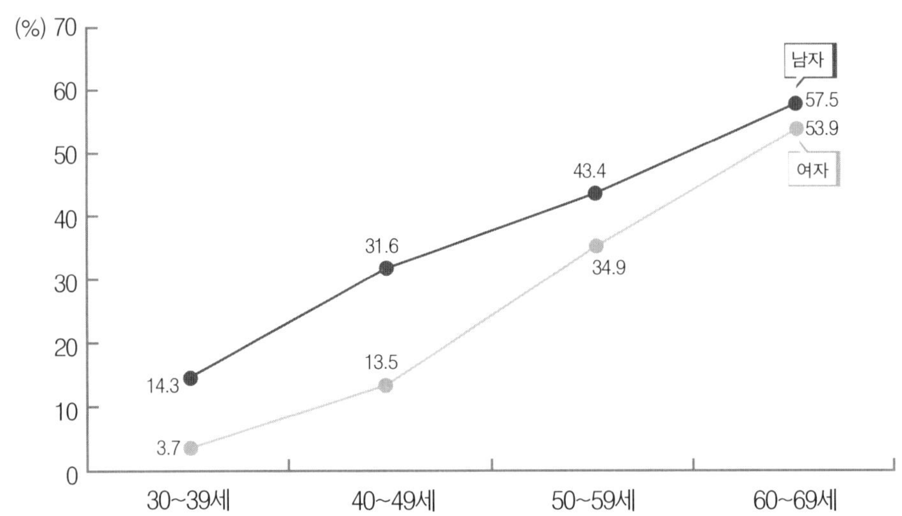

〈그림 8-9〉 30세 이상 성인의 연령별 고혈압 유병률

〈보건복지부 질병관리본부, 2009 국민건강통계, 2010〉

우리나라 국민의 주요 나트륨 급원은 소금 이외에 장류, 김치류, 국이나 찌개 등의 국물 음식 등이다. 고혈압을 예방하기 위해서는 이들 음식 섭취를 가능한 한 제한하고 싱겁게 먹는 노력이 필요하다. 그리고 칼륨은 혈압을 낮추는 효과를 나타내므로 채소류와 과일류 섭취를 늘려 Na/K 비율을 적정한 수준인 0.2~1.8 정도로 맞추고

가능하면 1 이하로 유지하도록 노력한다. 그 외에도 칼슘이 고혈압 발생을 예방하므로 칼슘을 충분히 섭취하며, 혈압을 상승시키는 과다한 음주와 흡연을 피하고 스트레스를 잘 관리하는 생활 습관을 유지하도록 한다.

[TIP] DASH diet(Dietary Approaches to Stop Hypertension diet)

저나트륨, 충분한 식이섬유, 지방 제한을 중심으로 하여 혈압을 저하시키는 식사요법으로 미국 국립보건원(NIH)에서 제시하였다. 식사의 기본 원칙은 다음과 같다.

- 포화지방산 및 콜레스테롤, 지방 등의 섭취를 줄인다.
- 과일, 채소, 저지방 유제품 섭취를 늘린다.
- 전곡류를 통하여 식이섬유 섭취를 늘린다.
- 소금은 1일 6g 이하로 줄인다.

이를 위해서는 다음의 식품 선택에 주의한다.

- 과일, 채소 및 전곡류를 충분히 선택한다.
- 저지방 유제품, 육류, 어류, 가금류, 견과류를 선택한다.
- 설탕이 첨가된 식품과 음료류, 붉은 육류, 유지류의 선택을 제한한다.

(3) 당뇨병

2009년 국민건강 영양조사에 의하면 30세 이후 성인 남녀 모두 연령이 증가하면서 당뇨병 유병률이 크게 증가하는 것으로 나타났다. 성인기에 주로 나타나는 당뇨는 인슐린 비의존형, 제2형 당뇨병이다. 전체 당뇨의 90% 이상을 차지하며, 주로 40세 이후의 비만인에게서 나타난다. 제2형 당뇨병은 심혈관계 질환의 위험 인자이며 남성에는 2배, 여성에는 4~6배의 위험을 증가시킨다. 특히 성인 당뇨병은 생활양식과 밀접하게 관련되어 있다.

당뇨병 환자는 식사요법으로 혈당과 정상 체중을 유지하여 합병증의 발생을 지연시킬 수 있다. 당뇨병의 식사요법은 약물요법의 병행 여부에 따라 차이가 있으며, 인슐린을 사용하는 경우에는 식사량과 식사 시간에 세심한 주의가 필요하다.

당뇨병 환자의 식사요법의 기본은 적절한 열량을 섭취하고, 영양소를 균형 있게 섭취하며, 아울러 규칙적인 식사를 하는 것이다.

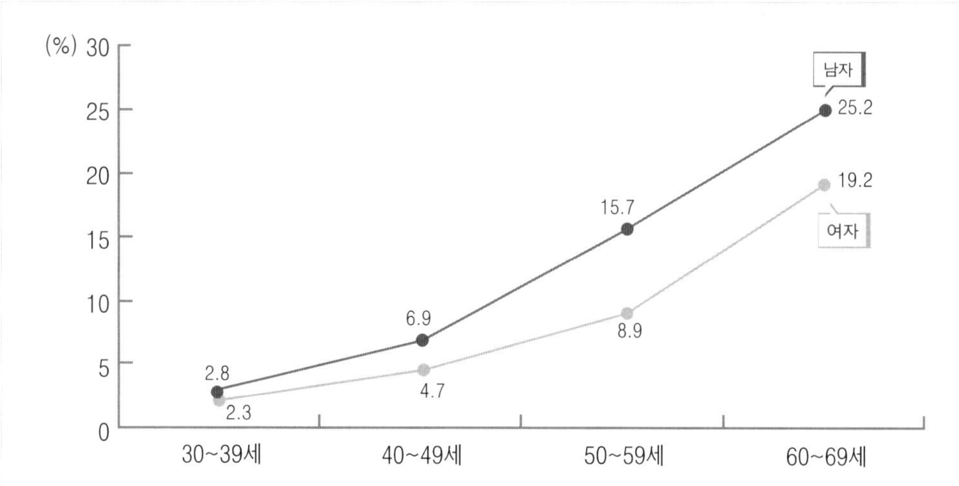

〈그림 8-10〉 30세 이상 성인의 연령별 당뇨병 유병률
〈보건복지부 질병관리본부, 2009 국민건강통계, 2010〉

[TIP] 당뇨병 위험도 자가 측정법(미국 당뇨병학회 자료)

문항	예(점수)	아니오(점수)
비만이다.(BMI 〉 27)	5	0
65세 미만이지만 운동을 거의 하지 않는다.	5	0
나이가 45세에서 65세에 속한다.	5	0
나이가 65세 이상이다.	9	0
4kg 이상인 아기를 낳은 적이 있다.	1	0
형제자매 중 당뇨병인 사람이 있다.	1	0
부모 중 한 사람이 당뇨병이다.	1	0

합계가 3~9점이면 현재 당뇨병에 걸려 있을 가능성이 낮다. 그러나 45세 이상이면 3년에 1번 당뇨병 검사를 한다.
합계가 10점 이상이면 당뇨병에 걸려 있을 확률이 크므로 병원에 가서 혈당 검사를 한다.

(4) 암

우리나라 2009년 사망 원인 1위가 악성 신생물이다. 사망률은 인구 10만 명당 139.5명으로 전체 사망자의 약 28%였으며, 1998년에 비하면 암 사망률이 30.9명이 더 증가하였다. 지난 10년간 각종 암에 의한 사망률의 변화를 보면 〈표 8-15〉, 위암 · 자궁암 · 식도암의 사망률은 감소하였으나 폐암 · 간암 · 대장암 · 췌장암 · 전립선암 · 유방암의 사망률은 증가하였다. 더구나 폐암은 조기 진단이 어렵고 흡연, 환경오염, 인구의 노령화 등으로 크게 증가하여 2000년 이후부터 암 중에 가장 높은 사망률을 보였다. 대장암 · 췌장암 · 유방암 · 전립선암은 고지방식 식생활, 환경 오염물질의 증가 등에 기인한 것으로 나타났다. 또한, 암 사망률은 연령이 증가할수록 높아지고 40대 이후에 급증하였으며 20대 백혈병, 30대 위암, 40~50대 간암, 60대 이상은 폐암에 의한 사망률이 가장 높았다.

암을 발생시키는 원인 중 환경적 요인은 전체 암 발생의 70~80%를 차지하며, 특히 우리가 섭취하는 음식물이 각종 암 발생과 밀접하게 관련되어 있다.

일반적으로 과다한 열량 섭취는 암 발생을 촉진하는 것으로 알려졌다. 이러한 현상은 비만과도 연관되는데, 비만인 경우에는 암에 의한 사망률이 증가하게 된다. 특히 비만 여성의 경우에는 에스트로겐 분비와 관련된 유방암과 자궁암의 발생률이 정상 여성에 비해 2~5배 높다.

역학조사에 의하면, 지방 섭취량이 높은 나라에서 유방암 · 대장암 · 전립선암의 발생이 높은 것으로 나타났다. 그러나 모든 종류의 지방이 암 발생을 촉진하는 것은 아니다. 즉 생선기름에 많은 n-3 지방산과 올리브기름에 많은 올레산은 암 발생을 오히려 억제하는 효과가 있다. 그러나 옥수수기름에 많은 n-6 계열의 불포화지방산인 리놀레산은 암 발생을 촉진하는 지방산이지만 인체에도 필요한 필수지방산이다.

식이섬유는 대장암의 예방에 매우 효과적이다. 식이섬유가 대장암의 발생을 감소시키는 기전은, 장내에서 발암물질과 결합하여 이를 불활성화하거나 대장을 통과하는 시간을 단축시켜 체외로 빠르게 배설시켜서, 결과적으로 발암물질이 대장의 조직과 접촉하는 기회를 차단하기 때문이다.

채소와 과일에 많은 베타카로틴과 비타민 C나 식물성 유지에 풍부한 비타민 E와 같은 항산화 영양소는 항암 효과가 있는 것으로 알려졌다. 그 기전은 유해산소를 불활성화하고 자유 래디컬(free radical)을 없애 주어 세포막 지질의 과산화를 막고 DNA의 손상을 억제하기 때문이다. 채소와 과일은 항산화 비타민 외에 여러 미량 식이 성분(phytochemicals)을 함께 함유하여 발암 억제 기능을 가지고 있다.

결국 식이 요인은 암 발생에 촉진 인자로 작용할 수도 있고 항촉진 인자로 작용할 수도 있다. 암 발생 위험을 증가시키는 요인은 비만 · 고지방식 · 음주이고, 채소 · 과일 · 식이섬유는 항촉진 인자로 작용한다.

〈표 8-15〉 각종 암에 의한 사망률 변화

(단위 : 인구 십만 명당, 명)

	각종암	폐암	위암	간암	대장암	췌장암	자궁암	전립선	식도암	유방암
1998	108.6	20.5	23.8	19.9	6.9	4.7	2.8	0.8	3.0	2.1
2008	139.5	29.9	20.9	22.9	13.9	7.6	2.6	2.6	2.8	3.5
증감률	30.9	9.4	−2.9	3.0	7.0	2.9	−0.2	1.8	−0.2	1.4

〈통계청, 2009〉

[TIP] 암 예방을 위한 식생활 지침

1. 비만은 피하고 정상 체중을 유지한다.
2. 총 지방의 섭취를 20% 이내로 제한하고 n-3계지방산이나 단일불포화지방산을 많이 섭취한다.
3. 식이섬유의 섭취를 위해 정제되지 않은 곡류나 신선한 채소를 많이 섭취한다.
4. 감귤류의 과일과 녹황색 채소를 많이 섭취한다.
5. 염장이나 질산염으로 보존된 식품의 섭취를 줄인다.
6. 식품 첨가제가 많이 들어간 가공식품의 섭취를 줄인다.
7. 알코올은 적당량만 마신다.
8. 높은 온도에서 튀긴 식품의 섭취를 제한한다.
9. 탄 음식이나 곰팡이가 핀 음식을 섭취하지 않는다.
10. 암을 예방하는 것으로 알려진 식품들의 섭취를 증가한다.

(5) 비만

우리나라의 경우 1970년대 이래 경제 발전과 더불어 식생활이 서구화되고, 아울러 컴퓨터 통신과 교통 수단의 발달로 생활 양식이 많이 바뀌면서 비만율이 증가하고 있다. 특히 중년 남자들은 무분별한 외식으로 과다한 지질 섭취 및 음주에 의한 부가적인 열량 섭취가 증가하고 있다.

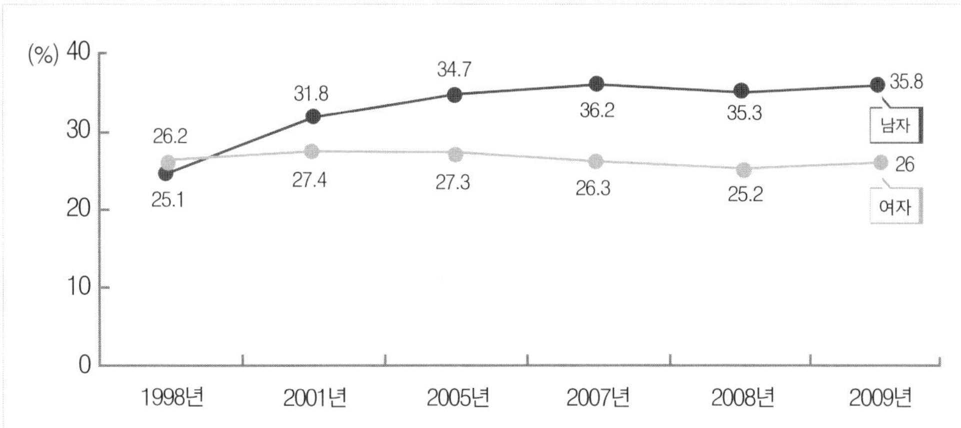

〈그림 8-11〉 19세 이상 성인의 비만 유병률 추이

〈보건복지부 질병관리본부, 2009 국민건강통계, 2010〉

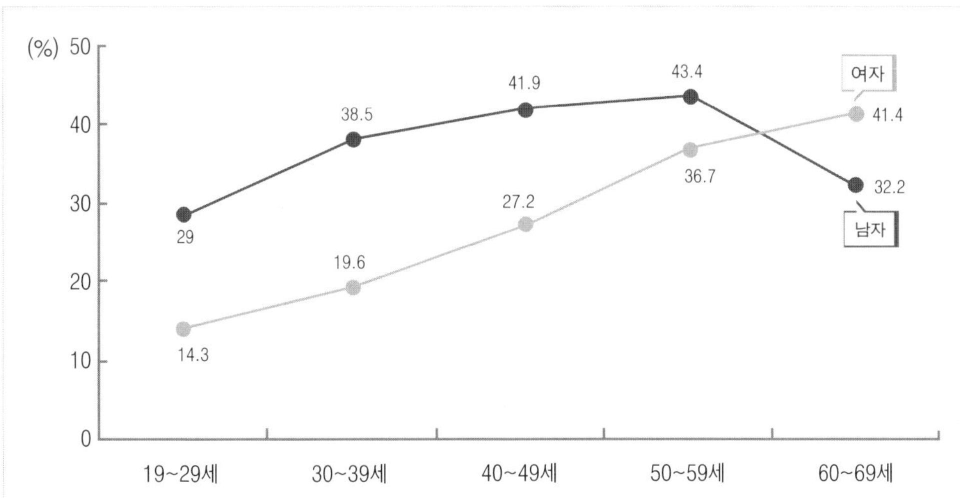

〈그림 8-12〉 성인의 연령별 비만 유병률

〈보건복지부 질병관리본부, 2009 국민건강통계, 2010〉

우리나라 19세 이상 성인의 비만 유병률은 1998년 26.0%에서 2009년 31.3%로 지속적으로 증가하는 추세를 보이며, 이는 남자에서 보다 뚜렷하게 나타나고 있다〈그림 8-11〉. 이와 같이 골격근의 함량을 유지하고 체지방이 증가하지 않도록 체중을 관리하는 것이 성인기에 있어 중요한 영양적 관심이다. 그러나 실제로는 나이가 들면서 골격근이 점차 줄어들고 이로 인한 대사율 저하와 함께 신체 활동의 감소는 에너지 소비량을 저하시켜 체중이 증가하게 된다. 특히 골격근 함량이 적은 여성은 남성에 비해 에너지 소비량의 감소 정도가 더 크다. 실제 2009년 국민건강 영양조사에

의하면 성인의 연령별 비만 유병률은 40대까지 남자가 여자보다 높다가 50대에 남자 43.4%, 여자 36.7%로 비슷해지고 60대 이후에는 여자(41.4%)가 남자(32.2%)보다 높아지는 것으로 나타났다〈그림 8-12〉. 소득 수준에 따른 비만 유병률은 남자는 소득 수준이 높을수록, 여자는 소득 수준이 낮을수록 높았다.

비만은 심혈관 질환과 고혈압 등 여러 성인병의 위험 요인이며 혈청 콜레스테롤을 상승시키는 위험 요인이다. 또한, 뼈의 유연성·운동성을 감퇴시켜 관절염, 퇴행성 뼈관절 질병의 진행을 촉진하며 성인 당뇨 발생의 주요 원인이 된다〈그림 8-13〉. 특히 복부 비만인 경우에 관상심장 질환, 당뇨, 고혈압 등의 위험도가 더욱 증가한다. 복부 비만은 중년 이후의 남성과 폐경기 이후의 여성에서 많이 나타난다.

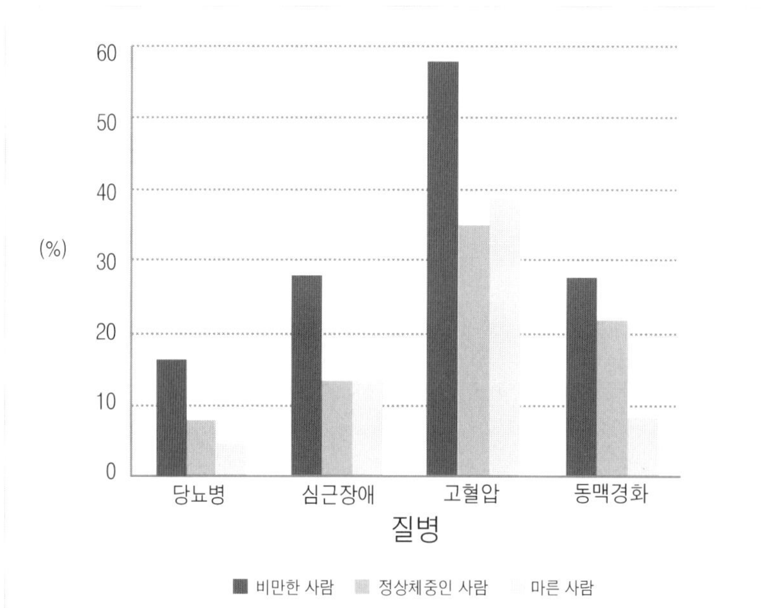

〈그림 8-13〉 비만인 사람의 대사증후군 발현율(%)

(6) 대사증후군

대사증후군은 비만, 당불내인성, 고혈압, 이상지질혈증 등 당뇨병 및 심혈관 질환의 위험 인자를 복합적으로 지니고 있는 상태를 의미한다. 대사증후군은 장기적으로 만성 질환의 발병 위험도를 나타내므로, 대사증후군을 미리 진단하여 치료하는 것이 당뇨병과 심혈관 질환의 예방을 위하여 무엇보다 중요하다. 대사증후군의 위험 인자로는 복부 비만, 고혈당증, 혈중 중성지방 증가, HDL-콜레스테롤 감소, 높은 혈압 등을 들 수 있으며, 이들 다섯 가지의 비정상치(cutoff points)를 제정하여 세 가지 이상이 이들 기준치를 벗어나면 대사증후군으로 진단한다〈표 8-16〉.

국민건강 영양조사 자료에 의하면 30세 이상 대사증후군 유병률은 남자 32.9%, 여자 31.8%였으며, 남자는 50대까지는 증가하다가 이후 70대까지 감소하는 것으로 나타났다. 반면, 여자는 연령이 증가할수록 증가하여 70대가 63.4%로, 남자 34.1%보다 2배 정도 높은 유병률을 보였다. 특히 여자는 가구 소득 수준이 낮을수록, 학력이 낮을수록 유병률이 높게 나타났다.

〈표 8-16〉 대사증후군의 위험 인자

위험 인자	진단 기준치[1]	진단 기준치[2]
복부비만(허리둘레)		
남자	〉102cm(〉40in)	90cm
여자	〉88cm(〉35in)	85cm
중성지방	150mg/dL	150mg/dL
HDL-콜레스테롤		
남자	〈40mg/dL	〈40mg/dL
여자	〈50mg/dL	〈50mg/dL
혈압	130/85mmHg	130/85mmHg
공복 시 혈당	110mg/dL	100mg/dL

1) National Cholsterol Education Program's Adult Treatment Panel Ⅲ, NCEP-ATP Ⅲ 기준
2) 2009년 국민건강영양조사 기준

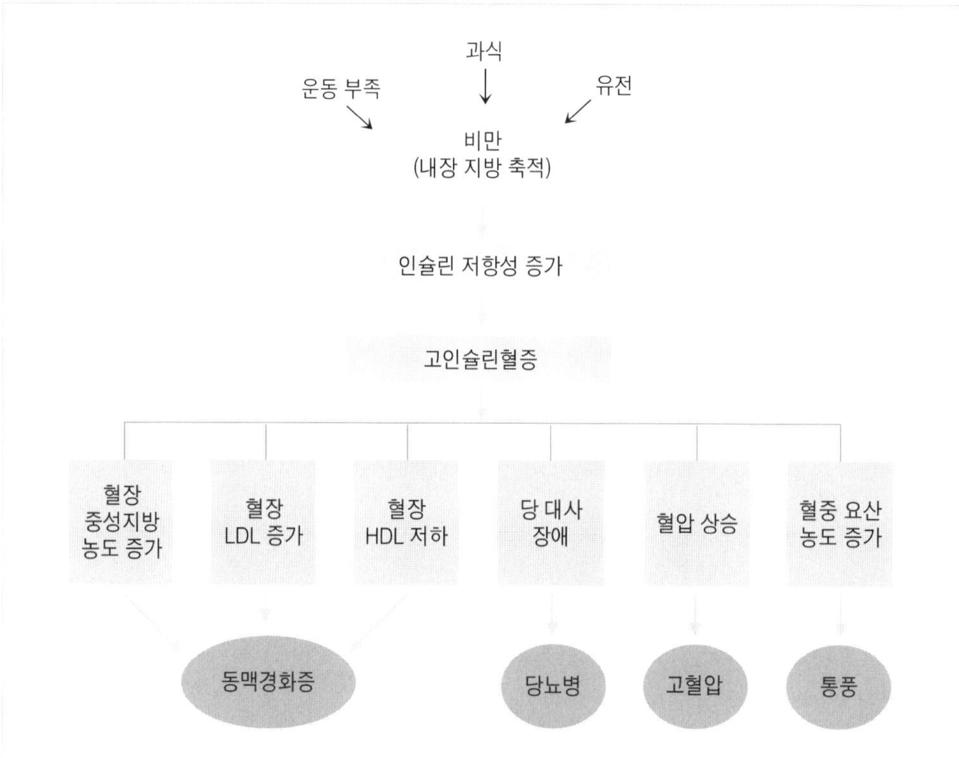

[대사증후군의 원인과 병리]

[TIP] 대사증후군의 예방 및 치료

- 적당한 식사!
  - 제때, 규칙적으로 적당량의 식사를 천천히
  - 기름기 많은 음식, 단 음식 주의
  - 기름기 적은 육류, 생선, 콩/두부 등을 매일 적당량 섭취
  - 밥, 국수, 떡 등의 탄수화물 음식을 너무 많이 먹지 않도록
  - 채소, 해조류는 충분히
  - 술, 음료는 주의
  - 싱겁고 단백하게 조리
- 운동하자!
- 음주는 적절하게!
- 금연하기!
- 스트레스 이기기!

〈서울시 대사증후군 오락(5樂)프로젝트, 2009〉

(7) 골다공증

골다공증은 골 조직 함량이 감소한 상태를 말한다. 골격의 외형은 유지되나 골밀도가 낮아 등뼈와 엉덩이뼈 등에 골절 위험이 높아진다. 골격은 대사가 끊임없이 일어나는 조직이다. 성인기에도 약 10%의 뼈는 어느 시점에서나 재형성되는 과정 중에 있다. 파골세포에 의한 골 흡수 작용과 조골세포의 골 형성 작용이 균형을 이루어야 골밀도가 유지된다.

성인 초기인 30세경에 최대 골질량을 이룬 후 매 10년마다 약 3%씩 골 손실이 발생한다. 이와 같은 노화로 인한 골 손실은 남자와 여자 모두에서 나타난다. 그러나 여자에서는 노화성 골 손실과는 달리 폐경 이후에 빠른 속도로 골 손실이 야기된다. 이는 에스트로겐 분비가 감소되면서 파골세포가 부갑상선호르몬에 민감해져 골 흡수작용이 촉진되기 때문이다. 폐경 이후 8~10년 동안 매년 5%씩 골질량이 손실될 수 있다. 2009년 국민건강 영양조사에 의하면 50대 남자의 골다공증 유병률은 3.4%인 반면, 여자는 14.6%로 높고 60대에는 39.1%로 크게 증가하는 것으로 나타났다〈그림 8-14〉.

골다공증은 회복이 어렵기 때문에 치료보다는 예방이 보다 중요한 의미를 갖는다. 골다공증을 예방하기 위해서 30세경까지는 최대 골질량을 확보하며, 이후에는 골 손실을 최소화하는 노력이 필요하다. 최대 골질량을 확보하기 위해서는 골질량이 증대되는 특정 시기에 칼슘을 비롯해 골격 형성에 요구되는 영양소를 적극적으로 섭취해야 한다. 한편 골 손실을 최소화하기 위해서는 성인기에도 계속 골격을 형성하는 데 필요한 영양소를 충분히 섭취하고 체중부하 운동 등 신체 활동으로 뼈를 자극해야 한다.

칼슘은 우리나라에서 어느 연령층을 막론하고 섭취가 부족한 영양소이다. 폐경기 여성에게 하루에 1g의 칼슘 보충제를 공급한 실험에서는 골 손실을 억제하는 효과가 확인되었으나 폐경기 이후의 급격한 골 손실은 칼슘 섭취를 증가하는 것만으로 막지 못한다는 연구 결과도 있다. 그러나 충분한 칼슘 섭취는 노화에 의한 골 손실 지연에 있어 중요한 것으로 보인다.

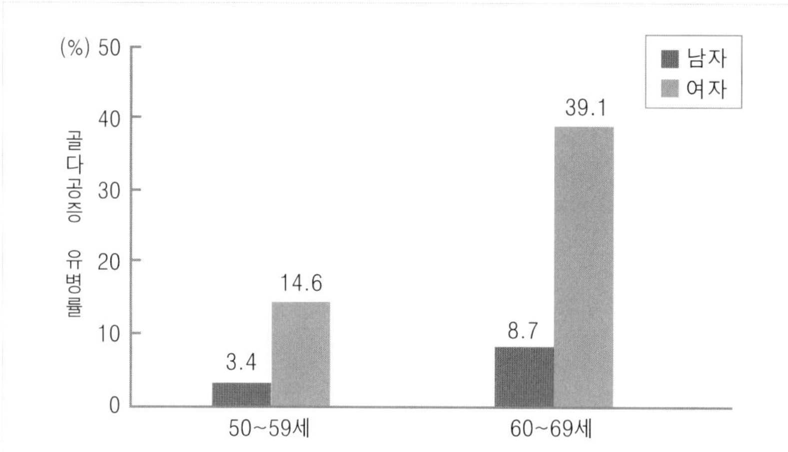

〈그림 8-14〉 50세 이상 성인의 골다공증 유병률
〈보건복지부 질병관리본부, 2009 국민건강통계, 2010〉

불충분한 칼슘 섭취 이외에 비타민 D 결핍과 음주 및 커피 음용은 골다공증 위험을 증가시키는 식생활 요인이다. 따라서 비타민 D를 충분히 섭취하여 소화관으로부터 칼슘 흡수나 신장으로부터 칼슘 재흡수를 증가시켜 뼈로부터 용출되는 칼슘의 양을 적게 하여 골밀도를 적정하게 유지해야 한다. 과다한 알코올 섭취는 골다공증의 위험 인자로서 조골세포의 기능을 손상시키고 장내 칼슘 흡수를 방해하므로 골 형성을 감소시키는 결과를 가져오며 과다한 카페인 섭취는 골 손실을 가속화시키지만, 그 영향은 칼슘 섭취량에 따라 다른 것으로 보인다. 하루에 커피 3~5잔에 해당하는 450mg 정도의 카페인 섭취는 칼슘 섭취량이 충분한 경우 뚜렷한 영향을 보이지 않았다는 보고가 있다.

4. 성인기의 식생활관리

성인기 이후의 건강은 식생활 습관, 운동 유무, 흡연 및 음주 유무, 스트레스 관리 방법에 따라 많이 좌우된다. 따라서 건전한 식생활 습관 및 생활 양식을 가지면 여러 성인병을 미리 예방할 수 있다.

건강한 일반 성인은 한국인을 위한 식사 지침을 활용하여 식사관리를 하고, 성인병을 앓고 있는 사람은 질병의 증세에 따라 특정 영양소를 제한하거나 금지하는 식사요법을 하면 된다.

중년 성인의 경우 건강에 대한 자신감 부족이나 성인병에 대한 불안 때문에, 또는 건강보조식품과 보약에 대한 과신 때문에, 영양적으로 합리적이지 못한 특정 강장제 · 정력제를 복용하는 사례가 많다. 하지만 이런 건강보조식품이나 보약을 많이 복용할 경우 오히려 건강을 해치는 결과를 가져올 수도 있으므로 주의해야 하며, 과학적으로 입증이 안 된 보약이나 건강보조식품은 먹지 않도록 한다.

사회경제적 발전과 생활 양식 변화로 과거에는 공복 해소를 위해 식사했으나, 현재는 영양과 기호를 고려하여 식품을 선택하는 것으로 변했다. 또한, 직장인들은 가정을 떠난 외부에서 하루 한 끼 식사를 하는데, 외식에는 영양상 문제가 많다. 특히 남성들은 육류 위주의 외식으로 높은 열량과 동물성 지방의 섭취가 많다. 아울러 과다한 음주에 의한 부가적인 열량 섭취로 비만의 발생 위험이 높다. 따라서 외식을 할 경우 여러 식품을 고루 갖춘 식사를 선택하고 매번 다른 음식으로 다양하게 주문하며, 되도록 싱겁게 먹고 가공식품과 인스턴트식품의 섭취를 줄인다. 일주일에 3일은 금주하고 커피도 하루에 3잔 이상 마시지 않는 것이 바람직하다.

성인을 위한 식생활 실천 지침

① 채소, 과일, 우유 제품을 매일 섭취한다.
- 여러 가지 채소를 매일 섭취한다.
- 다양한 제철 과일을 섭취한다.
- 우유, 요구르트, 치즈 등 우유 제품을 간식으로 섭취한다.

② 지방이 많은 고기와 튀긴 음식을 적게 섭취한다.
- 고기는 기름을 떼어내고 섭취한다.
- 튀기거나 볶은 음식을 적게 섭취한다.
- 등푸른생선을 자주 섭취한다.

③ 짠 음식을 피하고, 싱겁게 섭취한다.
- 장아찌, 젓갈과 같은 짠 음식을 적게 섭취한다.
- 음식을 만들거나 먹을 때 소금이나 간장을 적게 사용한다.
- 국과 찌개의 국물을 적게 섭취한다.

④ 활동량을 늘리고, 알맞게 섭취한다.
- 운동은 1회 30분 이상, 주 3~4회 이상 실천한다.
- 생활 속에서의 신체 활동을 늘린다.
- 단 음식과 단 음료를 제한한다.
- 건강 체중을 유지한다.

⑤ 술을 마실 때는 그 양을 제한한다.
- 되도록 음주를 피한다.
- 남자는 하루 2잔, 여자는 1잔 이내로 제한한다.
  (2잔은 소주로는 3잔, 맥주로는 2캔, 양주로는 2잔에 해당된다.)
- 임신부나 청소년은 절대 술을 마시지 않는다.

⑥ 세 끼 식사를 규칙적으로 즐겁게 한다.
- 아침을 거르지 않는다.
- 저녁 식사는 가족과 함께 즐겁게 한다.

⑦ 음식은 먹을 만큼 준비하고, 위생적으로 관리한다.
- 음식은 먹을 만큼 만들거나 주문한다.
- 남은 음식은 바로 냉장 보관하고, 오래 두지 않는다.

⑧ 밥을 주식으로 하는 우리 식생활을 즐긴다.
- 밥과 다양한 반찬을 갖춘 식사로 영양의 균형을 유지한다.

〈보건복지부〉

5. 갱년기 여성의 건강관리

갱년기라 함은 여성이 가임기로부터 출산할 수 없는 시기로 전환되는 때로써 보통 40~60세 연령층이 해당된다. 보통 신체에 다른 문제가 없으면서 12개월 이상 월경이 없을 때 '폐경(menopause)'이라고 한다. 폐경은 질병이 아니며 난소에서 분비되는 호르몬(에스트로겐, 프로게스테론)의 생산이 점차 감소하여 나타나는 자연스러운 현상이다.

에스트로겐의 혈중 농도는 10세부터 급격히 늘어 초경이 있는 만 13.5세에는 성인 수준(최저 50~300pg)에 이른다. 그러나 만 50세경 폐경과 함께 연간 2~3%씩 급감해 60세 이후엔 아예 10세 이전 수준으로 떨어진다.

폐경은 여성이라면 누구나 겪는 과정이다. 그러나 이에 얼마나 적극적으로 대처하느냐에 따라 노년의 건강이 좌우된다. 평소에 식사와 운동 등의 생활 습관을 올바르게 가지면 약물 치료를 하지 않더라도 건강한 갱년기를 보낼 수 있다.

1) 폐경의 시기

폐경을 맞게 되는 시기는 대부분 45~55세 사이(평균 49세)이다. 그러나 30대에도 올 수 있으며, 드물지만 60대에 오기도 한다. 영양 상태가 좋아짐에 따라 초경 연령은 낮아지지만, 폐경의 시기는 수백 년 동안 크게 변하지 않고 있다. 즉 초경의 시작 시기와 폐경의 나이는 상관이 없다고 볼 수 있다.

폐경은 갑자기 오는 것이 아니라 40세 이후에 난소의 기능 저하와 함께 월경주기가 짧아지는 것으로 시작하여 점차 월경주기가 길어지면서 불규칙하다가 완전히 중지되는 것으로, 개인의 차이가 있지만 약 2~8년의 기간이 소요된다.

유전적인 요인이 폐경의 시기를 결정하는 가장 중요한 요소이다. 그러나 폐경의 시기에 결정적으로 영향을 주는 요소로 흡연 여부를 들 수 있다. 담배를 피우는 여성은 그렇지 않은 여성에 비해 폐경이 3년 정도 빨리 올 수 있다.

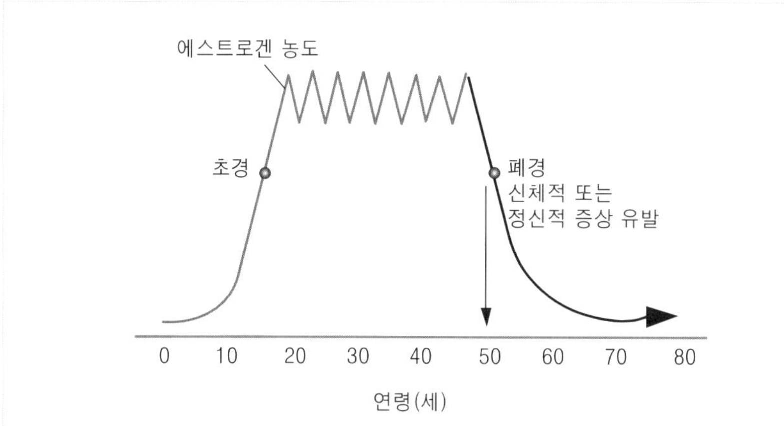

〈그림 8-15〉 여성호르몬의 변화
〈동아일보, 2006년 4월〉

2) 갱년기의 생리적 변화

갱년기가 되면 여러 가지 신체적, 심리적 증상이 나타난다. 화끈거림과 안면 홍조, 다한은 가장 흔히 나타나는 증상으로 폐경 전 · 후기 여성의 2/3가 경험한다고 한다. 이러한 증상들은 에스트로겐의 감소로 혈액순환에 변화(혈액의 흐름, 온도의 증가, 심장 박동수의 증가)가 와서 나타나게 된다. 또한, 많은 여성들이 심리적인 우울증을 갖기도 한다.

건강상으로 제일 문제가 되는 것은 에스트로겐의 감소로 뼈의 밀도가 감소되어 골다공증이 위험이 높아진다는 것이다.

또한, 에스트로겐 생성이 저하되면서 HDL-콜레스테롤은 저하되고 LDL-콜레스테롤은 증가한다. 그 이유는 난소에서 LDL-콜레스테롤을 이용하여 에스트로겐을 만드는데 에스트로겐 생성이 저하되면 LDL-콜레스테롤이 소모되지 않아 그 수치가 증가하게 되기 때문이다. 이렇게 혈중에 LDL-콜레스테롤이 증가하면 심혈관계 질환이 발생할 가능성이 높아진다.

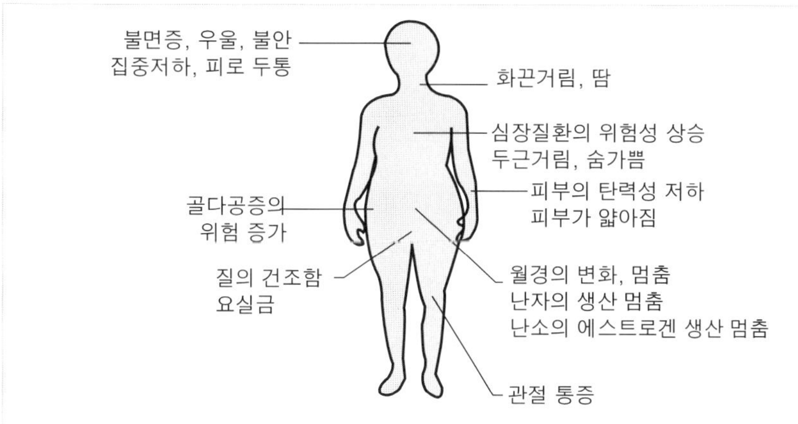

〈그림 8-16〉 폐경과 관련된 증상

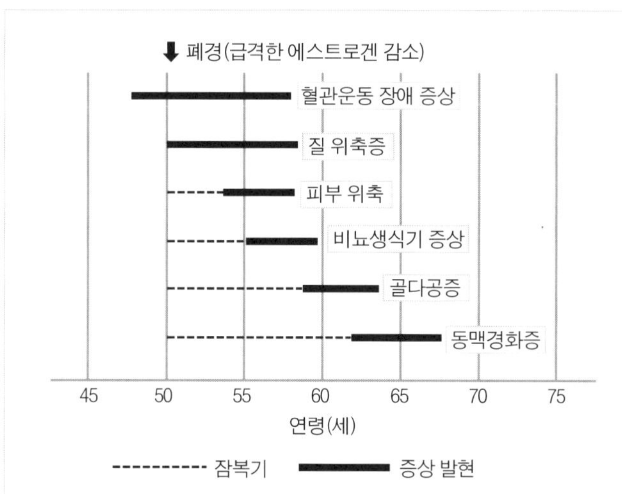

〈그림 8-17〉 연령에 따른 폐경기 증상

〈동아일보, 2006년 4월〉

3) 갱년기 여성의 건강관리 방법

갱년기 여성은 골다공증, 심혈관계 질환 및 각종 갱년기 증상으로 건강이 악화될 수 있으므로 평소에 식사관리를 포함한 건강관리에 관심을 갖고 이를 잘 실천하여 건강하고 활기찬 갱년기를 보낼 수 있도록 노력해야 한다. 체중은 정상(체질량지수 18.5~23kg/m^2)을 유지하고 허리둘레 85cm를 넘지 않도록 하며, 정상 혈압을 유지하고 심장병 위험 인자인 비만, 이상지질혈증, 고혈압, 당뇨, 흡연 등을 적극적으로 관리하는 것이 필요하다.

(1) 식사관리

갱년기의 생활을 건강하게 유지하기 위해서는 필수영양소는 충분히 섭취하되 적정 체중을 유지하기 위해 힘써야 한다.

골다공증 예방을 위해 유제품과 같은 고칼슘 식품을 섭취한다. 알코올과 탄산음료는 칼슘의 흡수를 저해하므로 자제하도록 한다. 저지방, 저식염식은 심혈관 질환의 위험을 감소시켜 준다. 또한, 비타민 E가 풍부하게 함유된 콩, 호도, 은행, 밤 등의 견과류는 노화 방지 및 항산화 작용에 효과가 있으므로 갱년기 극복에 좋은 식품이다.

콩 속에 함유된 이소플라본은 여성호르몬인 에스트로겐과 구조가 비슷한 물질로 폐경기 증후군 치료에 효과가 있다.

(2) 운동

운동은 근육량을 증가시키고 근력 및 골밀도의 감소를 방지하여 골다공증과 같은 퇴행성 변화를 지연시켜 준다. 또한, 심폐 기능을 향상시켜 혈액순환을 촉진하고, 노폐물의 배설을 증진시키며, 혈중 콜레스테롤을 낮추고 체중을 조절해 준다.

운동은 그 강도에 따라 에너지원이 달라진다. 유산소 운동은 저항 운동(근력 운동)보다 에너지 소비량이 크지만, 저항 운동은 지방 산화를 촉진하고 기초대사량을 증가시켜 체중 감량에 도움을 준다. 따라서 유산소 운동과 저항 운동을 병행하는 것이 효과적이다. 일반적으로 주 3회 이상, 60분씩의 운동이 권장되는데, 40분은 유산소 운동, 15분은 저항 운동, 5분은 스트레칭을 해주는 것이 바람직하다.

갱년기 여성에게 적절한 운동으로는 체력 수준이나 시간적인 여건을 고려해 볼 때, 전문적인 스포츠 활동보다는 일상생활에서 누구나 쉽게 할 수 있는 운동을 실시하는 것이 바람직하다. 빠른 걸음으로 걷기, 수중 보행, 자전거 타기, 골프, 요가 등의 유산소 운동은 성인병의 위험 인자를 줄이는 것이 큰 도움을 준다. 그러나 높은 산 오르기, 줄넘기, 테니스, 배드민턴 등은 관절염을 악화시키고 근골격계 손상을 유발할 수 있으므로 조심해야 한다.

또한, 집 안에서 쉽게 할 수 있는 스트레칭이나 맨손 체조, 팔굽혀 펴기, 윗몸 일으키기와 걷기나 계단 오르기 등은 저하되는 신체의 유연성과 심폐 기능 향상을 위한 효과적인 생활 운동법이 될 수 있을 것이다.

(3) 호르몬 치료

갱년기 증상의 치료에 가장 효과적인 약물 치료는 에스트로겐 호르몬 대치요법이다. 체내에 부족한 여성호르몬을 외부에서 보충받아 단기적으로는 갱년기 증상을 없애고, 장기적으로는 골다공증과 심장 질환을 예방하고 노화를 늦출 수 있다.

그러나 사람에 따라 메스꺼움, 두통, 부종, 자궁 출혈 등의 부작용이 있을 수 있으며 심장병이나 유방암, 혈전증의 위험을 높일 수 있으므로 먼저 의료진과의 진단이 선행되어야 한다.

갱년기 여성의 영양관리

1. 콩류에 함유된 이소플라본은 여성호르몬과 유사한 기능으로 갱년기 증상 완화에 도움된다. 콩밥과 두부의 섭취를 자주 한다.
2. 과식하지 않고 소량씩 자주 먹는 것이 안면홍조 예방에 도움이 된다.
3. 지질과 당질의 섭취를 줄이고 콩, 두부, 생선 등 양질의 단백질을 섭취한다.
4. 비타민 E는 밤에 땀이 많이 나는 증상이나 안면홍조, 피로, 신경과민, 불면증 등 갱년기 증상의 완화에 도움이 된다. 씨앗류, 견과류, 콩, 소맥, 배아유 섭취를 늘린다.
5. 현미 잡곡밥을 중심으로 매끼 균형 있는 식사가 되도록 한다. 변비가 생기지 않도록 물과 섬유질을 충분히 섭취한다.
6. 전반적인 영양 결핍이 노후의 골다공증 발생에 영향을 주므로 잦은 결식이나 편식은 피한다.
7. 골다공증 예방을 위해 유제품 등의 고칼슘 식품을 섭취한다. 그 외 구리, 망간, 아연 등을 부족하지 않게 섭취한다.
8. 비타민 C는 뼈의 콜라겐 합성에 필수적이며 비타민 A와 E와 함께 노화를 지연시켜 주는 항산화 영양소이므로 충분히 섭취한다.
9. 알코올음료와 탄산음료를 삼가고 심혈관계 질환의 위험을 줄이기 위해 지질과 짠 음식을 줄인다.
10. 흡연을 삼가고 균형 있는 식사와 적절한 운동을 한다.

참고문헌

김옥수, 〈성인 남성의 음주, 흡연, 주관적 건강 및 건강보조식품 사용에 관한 연구〉, 간호과학 16(1):1–98, 2004
김은경 · 남혜원 · 박영심 · 명춘옥 · 이기완, 《생애주기영양학》, 신광출판사, 2011
모수미 · 구재옥 · 박양자 · 박영숙 · 손숙미 · 서정숙, 《지역사회영양학》, 교문사, 2010
보건복지부, 〈2006년도 주민건강증진센터 시범사업 안내〉
보건복지부, 〈국민건강영양조사 보고서〉, 2006. 9
양향숙 · 이지은 · 노정옥, 〈전주지역 성인의 연령별 외식행태에 관한 연구〉, 한국가정학회지 9(2) : 75~83, 2006
유양자 · 홍완수 · 윤선주 · 최영심, 〈서울지역 성인들의 건강보조식품 섭취실태에 관한 연구〉, 한국조리과학회지 48(2) : 136~146, 2002
이영남 · 김경희, 〈외식업체에서 성인의 스트레스 및 식습관을 고려한 메뉴 개발 필요성에 관한 기초연구〉, 동아시아 식생활학회지 15(6) : 773~781, 2005
이윤지. 〈주5일 근무제에 따른 소비자 외식 성향에 관한 연구〉, 경기대학교 석사학위논문, 2003
이정원 · 이미숙 · 김정희 · 손숙미 · 이보숙, 《영양판정》, 교문사, 2010
이현숙, 〈폐경기 여성의 비만관리를 위한 영양과 운동〉, 2006년도 한국영양학회 추계학술대회, 2006
이현숙 · 오세인 · 조혜경 · 최미경 · 김미현, 《생애주기영양학》, 교문사, 2011
임현숙 외, 《발달의 관점에서 본 생애주기영양학》, 교문사, 2000
전보현 · 이효지, 〈사무식 남성의 건강보조식품 섭취실태에 관한 연구〉, 한국조리과학회지 16(1) : 9~15, 2000
최미경 · 김정미 · 김종군. 〈서울시내 직장인의 식습관과 건강에 관한 연구〉, 한국식생활문화학회지 13(1) : 45~55, 2003
최혜미 외, 《21세기영양학》, 교문사, 2010
통계청, 〈2004년 사망원인 통계연보〉, 2005
한국영양학회, 〈한국인 영양섭취기준 개정판〉, 2010
Brown JE et al. Nutrition through the life cycle wadworth, 2001
Faruque O, Khan MR, Rahman M, Ahmed F. Relationship between smoking and antioxidant nutrient status. Br J NUtr 73: 625–632, 1995
Katch FI, DcArdle. Nutrition, Weight Control and Exercise 3rd ed. Lea & Febiger, 1998
Morgan JB, Dickrson JWT Nutrition in early life Wisley, 2002– Whitney EN, Cataldo CB, DeBruyne LK, Rolfes SR. Nutrition for Health and Health Care West Pub Co, 1996
Worthington–Roberts BS, Williams SR. Nutrition Throughout the Life Cycle 4th ed. McGrawhil, 2000

CHAPTER

09

노인기 영양

1. 노인 인구의 증가
2. 노화와 영양
3. 노인기의 생리적 변화
4. 노인기의 영양섭취기준
5. 노인기의 영양 및 건강 문제
6. 노인기의 식생활관리

CHAPTER

09 노인기 영양

노인이 되면 생리적인 기능이 떨어지고 여러 가지 질환이 발생하며 영양 불량이 되기 쉽다. 그러므로 노인 인구가 늘어나는 이 시점에 노인기의 영양과 건강, 그리고 삶의 질에 대한 관심이 높아지고 있다. 평소의 건강한 식사와 건전한 생활 습관은 노인에게 건강과 활력을 줄 것이다. 신체 활동을 활발히 하고 각 식품군을 골고루 먹는 균형 잡힌 식사를 한다면 노인에게 흔히 나타나는 생리적인 변화를 어느 정도 지연시킬 수 있다. 또한, 고혈압, 심장병, 골다공증 등 대부분의 만성 질환의 발생은 식생활과 관련이 있으므로 노인기의 삶의 질을 향상시키기 위해서는 노인기에 올바른 영양관리를 하는 것이 필요하다. 따라서 이 시기의 올바른 영양관리는 삶의 질을 높이고 건강을 유지하면서 장수하게 한다. 노년기의 영양관리를 위해서는 노화에 따른 생리적인 변화는 물론 사회 · 경제적, 심리적 변화에 따른 여러 가지 면을 함께 고려하여야 한다.

1. 노인 인구의 증가

1) 평균수명

평균수명이란 영아에서 노인에 이르기까지 전체 인구의 사망 연령을 평균한 수치로, 출생 시 기대되는 인간의 수명을 나타내준다. 금세기 들어 평균수명이 증가하는데 영아사망률의 감소가 크게 기여하고 있다. 그러므로 노인 집단이 많아진다는 사실이 곧 최고 수명이 연장된다는 뜻은 아니며, 과거에는 사망하였을 수도 있는 영유아들의 수명이 연장되었음을 의미하는 것이다.

통계청의 2009년 생명표 작성 결과에 따르면 우리나라 사람들의 평균수명은 80.5세(남자 77세, 여자 83.8세)로 여자가 남자보다 6.8년 더 오래 사는 것으로 나타났다. 남녀 간의 생물학적 차이, 음주와 흡연, 스트레스 등의 요인들로 인해 일반적으로 여자들의 평균수명이 남자들보다 더 길다. 우리나라의 경우 과거에 비해서는 평균수명이 상당히 많이 증가하였는데〈그림 9-1〉, 이는 국민들의 보건의료 수준 및 영양상태가 향상되었기 때문이다.

우리나라의 평균수명(출생 시 기대 여명)을 OECD 30개국과 비교해 보면 미국(남자 75세, 여 80세)이나 영국(남 76세, 여 81세)과 비슷한 수준이다. 평균수명이 가장 긴 나라는 일본(남자 78.4년, 여자 85.3년)이다.

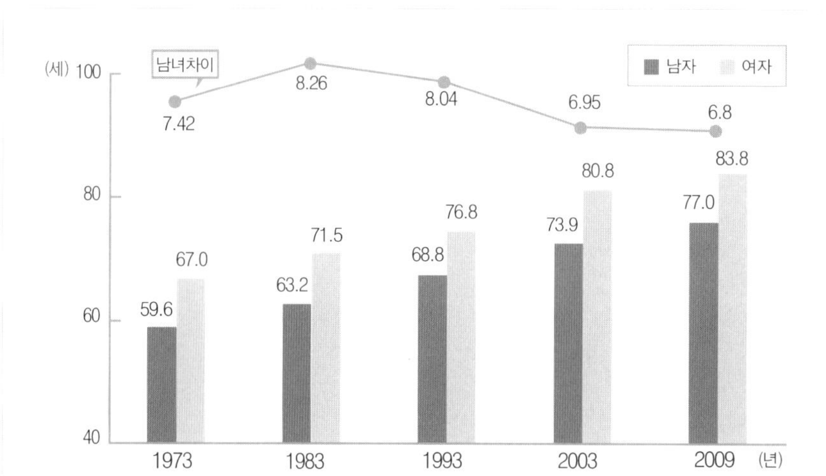

〈그림 9-1〉 연도별 평균수명 추이

〈통계청, 생명표, 2010〉

2) 사망 원인의 변화

지난 수십 년 동안 우리나라의 사망 원인은 급성 질환에서 만성 질환 중심으로 변화 되었다. 사망 원인을 10년 전과 비교해 보면 감염성 · 기생충성, 순환기계통, 소화기계통 질환 및 사고사 사망률은 감소하고 신생물, 내분비기 · 영양 · 대사질환, 호흡기계통 질환 사망률은 증가하였다. 특히 최근 10년간 사망률이 가장 많이 증가한 사인은 암으로 나타났다.

2009년 사망 원인 통계 결과에 의하면 우리나라 전체 사망자의 70.9%는 10대 사인으로 인한 것이며, 이 중 3대 사인(암, 뇌혈관 질환, 심장 질환)은 전체 사망자의 47.8%를 차지하고 있다.

연령 계층별 사인 순위를 보면, 40대 미만에서는 운수 사고 및 고의적 자해(자살) 등 사고에 의한 사인 순위가 높고, 40대 이상에서는 암으로 인한 사망률이 가장 높았다. 특히 60대와 70세 이상에서는 암에 이어 뇌혈관 질환에 의한 사망률 순위가 2위, 심장 질환에 의한 사망률이 3위로 다른 연령층에 비해 높게 나타났다.

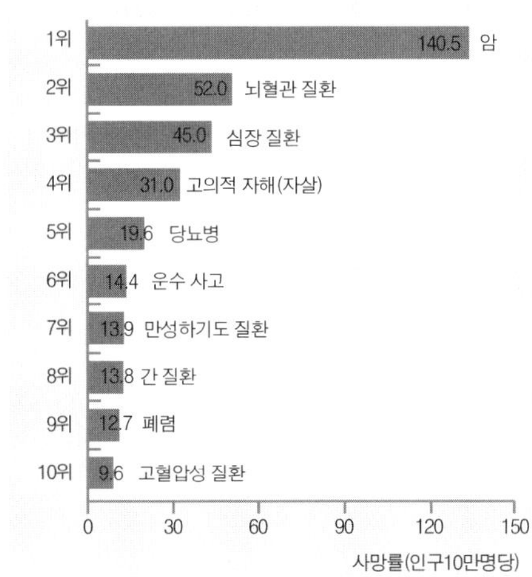

〈그림 9-2〉 사망 원인 순위

〈통계청, 2009년 사망원인 통계 결과, 2010〉

〈표 9-1〉 연령별 사망 원인

연령	1~9세	10대	20대	30대	40대	50대	60대	70대
1위	운수사고	운수사고	고의적 자해	고의적 자해	암	암	암	암
2위	암	고의적 자해	운수사고	암	간질환	뇌혈관 질환	뇌혈관 질환	뇌혈관 질환
3위	익수사고	암	암	운수사고	고의적 자해	간질환	심장질환	심장질환
4위	선천성 기형	익수사고	심장질환	간질환	뇌혈관 질환	고의적 자해	당뇨병	만성하기도 질환
5위	추락사고	심장질환	익수사고	심장질환	운수사고	심장질환	간질환	당뇨병

3) 고령화 사회

유엔(UN)은 전체 인구에서 65세 이상 노인 인구가 차지하는 비율이 7%면 '고령화 사회', 14%면 '고령 사회', 20%면 '초고령 사회'로 분류하고 있다. 우리 사회는 기대수명의 연장과 낮은 출산율 등으로 빠른 속도로 고령화가 진행되고 있는 가운데 65세 이상 고령 인구 비율이 1980년 3.8%에 불과하였으나 2050년은 38.2%가 될 전망이다〈그림 9-3〉. 한편 2050년은 전체 인구 10명 중 한 명(14.5%)이 80세 이상 인구가 될 것으로 예측되고 있다(통계청, 2010 한국의 사회지표).

한국은 세계에서 가장 빠른 속도로 인구의 노령화가 진행되고 있다. 우리나라가 고령화 사회에서 고령 사회로, 고령 사회에서 초고령 사회로 도달하는 데 걸리는 시간은 각각 19년과 7년에 불과해 일본(24년 · 12년) 등 선진국과 비교할 때 매우 빠른 속도이다.

우리 사회의 빠른 고령화는 재정 부담으로 이어질 것으로 예상되며, 65세 이상 고령자의 의료비 비중은 1999년 17.0%에서 2009년 30.5%로 늘어났다. 2050년은 15~64세 생산 가능 인구 1.4명이 노인 1명을 부양하게 될 것으로 예측되고 있다.

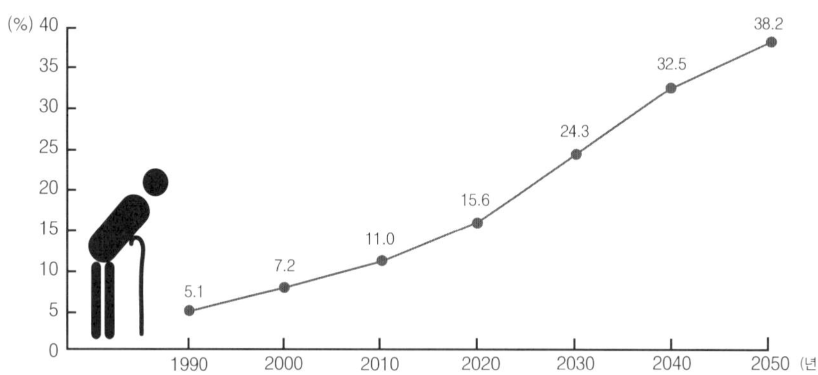

〈그림 9-3〉 65세 이상 고령인구 구성비의 증가
〈통계청, 2010 고령자 통계자료, 2010〉

4) 건강 수명과 건강 장수

우리나라의 2009년도 평균수명은 80.6세이나 건강 수명이 71.0세이므로 사망하기 전 9.6년 동안은 각종 질병이나 부상으로 인한 활동 장애 속에서 살게 된다. 즉 건강장수란 단순한 수명 연장이 아니라 삶의 질을 높이고 인간의 존엄성을 생애 마지막 순간까지 지킬 수 있는 건강한 장수를 의미한다.

2. 노화와 영양

노화란 나이가 들면서 나타나는 체기능 감소로, 궁극적으로는 사망으로 연결된다. 즉 가령과 더불어 신체의 기능이 쇠퇴해 가는 과정으로써 출생, 성장, 성숙이 모두 정상적인 노화의 진행 과정이라고 볼 수 있다. 그러나 좁은 의미의 노화는 노쇠 현상만을 이르며, 세포의 기능이 저하되면서 발생하는 여러 퇴행성 변화를 뜻한다.

노화 과정은 유전적 요인과 환경적 요인에 의하여 결정된다. 성별이나 가족력 등의 유전 인자가 노화의 속도 및 수명을 결정짓는 일차적 요인이라고 보고 있으나, 그 조절 기전에 대해서는 아직 밝혀지지 않고 있다.

한편 방사선 조사나 자외선 노출과 같은 환경적 요인도 노화 발생에 영향을 미친다. 그러나 모든 환경 조건 중에서도 영양 상태가 가장 큰 영향을 미친다. 영양은 노화 과정에 직접적으로 영향을 미칠 뿐만 아니라 노인성 만성 질병의 예방과 치유에 있어 중요한 요소이다.

1) 노화 이론

생물마다 일정한 수명이 있고, 모든 개체에서 노화 현상이 관찰된다. 근래, 각 분야에서 노화에 관한 연구를 통하여 노화와 사망의 원인을 규명하고자 하고 있으나, 어느 한 가설도 복합적이고 다각적인 노화 현상의 모든 측면을 완전히 설명하지는 못하고 있다. 노화의 원인에 대하여 학자에 따라 여러 가지 견해들이 있다.

[TIP] 노화의 원인에 대한 여러 가지 이론들

노화에 관한 연구를 통하여 노화 이론을 규명하고자 하였으나 어느 가설도 노화 현상을 완전히 설명하지는 못하고 있다.

• 예정설(Programmed aging theory)

선천적으로 인간의 노화는 미리 예정되어 있다는 이론. 이에 따라 아무리 관리를 잘하고 특별한 질병에 걸리지 않아도 자연스레 늙게끔 이미 프로그램화되어 있어서 노화 과정이 시작되고, 일정한 연령이 되면 죽게 된다.

• 마모이론(Wear & tear theory)

우리 신체와 세포는 남용이나 과용에 의해서 계속 쓰면 점점 낡아져 못쓰게 됨으로써 노화가 일어난다는 이론이다.

• 유리라디칼설(Free radical theory)

산화적 대사 과정 중 생성된 반응성이 매우 높은 유리라디칼이 세포막의 불포화지방산을 과산화시켜 세포막에 구조적, 기능적 손상을 초래하고 생체의 기능 감퇴와 형태적 변화를 일으킨다.

• 가교설(Cross-linkage theory)

결체조직은 생체의 지지체로 혈액과 조직 간의 대사물질의 교환, 감염에 대한 방어, 상처 회복 등 중요 기능을 가진다. 그러나 가령과 함께 용해성, 탄력성 등이 저하되어 물질의 투과가 저하되며 세포의 기능에 변화가 와서 노화가 초래된다.

• 유해물질 축적설(Cross-linkage theory)

신진대사로 생긴 유해 산물이 완전히 체외로 배설되지 못하고 체내에 축적되어 여러 장기의 기능에 영향을 끼쳐 노화를 촉진한다는 이론으로, 주로 식품첨가물과 같은 음식물이 문제가 된다.

• 자가면역설(Autoimmune theory)

면역 체계에 어떤 손상이 일어나 자신과 외부에서 들어온 이물질을 구별하지 못하고 자신의 물질에 대항하는 항체를 만들어 파괴함으로써 노화가 진행된다는 가설이다.

• 실책설(Random environmental error theory)

환경 오염 등에 의해 특정 유전자 배열에 손상이 생겨 비정상적인 단백질을 생성함으로써 노화를 초래한다.

2) 노화의 예방

(1) 식생활

① 열량 제한

열량의 섭취 정도에 따라 노화의 진행 속도가 조절된다는 사실은 1930년대에 McCay와 그의 동료들에 의해서 처음 증명되었다. 이들은 젖을 막 뗀 흰쥐에게 음식물의 기본 요소는 충분히 공급하되 에너지만 제한된 먹이를 준 결과, 충분한 먹이를 마음대로 먹은 쥐보다 수명이 더 길었음을 발견하였다.

열량 섭취를 제한할 경우, 세포의 변화도 지연될 수 있다. 신경 전달 물질인 도파민(dopamine) 수용체의 손실이 지연되고, 면역 반응이 오래 유지될 수 있으며, 가령에 따라 나타나는 혈청 지질의 농도 변화도 지연되는 것으로 보인다.

동물 실험 결과, 열량과 단백질 함량이 높은 식사를 주었을 경우 성장 속도가 빠르고 신체의 크기 및 체중이 많이 증가했으나, 다른 한편으로는 퇴행성 질환의 발생이 빨라졌다.

빠른 성장 속도와 빠른 체중의 증가가 노화를 가속화시킨다는 제안은 오늘날의 성장 패턴에 심각한 문제점을 던져 준다. 요즘의 아이들이 전 세대에 비하여 키도 커지고 체중도 더 나가며 사춘기도 일찍 찾아온다는 사실은 위의 가설에 비추어 볼 때, 이들이 노화 과정도 더 일찍 맞게 된다는 이야기가 되기 때문이다.

그렇다고 해서 사람에게 있어서 영유아기 때 단백질 및 열량을 제한하는 것은 적절하지 못하다. 그러나 성장과 성숙이 끝난 청년기 이후에는 열량 섭취를 줄이는 것이 바람직하다.

② 항산화(抗酸化) 영양소

유리라디칼은 여러 가지 퇴행성 질환의 발생과 관련이 있으므로 항산화제의 사용이 노화를 방지하는 데 부분적으로 기여할 것이다. 때문에 비타민 E와 C, β-카로틴, 셀레늄(Se)과 같은 항산화 영양소에 대한 관심이 높아지고 있다. 평소에 채소와 과일을 자주 섭취하는 것은 항산화 효과를 볼 수 있는 바람직한 노화 방지 방법일 것이다.

(2) 호르몬 보충 요법

호르몬 보충이란 연령이 증가함에 따라 분비가 감소하는 호르몬을 투여하는 방법으로, 주로 성장호르몬, 남성호르몬, 여성호르몬, DHEA(dehydroepialdosterone), 멜라토닌 등이 이용되고 있다. 대표적 노화 관련 호르몬이라 칭하는 성장호르몬은 노인에게서 발생하는 근력 및 의욕 저하, 골다공증 등 여러 노화 변화를 몇 년 전 상태로 바꾸어 놓는 데 이바지한다고 하여, 성인용 성장호르몬 시장이 급팽창하고 있다.

그러나 이 방법은 비용 부담이 크고, 당뇨병이나 악성 종양 발생의 위험과 같은 부작용이 거론되는 등 장기적 안정성에 대한 연구가 끝나지 않았으므로 신중하게 고려하여야 할 것이다.

(3) 운동

가장 중요하고 과학적으로 증명되면서 비용도 적게 드는 노화 방지 방법이 운동이다. 특히 달리기, 수영 등 적절한 유산소 운동과 근력 운동은 면역 기능을 높이고 성인병의 위험을 줄여주며, 가령에 따라 부족해지기 쉬운 호르몬 증강 효과와 항산화 효과를 가질 수 있다.

유산소 운동, 근육 운동, 균형 훈련, 스트레칭 등을 하루 20분 이상, 일주일에 5회 이상만 열심히 하여도 8~9년 젊어지고 오래 사는 효과가 있다.

3. 노인기의 생리적 변화

인체의 여러 생리적 기능은 연령이 증가함에 따라 감소한다. 30세와 비교하였을 때 폐 기능(최대 산소 섭취량, 최대 호흡 능력, 폐활량)이 가장 많이 감소하고 신장 기능(신장혈류량), 심장 기능(심박출량) 순으로 감소한다. 뇌 기능(신경전달 속도)의 감소는 비교적 다른 기관에 비해 적다.

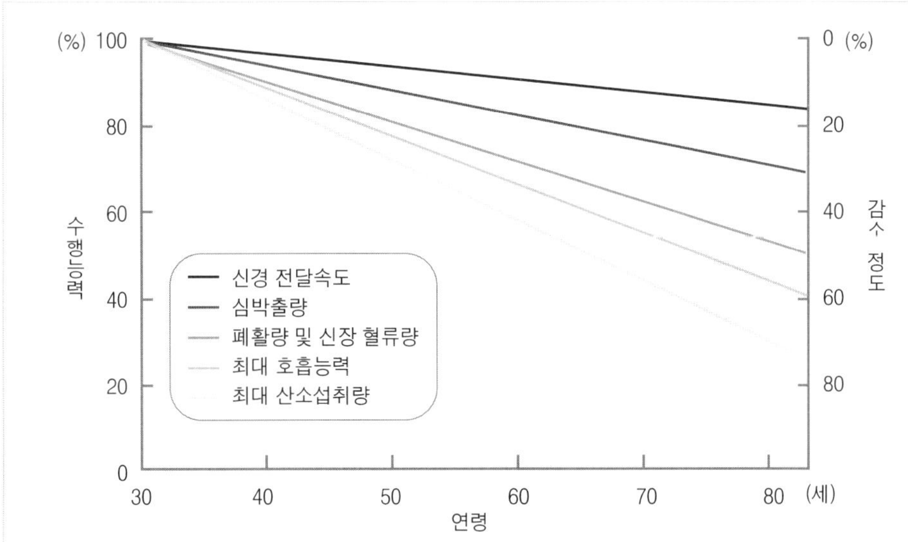

〈그림 9-4〉 연령 증가에 따른 생리적 기능 감퇴 현상
〈Shock NW, Nutrition in old age, Sysmposia Swedish Nutrition Fondation, Stockholm, Sweden, 1972〉

1) 세포수의 감소

세포의 종류에 따라 감소 정도는 다르지만 세포의 수는 노화가 진행될수록 점차 감소한다. 성장 후 신경세포는 세포 분열이 불가능하여 세포가 손상을 입게 되면 세포수가 감소한다. 또한, 피부, 점막의 상피세포, 간이나 신장세포와 같이 재생이 가능한 세포의 경우에도 노화가 진행됨에 따라 재생 속도가 느려지고 효율성이 떨어져 세포수가 줄어들게 된다〈그림 9-5〉. 체내 세포 수의 감소는 노화에 따른 생리 기능의 저하로 이어진다.

2) 체성분의 변화

신체 조성도 노화에 따라 변화한다. 〈그림 9-6〉에서 보면 25세 청년과 70세 노인의 체성분 비율을 비교하였는데, 70세 노인은 25세 청년에 비해 근육량은 감소하고 체지방은 증가하였음을 알 수 있다. 지방 조직에는 수분이 적게 들어 있기 때문에 지방량이 증가하면 이 체내 수분량, 특히 세포내액이 현저하게 감소한다. 지방이 과잉 축적되면 관상동맥, 심장질환, 당뇨병 같은 성인병이 발병할 확률이 높아진다.

또한, 사람의 골질량은 30~35세에 최고를 이루다가 그 이후 감소한다. 나이가 들수록 골세포 수가 감소되고 뼈 망상 구조를 이루는 콜라겐 합성과 무기질 침착이 부족하게 되어 긴 뼈의 두께가 얇아지고 골수강이 넓어진다.

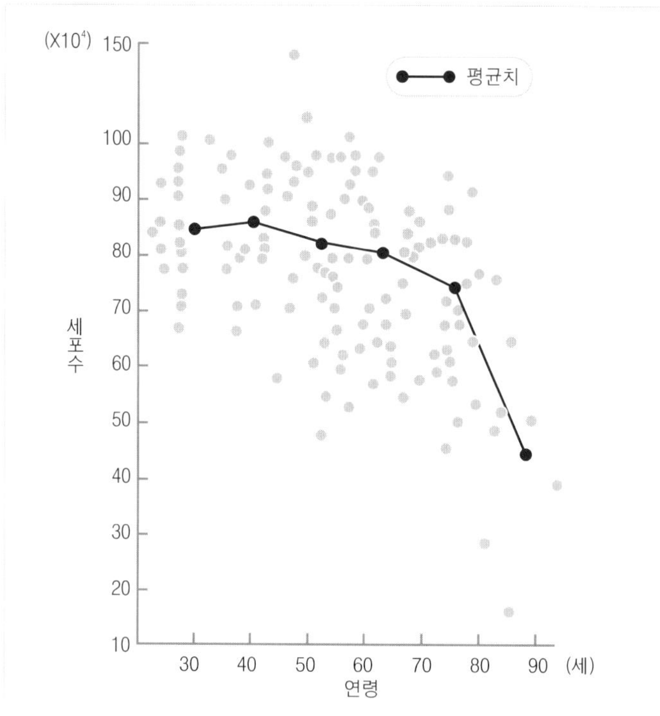

〈그림 9-5〉 연령 증가에 따른 체세포수의 감소

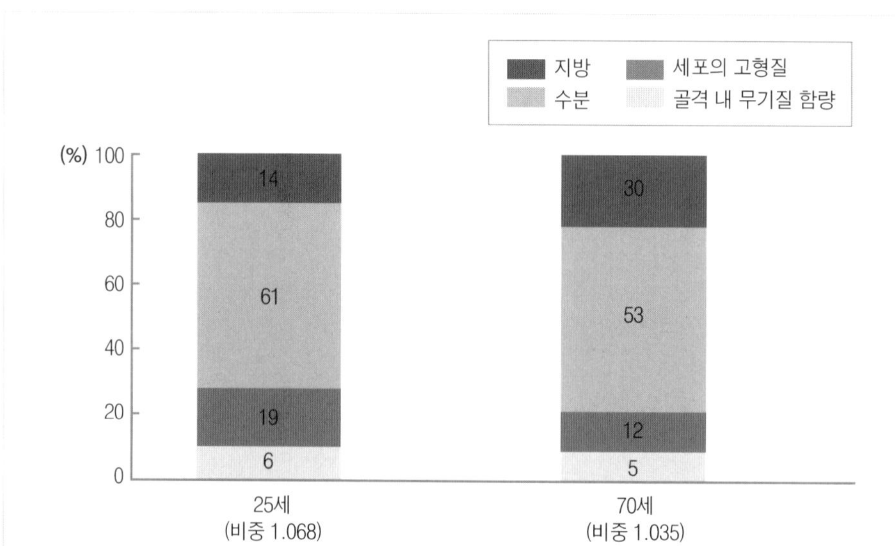

〈그림 9-6〉 25세 청년과 70세 노인의 신체 구성분 비교
〈Fryer JH, Biological aspects of aging, Columbia University Press, NY, 1962〉

3) 기초대사량의 감소

기초대사량은 성별, 나이, 체격 및 신체 조성 등에 의해 영향을 받고 있으나 주로 근육량에 의존한다. 기초 산소 소모량으로 나타낼 수 있는 기초대사량은 20세가 지나면서 감소하기 시작하는데, 45세 이후에는 감소 정도가 더욱 커지게 된다.

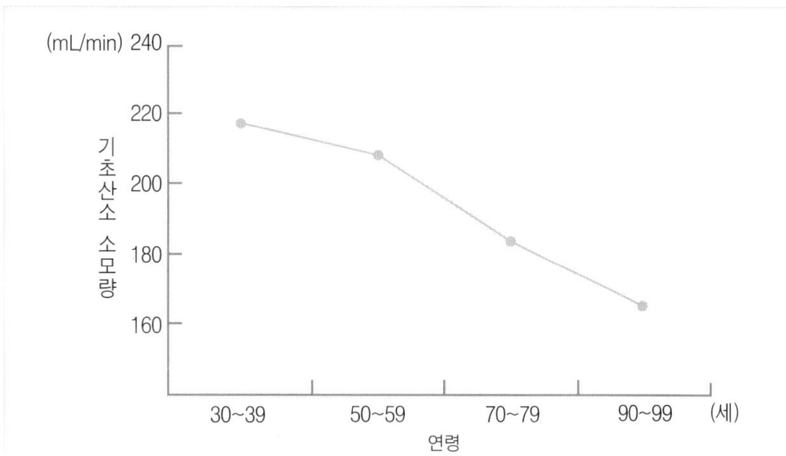

〈그림 9-7〉 연령 증가에 따른 기초 산소 소모량의 감소
〈Shock NW et al, J Gerontol 18:1, 1963〉

4) 뇌 · 신경계의 변화

나이가 들어감에 따라 뇌세포의 수가 감소하고 도파민(dopamine), 세로토닌(serotonin), 아세틸콜린(acetylcholine) 등의 신경전달 물질의 합성이 감소하여 뇌 신경전달 속도가 둔화되어 자극에 대한 반응이 느려진다.

5) 혈액 성분의 변화

나이가 들어감에 따라 골수에서의 조혈 작용은 감소되어 적혈구의 양이 감소되고 용혈성이 증가되어 빈혈이 증가된다〈그림 9-8〉.

혈중 콜레스테롤 수치는 남자의 경우 30세부터 증가하여 50대까지 증가하다가 60대부터 감소하나, 여자는 50세 이전에는 조금씩 증가하다 50세 이후에는 급격히 증가하여 50세 이후에는 여자가 남자보다 고콜레스테롤혈증 유병률이 높아진다. 그 이유는 여자는 50세 전후에 폐경이 되면서 에스트로겐의 분비가 감소되어 혈중콜레스테롤 농도가 증가하기 때문이다.

또한, 연령이 증가함에 따라 혈액 내 지방을 제거하는 능력이 감소되어 혈중 중성지방 농도가 증가하게 된다. 따라서 고령자에게서 심혈관계 질병의 발생이 급증한다 〈그림 9-9〉.

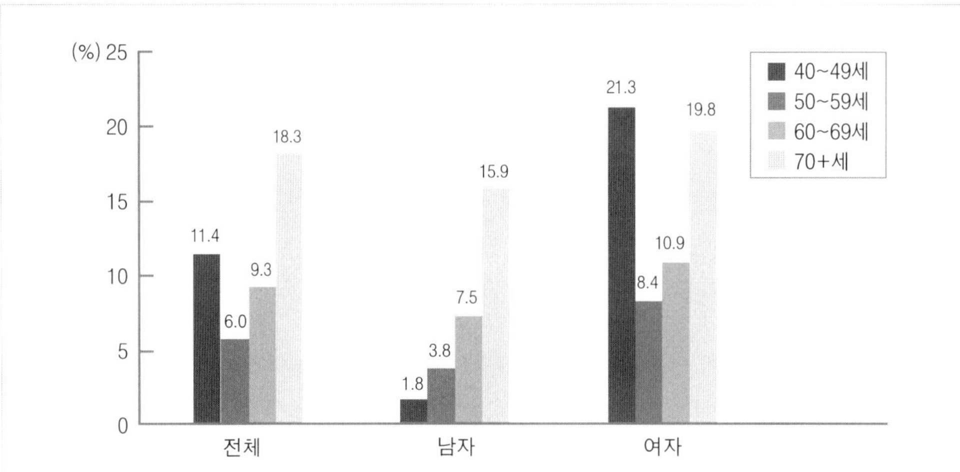

〈그림 9-8〉 연령 증가에 따른 빈혈 유병률의 증가
〈보건복지부 질병관리본부, 2009 국민건강통계 : 국민건강영양조사 제4기 3차년도, 2010〉

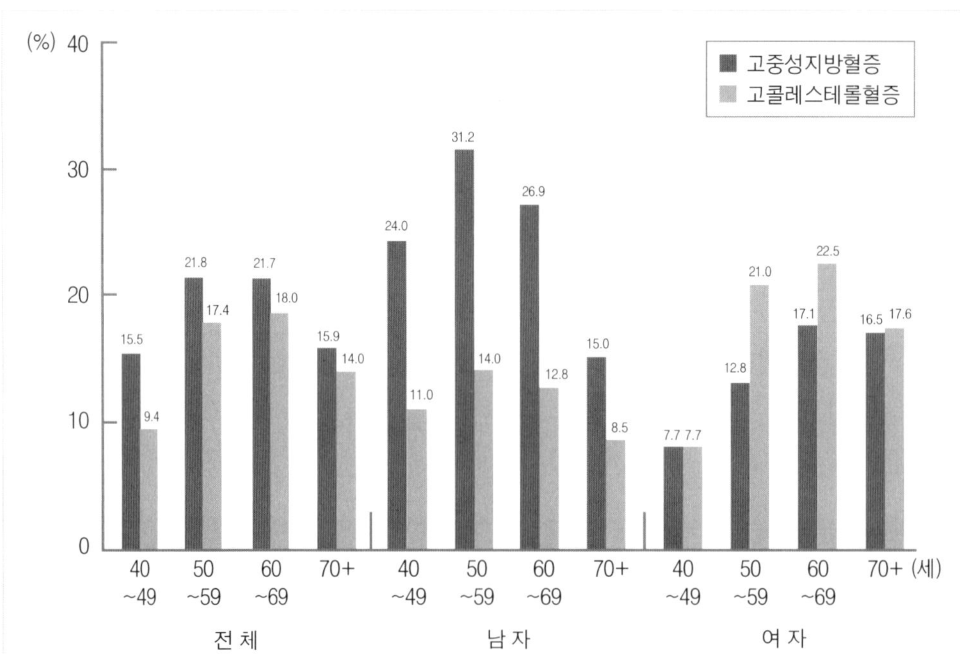

〈그림 9-9〉 연령 증가에 따른 이상지질혈증의 변화
〈보건복지부 질병관리본부, 2009 국민건강통계 : 국민건강영양조사 제4기 3차년도, 2010〉

6) 심혈관계 기능의 변화

나이가 들어감에 따라 심장 근육의 감소와 동맥의 탄력성 감소로 인해 심장의 박동이 약화된다. 또한, 동맥경화성 침착이 생김으로 인해 말초 저항이 증가되어 혈압이 상승하며 심장 활동에 부담을 주게 된다. 수축기 혈압은 55세 이후부터 증가하지만 확장기 혈압은 25~35세 사이에 증가하다가 그 이후부터는 거의 변함이 없다. 이러한 심혈관 순환계의 기능 저하는 수명 단축의 큰 요인이 된다.

7) 폐 기능의 감소

나이가 들어감에 따라 폐포 표면적이 감소하고 탄력성이 줄게 되어 폐활량과 폐용량이 감소하고 호흡 기능도 약화된다. 폐는 여러 장기 중에서 감소율이 가장 큰 기관으로 고령에서는 총 폐용량과 폐활량이 각각 40%, 50%까지 감소한다. 노인기에는 만성기관기염, 폐기종, 폐쇄성 폐질환, 기관지 협착, 노인성 천식이 일어나기 쉽다.

8) 소화 기능의 변화

소화기관에 노화 현상이 일어나 소화기관이 위축된다. 나이가 들면 소화액의 분비량이 감소하고 흡수율을 감소시킨다. 위장관 근육층의 탄성이 없어져 소화 불량이나 만성적 변비를 일으키기도 하고, 장내 부패를 증가시켜 가스가 차고 설사를 일으킨다.

(1) 구강

노인기에는 치근이 위축되어 이가 빠지기 쉬우며 치아가 빠졌거나 치아 상태가 나쁜 경우 음식 씹기가 어려워 음식물을 잘 먹지 못하게 되므로 영양 불량이나 편식의 원인이 된다. 또한, 노인은 타액 분비가 감소하므로 음식을 씹고 삼키는 능력이 감소된다〈그림 9-10〉. 나이가 많아지면서 미뢰 수가 감소하고 미뢰가 위축되어 미각이 점차 둔해져 맛을 잘 느끼지 못한다.

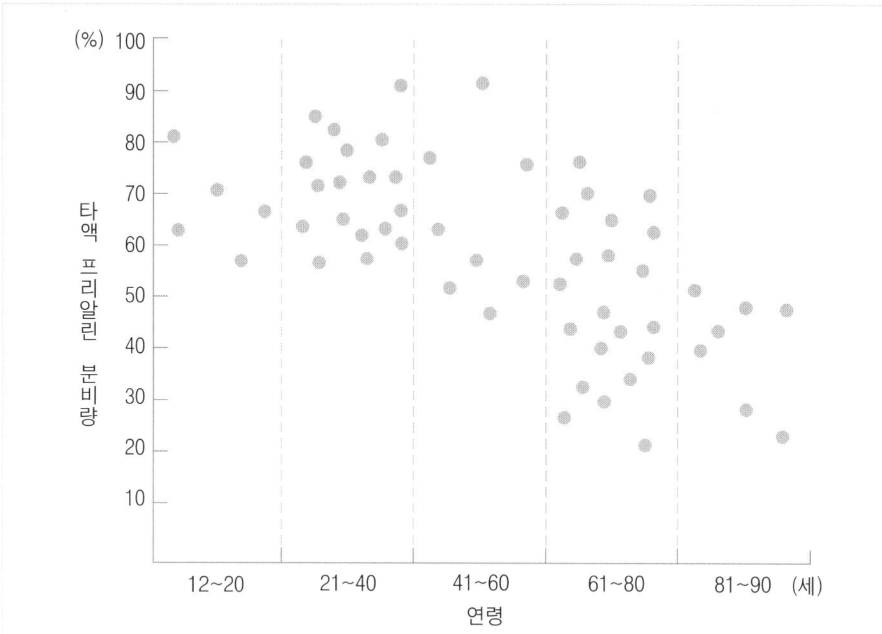

〈그림 9-10〉 연령 증가에 따른 타액 프티알린 분비량의 감소

(2) 위

위의 수축력 등 운동 기능도 가령과 함께 감퇴되어 위 내 음식물 이동 시간이 지연된다. 위액 분비량도 감소되고 위점막 위축으로 인한 내적 인자(intrinsic factor, IF)의 분비 감소는 비타민 B_{12}의 흡수를 감소시킨다. 노인은 비타민 B_{12}의 부족에 의한 거대적아구성 빈혈이 나타날 수 있으므로 노인은 비타민 B_{12}가 많이 함유된 육류, 간 등을 충분히 섭취하는 것이 중요하다. 또한, 노인의 경우 위산 분비의 감소로 철 흡수율이 감소한다. 헴철은 비헴철에 비해 흡수율이 높고 위산이나 다른 식이 인자에 의해 많은 영향을 받지 않는다. 그러나 신선한 채소 및 과일 섭취를 통해 비헴철을 섭취할 때는 철의 흡수율이 낮으므로 비헴철 흡수를 돕는 비타민 C와 함께 섭취하도록 한다. 또한, 칼슘도 위장의 위산 분비 감소로 흡수율이 감소한다.

(3) 소장

탄수화물의 흡수율은 80세 이상에서도 감소하지 않으나 장에서 분비되는 락타아제(lactase)의 양과 활성이 감소하므로 유당을 함유한 우유 등의 식품 섭취에 유의하는 것이 좋다. 노인기에는 지질 분해 효소의 활성이 저하되고, 담즙의 분비도 감소하므로 전반적으로 지질의 흡수 능력이 떨어지게 되어 지질의 소화와 흡수는 당질이나 단백질에 비해 낮다.

(4) 대장

결장에서는 운동성이나 탄력성 감소로 변비가 초래되기도 한다. 식이섬유와 물의 섭취가 부족하고 활동량이 적으면 변비 증상이 악화되므로 규칙적인 운동과 적절한 수분 및 식이섬유의 섭취가 필요하다.

9) 신장 기능의 감소

연령이 증가함에 따라 신장 기능도 감소하게 되어 만성 신장병 유병률이 증가한다 〈그림 9-11〉. 사구체에서는 여과율이 낮아져서 혈액 내 약물 또는 대사물질을 제거하는데 드는 시간이 길어진다. 또한, 세뇨관에서는 포도당, 혈장 단백질, 비타민 C 등의 재흡수율이 저하되며 노인의 경우, 신장에서 요를 농축할 수 있는 기능이 감소하므로 쉽게 탈수가 일어날 수 있다.

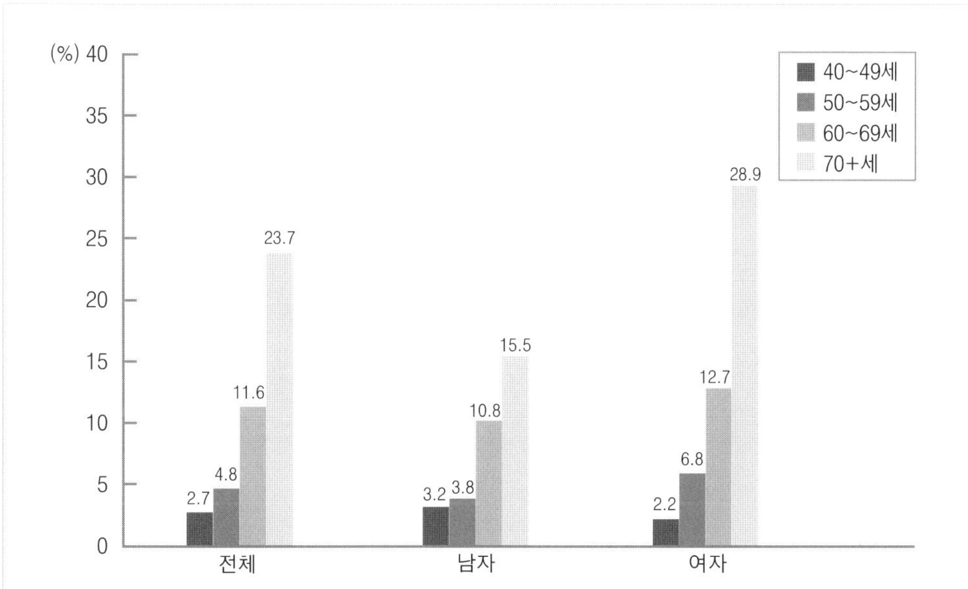

〈그림 9-11〉 연령 증가에 따른 만성 신장병 유병률의 증가
〈보건복지부 질병관리본부, 2008 국민건강통계 : 국민건강영양조사 제4기 2차년도, 2009〉

10) 감각기능의 변화

미뢰 수의 감소 및 위축으로 미각이 점차 둔해진다. 60세 이후에는 그 변화가 심해지며, 비타민 B 복합체가 부족하면 더욱 촉진된다. 연령의 증가에 따른 미각의 변화가 나타나며 60세 이상의 노인에서 4가지 기본적인 맛에 대한 역치를 30대와 비교해 보면, 단맛은 2배, 짠맛은 3.5배, 신맛은 1.5배 쓴맛은 3배 정도 증가한다. 이와 같이 나이가 많아지면서 맛에 대한 감각이 둔해지는데, 그중에서도 식염의 과잉 섭취는 유의해야 한다.

후각의 예민도가 떨어지면서 음식의 냄새를 즐길 수 없으므로 식욕이 떨어지게 된다. 이에는 흡연, 음주, 의치 등의 영향도 크다. 노화로 인한 산화적 손상은 시각세포의 수를 감소시키며, 시력 감퇴 및 백내장의 원인이 된다. 이로 인하여 식사를 하거나 요리를 하는 데 지장을 받게 된다.

11) 호르몬의 변화

연령이 증가함에 따라서 호르몬의 분비 기능에 이상이 오고 표적세포의 감수성이 저하되어 이용률이 저하되며 배설이 지연되는 등 호르몬 평형을 유지하려는 기능이 약화된다.

성장호르몬은 연령이 증가함에 따라 분비량이 점차 감소하여, 60세가 넘으면 정상의 50% 이하로 분비량이 감소한다. 남성은 테스토스테론(testosterone) 분비량도 연령이 증가함에 따라 점차 감소하여 80세 이후에는 50세 이전에 비하여 혈청 테스토스테론이 40%로 감소한다. 여성도 폐경 후 에스트로겐(estrogen) 분비가 감소한다.

뇌하수체 후엽 호르몬인 항이뇨호르몬(antidiuretic hormone, ADH) 조절에도 이상이 생겨 노년층에서 요 농축 능력이 저하되며 레닌(renin)과 알도스테론(aldosterone) 분비도 연령이 증가함에 따라 감소한다.

4. 노인기의 영양섭취기준

1) 에너지

에너지 필요량은 기초대사량과 신체 활동 수준에 따라 결정되는데, 노인의 경우 기초대사량과 신체 활동이 적어 전체 에너지 필요량은 감소한다.

노인의 에너지 필요추정량을 산출한 결과, 남자 노인의 평균 에너지 필요량은 2,000kcal, 여자 노인은 1,600kcal이다. 에너지 섭취 비율은 심혈관 질환 위험 요인 및 혈당에 대한 비율을 분석하여 성인과 마찬가지로 탄수화물 55~70%, 지질 15~25%, 단백질 7~20%이다.

〈표 9-2〉 한국인 체위 기준과 에너지 필요추정량

연령/성별	남 자			여 자		
	신장(cm)	체중(kg)	에너지 필요 추정량(kacl)	신장(cm)	체중(kg)	에너지 필요 추정량(kacl)
65~74세	164	59.2	2,000	151	50.2	1,600
75세 이상	164	59.2	2,000	151	50.2	1,600

〈보건복지부 · 한국영양학회 · 식품의약품안전청., 한국인 영양섭취기준, 2010〉

〈표 9-3〉 단백질 영양섭취기준

연령/성별	남 자		여 자	
	평균필요량(g)	권장필요량(g)	평균필요량(g)	권장필요량(g)
65~74세	40	50	35	45
75세 이상	40	50	35	45

〈보건복지부 · 한국영양학회 · 식품의약품안전청, 한국인 영양섭취기준, 2010〉

2) 단백질

노인기는 체내 총 질소량, 즉 단백질량이 감소하면서 성인의 60~70% 수준으로 떨어진다. 그러나 각종 전염성 질환 및 만성 대사성 질환의 위험이 증가하고, 소화 기능이 저하되므로 단백질 필요량은 젊은 성인과 별 차이가 없다. 즉 노인의 경우 단백질 이용 효율은 감소하나 체중당 근육의 비율이 감소하므로 체중당 단백질 필요량은 성인과 동일하다.

3) 탄수화물

국민건강 영양조사에 의하면, 탄수화물로부터 에너지 섭취비율은 20~49세는 55~70%이고, 50~64세는 60~75%, 65세 이상은 65~80%로 나타나 연령이 증가할수록 탄수화물 에너지 섭취 비율이 증가한다고 한다. 포도당 내응력이 저하되는 노인에서 탄수화물 섭취 증가는 당뇨병 유발의 원인이 될 수 있으며, 또한 혈중 중성지방 농도의 상승과 더불어 대부분의 만성 질환과 관련된 위험 인자들을 증가시킬 수 있다. 탄수화물 섭취량은 총 에너지 섭취량의 55~70%를 권장하고 있으므로 70%를 넘지 않도록 유의한다.

노인들은 저작 불편 등의 이유로 채소 · 과일을 기피하는 경향이지만 치아 상태, 소화 능력을 고려하여 가급적 신선한 과일, 채소, 해조류, 두류를 많이 섭취하도록 한다. 노인의 경우 식이섬유를 하루에 남자 25g, 여자 20g 섭취할 것을 권장한다.

4) 지질

노인에게 총 에너지 섭취량의 15~25%, 즉 하루 35~55g 정도의 지질 섭취를 권장하고 있다. 적절한 지질 섭취는 소화기에 대한 부담을 덜어주고 지용성비타민과 필수지방산의 공급을 위하여 필요하나, 노인기에는 담즙과 리파아제(lipase) 분비가 감소하여 지질의 소화 · 흡수가 저하된다. 따라서 노인의 열량 섭취를 감소시키기 위해서는 지질 섭취를 제한하는 것이 바람직하다. 또한, 지질의 과잉 섭취는 순환기 질환을 비롯한 성인병 유발의 원인이 된다. 콜레스테롤 섭취는 1일 300mg 미만이고, 트랜스지방산은 1% 미만, P/M/S비는 1/1~1.5/1이다. n-6/n-3 비는 4~10의 범위가 되도록 유의하여 섭취하도록 한다.

5) 비타민

노인이 되면 식사의 섭취 상태가 양호하지 못하므로 미량 영양소의 부족이 오기 쉽다. 그러므로 비타민의 영양섭취기준은 성인에 비해 약간 낮거나 동일한 수준이며,

비타민 D는 성인의 2배로 책정되었다.

(1) 지용성비타민

65세 이상의 연령에서는 미량 영양소의 부족이 올 수도 있으므로 50~64세의 비타민 A 권장섭취량과 동일하게 남자 700μgRE, 여자 600μgRE로 책정하였다. 폐경 이후의 여성이나 노년기 남성의 경우 비타민 A 과잉 섭취가 골밀도 감소를 가져와 골절 위험이 증가될 가능성이 제기되므로 가능한 1일 1,500μg 이하로 섭취하는 것이 바람직하다.

노인이 되면 비타민 D의 대사율은 매우 떨어지고 피부에서 비타민 D의 합성 능력이 감소한다. 더욱이 노인은 활동의 제약으로 자외선 노출 기회가 적을 뿐만 아니라 신장에서 활성형 비타민 D로 전환되는 효율도 감소하므로 비타민 D는 부족되기 쉽다. 그러므로 비타민 D의 충분섭취량은 성인의 2배인 10μg으로 설정하였다. 그러나 비타민 D의 과잉 섭취는 고칼슘혈증(hypercalcemia)을 초래할 수 있으므로 비타민 D를 과량 함유한 보충제 섭취는 주의하여야 한다.

〈표 9-4〉 지용성비타민의 영양섭취기준

연령		비타민 A(μgRE)	비타민 D(μg)	비타민 E(mg-TE)	비타민 K(μg)
		권장필요량	충분필요량	권장필요량	충분필요량
남자	65~74세	700	10	12	75
	75세 이상	700	10	12	75
여자	65~74세	600	10	10	65
	75세 이상	600	10	10	65

〈보건복지부 · 한국영양학회 · 식품의약품안전청, 한국인 영양섭취기준, 2010〉

(2) 수용성비타민

노인의 경우 에너지 필요량이 감소하기 때문에 비타민 B_1, 비타민 B_2, 니아신 필요량이 감소해야 하지만 이들 영양소의 요구량이 성인과 차이가 없다는 보고에 따라 비타민 B_1, 비타민 B_2, 니아신의 권장섭취량은 성인과 동일하게 설정되었다.

비타민 B_6나 엽산 역시 급원 식품이 성인과 크게 다르지 않고 흡수 이용률이 감소된다는 증거가 없으므로 65세 이상에서도 평균필요량과 권장섭취량도 젊은 성인의 값과 같게 설정되었다. 비타민 B_6는 엽산, 비타민 B_{12}와 함께 심장질환이나 뇌졸중의 위험 인자로 인식되기도 하였다. 나이가 듦에 따라 혈청 비타민 B_{12}는 감소하는데, 이는 위염이나 위산분비 감소 등으로 비타민 B_{12}의 흡수가 감소되고 간의 저장량이 줄어들기 때문인 것으로 보인다. 또한, 비타민 B_{12}는 동물성 식품에 주로 포함되어 있는데, 노인들의 경우 저작 능력의 저하로 동물성 식품을 기피하게 되어 섭취가 부족하기 쉽다. 또한, 위점막의 수축과 더불어 위염, 위산 분비 감소 등으로 비타민 B_{12}의 흡수가 감소되므로, 비타민 B_{12}의 권장섭취량은 성인과 같다.

노인의 비타민 C 권장섭취량은 성인과 마찬가지로 100mg이다. 흡연을 하는 노인의 경우 비타민 C 섭취량은 같아도 높은 스트레스와 대사의 차이로 인해 비타민 상태가 낮다는 보고들이 있어 흡연자는 비흡연자에 비해 30mg의 비타민 C를 추가 섭취하도록 권장하였다.

〈표 9-5〉 수용성비타민의 권장섭취량

연령		비타민 B_1(mg)	비타민 B_2(mg)	니아신 (mg NE)	비타민 B_6(mg)	엽산(μg DFE)	비타민 B_{12}(μg)	비타민 C (mg)
남자	65~74세	1.2	1.5	16	1.5	400	2.4	100
	75세 이상	1.2	1.5	16	1.5	400	2.4	100
여자	65~74세	1.1	1.2	14	1.4	400	2.4	100
	75세 이상	1.1	1.2	14	1.4	400	2.4	100

〈보건복지부 · 한국영양학회 · 식품의약품안전청, 한국인 영양섭취기준, 2010〉

또한, 노인 집단에서 비타민 C의 혈중 농도가 옅다고 보고되었는데 이는 식사로부터의 섭취량이 적거나 만성적인 질환이 있거나, 쇠약하거나 등의 다른 요인들에 기인한다.

6) 무기질

(1) 칼슘

노인의 경우 골질량 감소 및 골다공증 예방을 목적으로 칼슘의 필요량을 설정하였다. 노인은 성인에 비해 칼슘이 소변으로 손실되는 양이 증가하고 흡수율이 감소하며 옥외 신체 활동 부족으로 칼슘이 부족하게 되기 쉽다. 특히 폐경기 이후 여자 노인들은 골다공증과 골절의 위험률이 높다. 노인의 충분한 칼슘 섭취는 골질량 손실 억제를 통해 골다공증 예방 및 치료에 도움을 주므로 노인의 칼슘 권장섭취량은 65세 이상 700mg이다. 칼슘 급원으로 우유 및 유제품을 섭취할 경우, 칼슘 섭취와 더불어 칼슘 흡수를 증진시키는 비타민 D, 유당까지도 공급받을 수 있다.

최근 칼슘 등의 영양제 복용이 빈번하여 과잉 섭취하는 경우가 있다. 노인이 칼슘을 과잉 섭취할 경우 특히 철, 아연, 마그네슘 등의 흡수와 이용에 영향을 줄 수 있어 칼슘의 상한섭취량을 2,500mg으로 정하였다.

〈표 9-6〉 무기질의 권장섭취량

연령		칼슘 (mg)	인 (mg)	마그네슘(mg)	철 (mg)	아연 (mg)
남자	65~74세	700	700	350	9	9
	75세 이상	700	700	350	9	9
여자	65~74세	700	700	280	8	7
	75세 이상	700	700	280	8	7

〈보건복지부 · 한국영양학회 · 식품의약품안전청. 한국인 영양섭취기준, 2010〉

(2) 철과 아연

철의 영양섭취기준은 노인도 성인과 동일하게 평균 생리적 손실량 및 철 흡수율 12mg 적용하여 철 권장섭취량은 남자 9mg, 여자 8mg으로 설정하였다. 일반적으로 나이가 들어감에 따라 위액 분비가 감소되고, 철분의 흡수 장소인 장점막의 형태가 변하며, 장내 pH를 상승시키는 약물의 복용으로 철의 흡수와 이용률이 저하된다. 그러므로 노인에게 철분은 부족하기 쉬운 영양소이다. 또한, 철분 영양제의 과량 복용으로 인한 유해 영향 때문에 상한섭취량으로 45mg을 설정하였다.

아연은 내인성 손실량과 흡수율을 고려하여 아연 권장섭취량은 남자 9mg, 여자 7mg으로 설정하였다.

7) 수분

노인은 체내 총 수분량이 감소하여 수분 필요량이 적어진다. 그러나 나이가 들면 갈증을 예민하게 느끼지 못하여 수분 섭취량이 적어져 탈수가 생길 수 있다. 특히 혼자서 물을 마실 수 없는 노인이나 요실금으로 인해 수분 섭취를 적게 하려고 하는 경우 수분 섭취가 부족하게 된다.

또한, 노인들은 항이뇨호르몬의 분비가 감소하기 때문에 소변을 농축시키는 능력이 저하되므로 소변으로 손실되는 수분량이 많다. 그러므로 노인은 되도록 수분을 충분히 섭취할 것을 권장하여 우리나라 영양섭취기준에서 모든 노인 남자 2,100mL, 여자 1,800mL를 충분섭취량으로 정하였다.

〈표 9-7〉 수분의 충분섭취량

(단위 : mL/일)

연령/성별	남 자			여 자		
	음식	액체	총 수분 충분섭취량	음식	액체	총 수분 충분섭취량
65~74세	1,100	1,000	2,100	900	900	1,800
75세 이상	1,100	1,000	2,100	900	900	1,800

〈보건복지부 · 한국영양학회 · 식품의약품안전청, 한국인 영양섭취기준, 2010〉

5. 노인기의 영양 및 건강 문제

1) 우리나라 노인의 영양 섭취 실태

우리나라 노인의 영양 상태는 과거에 비해 많이 향상되었으나 성인기에 비해 탄수화물 위주의 단조로운 식사를 하고 있으며 연령 증가에 따라 식품 섭취가 저조하여 대부분 비타민과 무기질 등 미량 영양소의 섭취가 권장 수준에 미치지 못하고 있다. 2008년 국민건강 영양조사 결과를 보면, 에너지 섭취량은 영양섭취기준(2005년)의 83.6%였다. 영양섭취기준에 대한 평균 영양소 섭취율을 보면 단백질, 인, 나트륨, 철을 제외한 모든 영양소의 섭취 기준은 낮았다. 특히, 비타민 B_2, 칼슘, 칼륨 섭취가 낮아 노인에 있어서 이들 영양소가 부족하기 쉬운 영양소이다. 나트륨의 섭취 수준은 다른 연령층과 마찬가지로 충분섭취량의 3배 이상을 섭취하고 있다〈그림 9-12〉.

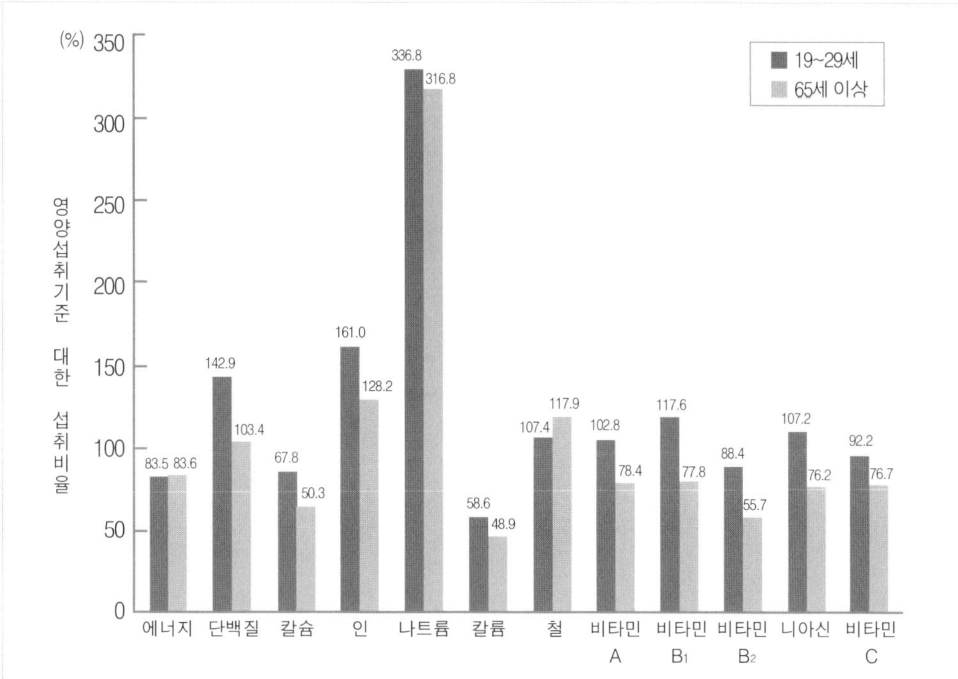

〈그림 9-12〉 영양소별 영양섭취기준에 대한 섭취비율

〈보건복지부 질병관리본부, 2008 국민건강통계 : 국민건강영양조사 제4기 2차년도, 2009〉

2009년 국민건강 영양조사 결과를 보면, 에너지 섭취량이 75% 미만이면서 칼슘, 철, 비타민 A, 비타민 B_2의 섭취량이 평균필요량 미만을 섭취하는 70세 이상 노인이 25.9%나 되었다. 영양 상태는 여자 노인이 더 불량하며, 농촌 지역 노인과 도시 저소득층 노인, 거동이 불편한 노인, 독거 노인, 특히 남자 노인이 혼자 사는 경우 영양 섭취 상태는 더 불량하였다.

에너지 섭취량이 필요추정량이 125% 이상이면서 지방 섭취량이 에너지 적정 비율의 상한선 이상을 섭취하는 70세 이상 노인은 1.3%에 지나지 않았다. 선진국에서는 고령자들에서 영양 과잉으로 인한 비만, 동맥 경화, 고혈압 등이 우려되고 있지만, 한국의 고령자들에게는 영양 과잉보다는 영양 부족이 더 큰 문제로 지적되고 있다〈그림 9-13〉.

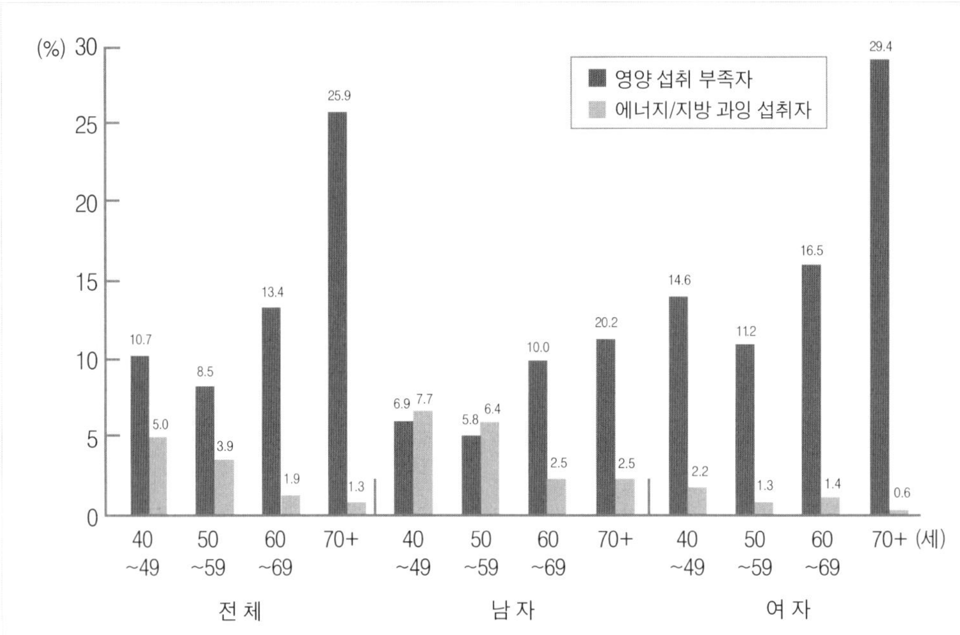

〈그림 9-13〉 연령 증가에 따른 영양섭취 부족자 분율과 에너지/지방 과잉 섭취자 분율
〈보건복지부 질병관리본부, 2009 국민건강통계 : 국민건강영양조사 제4기 3차년도, 2010〉

2) 노인의 영양과 관련된 건강 문제

노인의 질병 이환율은 거동의 부자유 등 각종 활동 장애를 유발시키고 생리적 및 병적 노화를 가속화시켜 수명을 단축시키는 결정적 인자가 된다. 단순히 얼마나 오래 사는가보다는 건강한 상태로 얼마나 오래 사는가가 강조되고 있으며, 건강 수명을 연장하기 위해서는 알맞은 신체 활동과 균형 있는 영양 섭취가 필수적이다. 그러나 노화가 되면 생리적인 기능 변화와 함께 노인성 만성 질환이 삶의 질을 저하시키는데, 이들 대부분은 식이와 관련이 되어 있다. 특히 백내장, 관절염, 골다공증, 뇌 기능 장애 등은 영양과 밀접하게 관련되어 있으므로 영양 및 식사 요인은 질병 예방과 조기 사망을 낮출 수 있다.

(1) 노인성 치매

치매(dementia)는 뇌세포의 변화로 뇌가 위축되고 신경원이 감소함에 따라 기억력 등 인지적인 기능에 손상이 오는 경우로 망령, 노망이라고도 한다.

나이가 많아질수록 치매 유병률은 증가하고 남자보다 여자에게서 더 높다. 보건복지부가 발표한 2009년 전국 치매 유병률 조사 결과에 따르면, 65세 이상 노인 중 치매 유병률은 8.6%로 44만 명에 이른다고 한다. 치매는 일반적으로 알츠하이머성(alzheimer) 치매, 혈관성 치매, 알코올성 치매로 분류되며 이 중 약 50%는 알츠하이머형 치매이다.

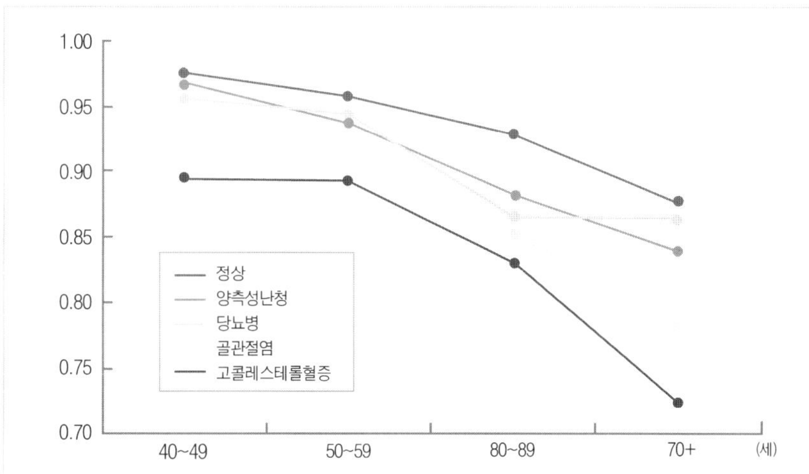

〈그림 9-14〉 연령 증가에 따른 만성질환별 EQ-5D 지수의 변화
〈보건복지부 질병관리본부, 2009 국민건강통계 : 국민건강영양조사 제4기 3차년도, 2010〉

① 알츠하이머성 치매

알츠하이머성 치매는 약속이나 이름을 잊는 것 같은 작은 기억 상실로 시작하다가 익숙한 환경에서도 방향 감각을 잃기 시작한다. 병이 진행됨에 따라 자신의 이름을 잊고 가족들을 알아볼 수 없게 된다.

알츠하이머성 치매 환자는 콜린(choline)과 아세틸 CoA로부터 신경전달 물질인 아세틸콜린(acetyl choline)을 합성하는 효소의 농도가 감소되어 있으므로 콜린이 많이 함유된 레시틴을 투여하여 기억력이나 치매 증상이 나아지는 효과를 기대하였으나 그 효과는 불분명하였다.

또한, 알츠하이머성 치매는 알루미늄 농도와 관련이 있으며 치매 환자 뇌조직의 알루미늄 농도는 정상 뇌조직의 농도보다 10~30배 정도 높다.

알츠하이머성 치매 환자에게서 과산화 지질과 산화적으로 손상된 DNA의 양이 증가되어 있음이 관찰되어 산화적 손상을 억제하는 비타민 E 등의 항산화 비타민과 항산화 생리활성 물질은 알츠하이머성 치매로 인한 기능 손실을 지연시킬 수 있을 것이다. 또한, 비타민 B_{12}, 엽산, 비타민 B_6, 니아신 부족에 의해서도 알츠하이머성 치매가 생길 수 있다고 보고되었다. 여성에게는 에스트로겐이, 남성에게는 테스토스테론 및 DHEA(dehydroepialdrosterone)가 알츠하이머성 치매의 예방 및 치료에 좋은 역할을 한다고 보고된 바 있다.

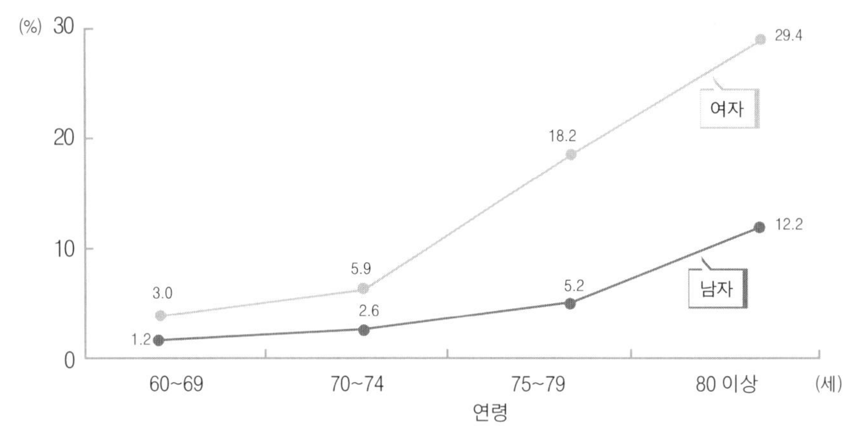

〈그림 9-15〉 연령 증가에 따른 치매 유병률의 증가

〈보건복지부 질병관리본부, 2009 국민건강통계 : 국민건강영양조사 제4기 3차년도, 2010〉

② 혈관성 치매

혈관성 치매는 다발성 뇌경색(multi-infarct)성 치매라고 하는데 뇌혈관 손상, 뇌졸중 등으로 뇌의 일부분이 손상되어 일어나기 때문에 뇌졸중의 원인이 되는 고혈압, 동맥경화 등의 철저한 관리가 치매 예방을 위해 중요하다. 아울러 비만을 방지하고 나트륨을 제한하며 칼륨과 칼슘 섭취를 증가시키고 지질 섭취를 조정하면 뇌졸중을 방지할 수 있으므로 혈관성 치매를 예방할 수 있다.

③ 알코올성 치매

알코올성 치매는 만성적인 알코올 남용으로 인해 뇌 손상이 일어난 것이다. 이것은 술에 취하지 않은 상태에서도 술에 많이 취한 것처럼 기억력과 인지력이 손상되나 금주를 계속 한다면 천천히 개선될 수 있다.

[TIP] 파킨슨병

파킨슨병은 도파민이라는 신경전달 물질을 생산하는 두뇌의 센경세포가 소실될 때 생긴다. 도파민은 근육 활동 조절에 필요한 중요한 물질이다. 그러므로 도파민이 부족하면 초기에는 팔다리가 자주 떨리고 걸음이 느려지다가 차츰 허리와 무릎을 구부린 구부정한 자세가 된다. 근육이 굳어져서 얼굴은 표성이 없어지며 농작이 둔해진다. 이 병은 50세 이하에서는 거의 발병되지 않지만, 연령이 증가되면 발병률이 높아져 75세에 최고에 달한다.

(2) 골격계 질환

① 골다공증

골다공증(osteoporosis)은 골질량의 감소 및 미세 구조의 약화로 인한 골격계 질환으로 뼈가 쉽게 부러질 수 있는 질병으로, 골밀도 측정 결과 T-score가 -2.5 이하인 경우 골다공증으로 진단한다. 우리나라 노인의 골다공증 유병률은 2009년 국민건강 영양조사에 의하면 70세 이상에서 남자는 18.9%, 여자는 68.2%로 보고된 바, 여자 노인이 남자 노인에 비해 유병률이 월등히 높으며 남녀 모두 연령이 높을수록 유병률이 높았다〈그림 9-16〉.

골다공증이 있으면 활동이 제한되고 뼈의 손실로 인해 손목 위나 대퇴골 상부, 고관절 등에 골절이 생기기 쉽다. 노인들의 고관절 골절은 합병증으로 1년 이내에 사망할 확률이 20% 될 정도로 치명적이다. 따라서 노인들은 빙판이나 목욕탕에서 미끄러져 넘어지지 않도록 주의해야 한다.

골다공증의 예방을 위해서 운동 또는 활발한 신체 활동을 하여 뼈 조직에 자극을 주면 뼈 조직의 보존과 신생이 촉진된다. 특히 옥외 활동은 자외선으로 인한 체내 비타민 D_3 생성을 자극하여 골다공증의 예방과 치료에 좋다. 그리고 우유나 유제품 등 칼슘 급원 식품의 섭취가 적은 노인은 칼슘 보충이 필요하다.

② 골관절염

골관절염은 관절의 통증과 함께 관절이 부어오르는 증상으로 노인에게 매우 흔한 질병으로서 활동을 제한하는 주요 원인이다. 뼈 말단은 신체를 움직이는 동안 연골이나 윤활 작용을 하는 활액(점액)에 의해서 보호된다. 그러나 나이가 들면서 보호 작용이 약해지거나 뼈가 어긋나거나, 관절에 염증이 생기면 통증을 느끼게 된다.

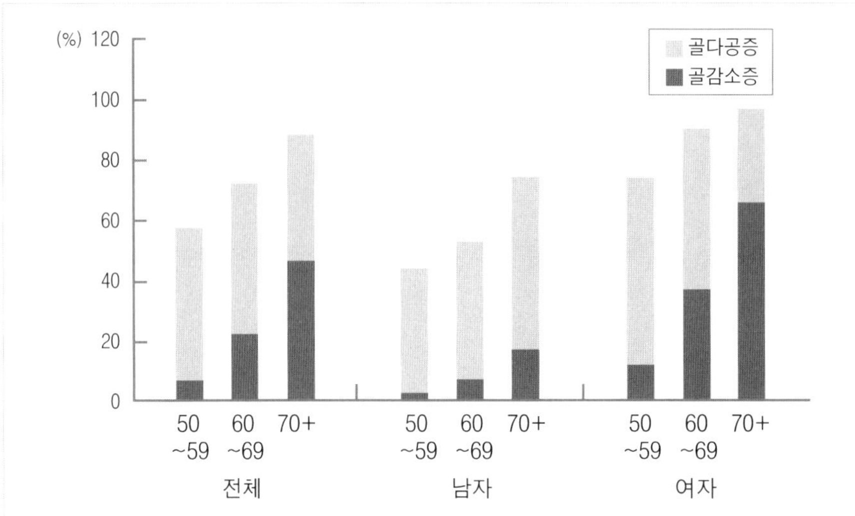

〈그림 9-16〉 연령 증가에 따른 골다공증 및 골감소증 유병률의 증가
〈보건복지부 질병관리본부, 2009 국민건강통계 : 국민건강영양조사 제4기 3차년도, 2010〉

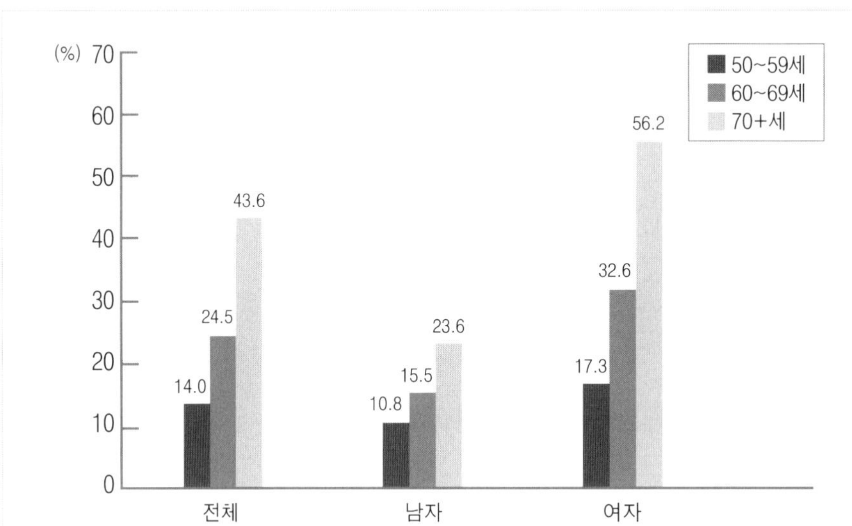

〈그림 9-17〉 연령 증가에 따른 골관절염 유병률의 증가
〈보건복지부 질병관리본부, 2009 국민건강통계 : 국민건강영양조사 제4기 3차년도, 2010〉

우리나라 노인의 골관절염 유병률은 주요 만성 질환 중에서 가장 높아 2009년 국민건강 영양조사 결과 70대에서는 43.6%로 나타났으며, 여자 노인이 남자 노인에 비해 유병률이 2배 이상 높았다〈그림 9-17〉.

골관절염은 비만하면 악화되므로 정상 체중을 유지해야 하며, 비만인 골관절염 환자가 체중을 줄이면 손 부위 관절 통증까지도 완화된다고 한다.

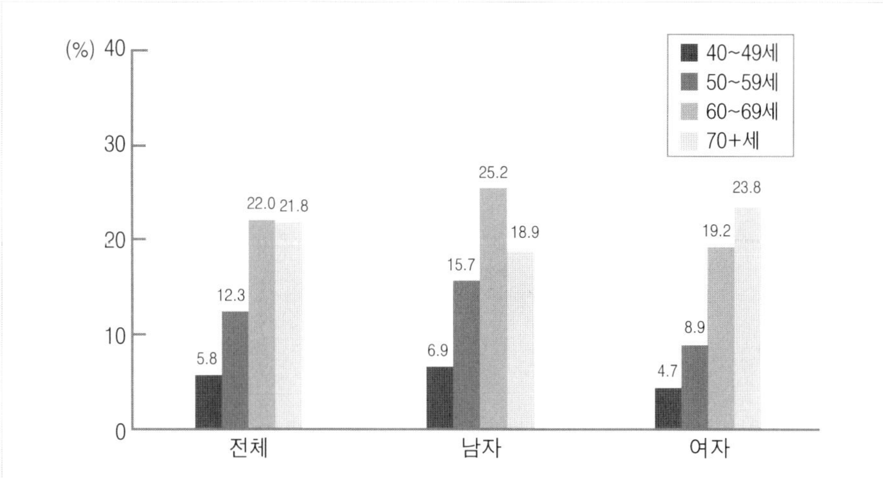

〈그림 9-18〉 연령 증가에 따른 당뇨병 유병률의 증가

〈보건복지부 · 질병관리본부, 2009 국민건강통계 : 국민건강영양조사 제4기 3차년도, 2010〉

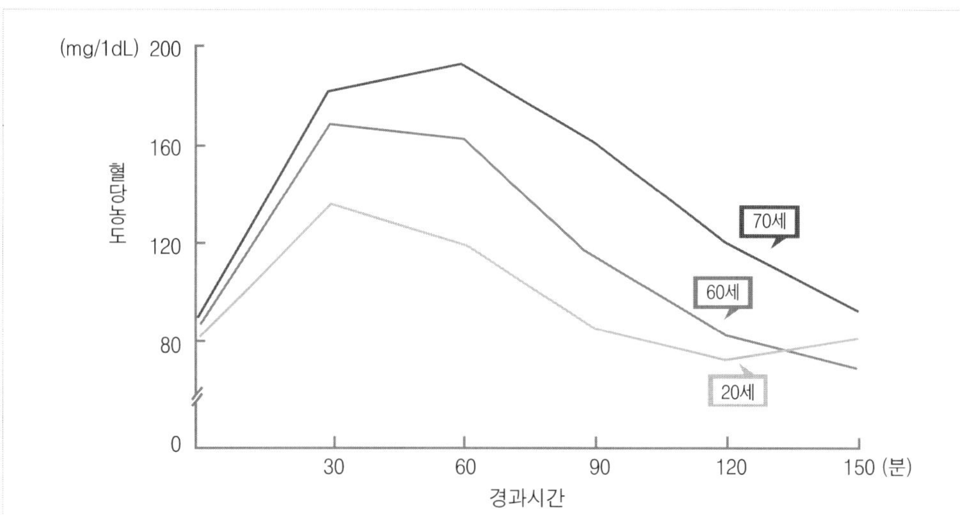

〈그림 9-19〉 연령 증가에 따른 포도당 내성의 변화

(3) 당뇨병

2009년 국민건강 영양조사에 의하면, 우리나라 60세 이상 노인의 당뇨병 유병률은 22.0%로 유병률이 높고 점차 증가하고 있는 실정이다〈그림 9-18〉. 노인에서 발생하는 당뇨병은 대부분 인슐린 비의존형 당뇨병으로 포도당 내성이 떨어지게 되어 당뇨병이 발생된다. 노인의 공복 시 혈당은 젊은이들과 비슷하지만 노인은 급격하게 혈당

치가 올라가며 정상치로 회복될 때까지의 시간도 길다〈그림 9-19〉. 그 원인은 노인이 되면 근육량이 감소하고 체지방량이 증가하며 활동량이 감소하기 때문이다. 그러므로 규칙적인 운동과 함께 혈당의 상승을 막기 위한 식사 조절로는 적정 체중을 유지하면서 균형 있는 식사(저당질식), 수용성 식이섬유가 풍부한 식사가 바람직하다. 농축된 당류는 피하고, 노인은 씹는 것이 어려우므로 부드럽게 조리된 채소, 과일류, 해조류 등을 충분히 먹도록 한다.

(4) 고혈압 및 순환기질환

55세 이후부터 심장 및 대동맥과 세동맥의 기능적 감퇴로 수축기 혈압이 증가하며 스트레스도 고혈압의 원인이 된다. 우리나라 70세 이상 노인의 고혈압 유병률은 69.5%로 상당히 높으며, 특히 남자보다는 여자의 유병률이 더 높다〈그림 9-20〉. 고혈압은 특히 심근경색, 뇌경색, 팔다리 말단 부위의 괴저 등을 일으키고, 특히 뇌경색 등의 뇌혈관질환은 후유증으로 지체 장애 및 언어 장애가 나타나 활동에 큰 제한을 주어 노인은 물론 가족 · 사회에까지 심각한 문제를 주는 질병이다. 고혈압의 위험 요인으로 과량의 나트륨 섭취를 들 수 있다. 미각이 둔화되는 노인은 성인에 비해 더욱 짜게 먹게 되므로 가능한 한 싱겁게 먹어 나트륨 섭취를 줄이기 위한 노력이 필요하다.

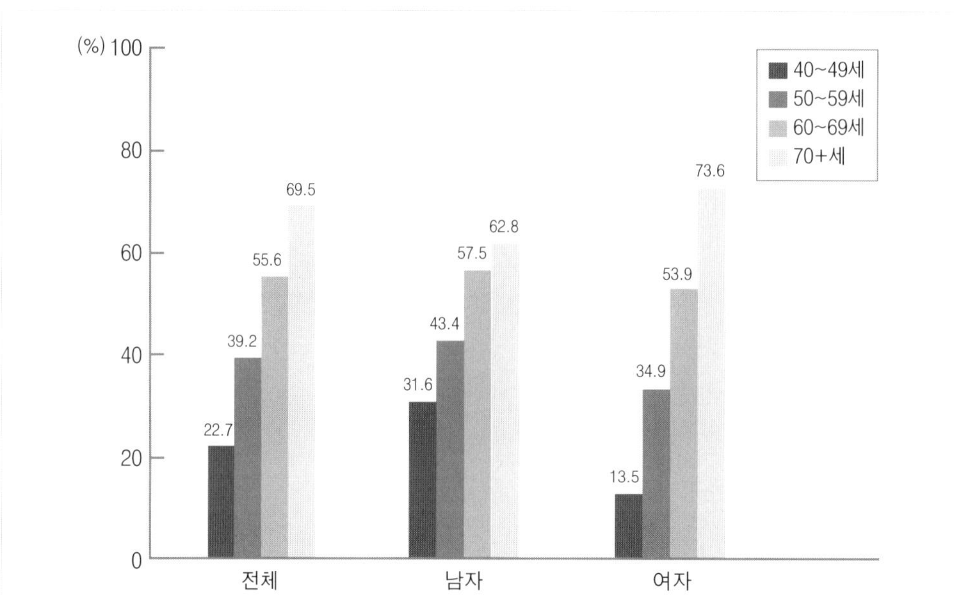

〈그림 9-20〉 연령 증가에 따른 고혈압 유병률의 증가
〈보건복지부 질병관리본부, 2009 국민건강통계 : 국민건강영양조사 제4기 3차년도, 2010〉

(5) 빈혈

우리나라 노인의 빈혈 유병률은 높으며, 노인 여자의 경우 남자보다 높다〈그림 9-8〉. 빈혈의 원인은 주로 철결핍인 경우가 많다. 노인은 치아 불량, 위산 분비 부족 등으로 육류와 신선한 채소를 기피하는 경향이 많아 철 섭취량이 줄어들고, 또한 노인의 철 흡수율과 이용률의 감소, 골수에서의 비효율적인 적혈구 생성, 빈번한 소화기관의 출혈, 만성적 식사 및 지방변에 의해 빈혈이 나타날 수 있다. 헴철 흡수율이 높고 위산이나 다른 식이 인자에 의해 많은 영향을 받지 않은 바, 헴철이 많은 육류, 간, 생선을 부드럽게 조리해서 섭취한다. 한편 신선한 채소 및 과일 섭취를 통해 비헴철의 흡수를 돕는 비타민 C를 충분히 섭취해야 한다. 노인은 비타민 B_{12}의 흡수가 빈약하고 혈청 수준이 점차 감소하는 경향이 있어서 비타민 B_{12} 부족에 의한 거대적아구성 빈혈이 나타날 수 있다. 거대적아구성 빈혈의 발병 연령이 평균 60세이므로, 예방을 위해 비타민 B_{12}가 풍부한 육류, 간 등을 충분히 섭취하는 것이 좋다.

(6) 시력 장애

① 백내장

백내장은 노화가 진행되면서 눈의 수정체가 두꺼워져 시력 장애가 온다. 우리나라 60대 이상 노인 중 14.5% 가량이, 70대 이상에서는 48.3% 백내장을 갖고 있다. 수정체의 단백질은 일생 햇빛에 노출되어 산화가 되는데, 노화에 의해 항산화 효소의 기능은 저하되고, 항산화 영양소의 농도도 감소하여 방어 기능이 저하되므로 수정체 단백질의 비가역적인 산화적 손상이 초래되고 이로 인해 백내장이 유발된다. 많은 역학 연구는 항산화 영양소인 비타민 C, E와 β-카로티노이드가 풍부한 음식을 많이 먹거나 또는 비타민 제제를 복용할 때 백내장 위험률이 상당히 감소된다고 보고하였다.

② 노인 황반변성

황반변성도 나이가 증가함에 따라 유병률이 증가된다. 황반변성은 망막의 중앙에 위치하고 있는 '황반'이 빛에 의해 산화적으로 손상되어 망막의 기능이 손상되는 질환으로 노인 황반변성(age-related macular degeneration, AMD) 환자는 처음에는 물체와 초점을 맞추지 못하다가 점점 시력을 잃어 결국 주위 사람들조차 알아보지 못하게 될 정도로 시력을 상실한다.

황반은 망막의 중앙 및 후면부에 위치해 있으며, 그 특징적인 황색으로 인해 '황색반점' 이라고도 한다. 황반에는 루테인(lutein)으로 구성된 황색 색소가 들어 있다. 식이로 섭취하는 루테인이 노인 황반변성으로부터 보호하는 효과가 있다는 연구 결과들이 보고되고 있으며, 루테인 함유 식품이 눈 조직에 침전되는 루테인의 양에 영향을 줄 수 있다.

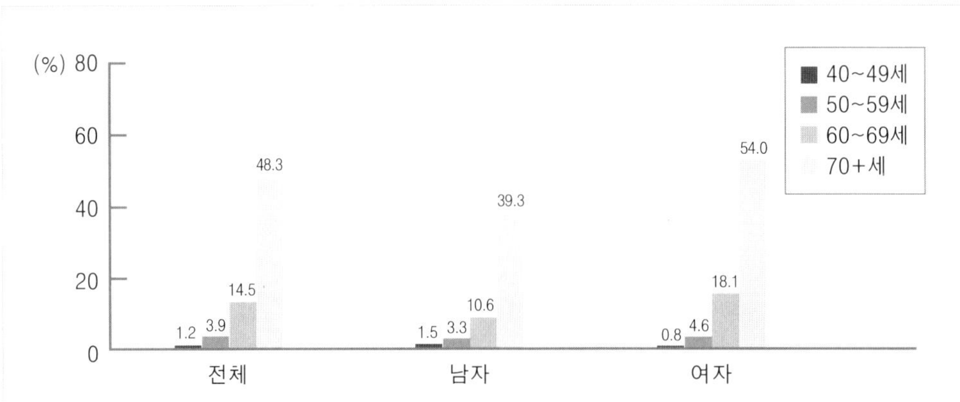

〈그림 9-21〉 연령 증가에 따른 백내장 유병률의 증가
〈보건복지부 질병관리본부, 2009 국민건강통계 : 국민건강영양조사 제4기 3차년도, 2010〉

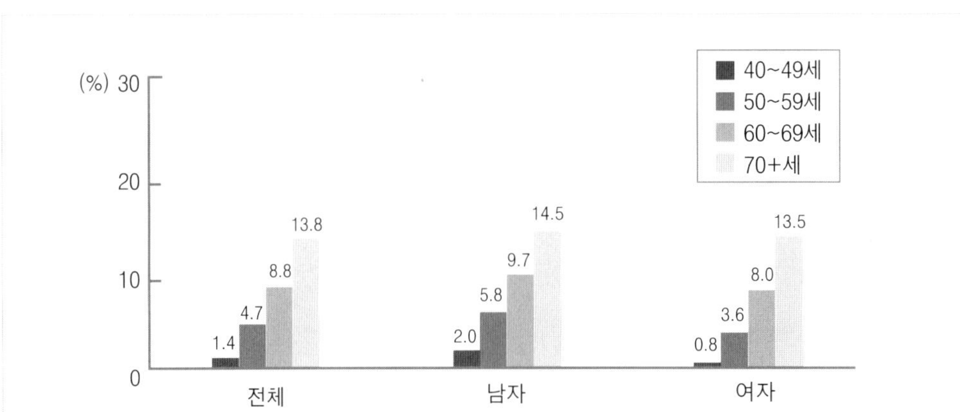

〈그림 9-21〉 연령 증가에 따른 황반변성 유병률의 증가
〈보건복지부 질병관리본부, 2009 국민건강통계 : 국민건강영양조사 제4기 3차년도, 2010〉

(7) 약물 복용

노인들은 심혈관계 질환, 당뇨병, 고혈압, 골다공증, 암, 관절염, 알츠하이머 치매 등 여러 가지 질환을 앓고 있어 대체로 한 종류 이상의 약물을 사용하고 있다. 약물 복용은 메스꺼움, 구토, 미각 변화를 일으켜 식욕을 감퇴시키고 졸음, 허약 등 부작용을 가져온다.

또한, 약물 복용은 소화 효소가 분비되는 것을 방해하거나 장내 pH를 변화시켜 영양소의 흡수를 저해시킨다. 약물과 영양소는 장점막 세포에서 결합 부위를 놓고 서로 경쟁하므로 영양소의 흡수를 감소시키기도 하고 일부 약물들은 영양소와 불용성 화합물을 형성하여 영양소가 흡수되지 못하고 그대로 배설되게 한다. 약물이 건강과 미치는 영향은 〈표 9-8〉과 같다.

〈표 9-8〉 약물이 건강과 영양에 미치는 영향

종 류	특 징
고혈압 치료제, 항우울증제, 진통제	구강 건조를 유발하여 음식의 맛을 느끼지 못하게 한다.
아스피린	위를 자극하여 소량의 출혈을 유도해 철 손실을 일으켜 빈혈의 원인이 된다.
콜레스테롤 저하제(콜레스틸아민)	지용성비타민, 비타민 B_{12}, 철 및 엽산의 흡수를 방해한다.
제산제	알루미늄이나 마그네슘이 함유한 제산제는 위에서 인과 결합하여 불용성 염을 형성하므로 칼슘 흡수가 감소하여 장기 복용 시 골다공증 발생을 일으킨다.
변비 치료제	칼슘이나 칼륨의 배설을 증가시킨다.
항응고제	비타민 K와 동시 복용하면 오히려 출혈을 유도하기도 한다. 항응고제 복용 시 ω-3계(n-3계) 지방산을 많이 함유한 생선유를 보충하지 않는다.

6. 노인기의 식생활관리

노인의 경우도 각종 영양소가 골고루 들어가게 균형 잡힌 식사를 하는 것이 가장 중요한 식사의 원칙이다. 노인들은 미각 감퇴, 소화기능의 약화, 심리적 위축, 거동 불편 등으로 다양하고 풍부한 식품 선택이 어려워지므로 질적으로 충분한 식사관리가 요구된다.

- 규칙적으로 적은 양을 자주 먹는다.
- 식사 때마다 영양소 밀도가 높은 음식을 포함한다. 노인은 성인과 비교해 에너지 필요량은 적으나 다른 영양소 권장량은 큰 차이가 없으며, 한꺼번에 많은 양을 먹지 못하므로 영양 밀도가 높은 식단을 짜야 한다. 육류 · 우유 · 치즈 · 달걀 · 두부 등의 섭취가 중요하다.
- 노인의 기호, 치아 상태, 소화 능력을 고려하여 식품의 선택과 조리 방법에 세심한 배려가 필요하다. 노인은 부드럽고 달고 따뜻한 음식을 좋아하고, 맵고 짜고 신 것을 싫어한다. 생선과 육류를 좋아하고 채소 및 과일을 별로 좋아하지 않는 경향이 있다.
- 색, 풍미, 형태가 다양한 음식을 차려 밝고 환한 곳에서 식사를 한다. 식사 전에 간단한 몸동작을 하거나 걸어 보는 것도 식욕을 돋울 수 있다.
- 단맛의 역치가 증가하여 단맛이 강한 연질 음식이나 음료를 좋아하게 되므로 케이크 · 과자류 · 사탕 · 초콜릿 · 탄산음료를 과잉 섭취하지 않도록 주의한다.
- 신선한 과일, 채소, 해조류, 두류를 많이 섭취하도록 한다. 신선한 채소와 과일은 노인에게 부족하기 쉬운 비타민 A를 비롯한 여러 비타민과 무기질, 식이섬유의 좋은 급원 식품이다.
- 칼슘 보충을 위해 우유 및 유제품, 뼈째 먹는 생선, 뼈곰국 등을 많이 섭취하도록 한다.
- 미각의 둔화로 노인은 더욱 짜게 먹게 되므로 가능한 한 싱겁게 먹고 가공식품의 섭취를 감소시켜 나트륨 섭취를 줄이도록 한다.
- 편의 식품을 준비해 두고 조리 작업량을 줄일 수 있는 조리기구를 마련한다.
- 가급적이면 친구나 친지 혹은 다른 사람들과 함께 식사를 하도록 한다.

어르신을 위한 식생활 실천 지침

① 채소, 고기나 생선, 콩 제품 반찬을 골고루 섭취한다.
- 다양한 채소 반찬을 매끼 섭취한다.
- 고기나 생선, 달걀, 콩 제품 반찬을 매일 섭취한다.

② 우유 제품과 과일을 매일 섭취한다.
- 우유, 요구르트나 두유를 매일 섭취한다.
- 다양한 제철 과일을 섭취한다.

③ 짠 음식을 피하고, 싱겁게 섭취한다.
- 장아찌, 젓갈 같은 짠 음식을 적게 섭취한다.
- 음식을 만들거나 먹을 때 소금이나 간장을 적게 사용한다.
- 국과 찌개의 국물을 적게 섭취한다.

④ 많이 움직여서 식욕과 적당한 체중을 유지한다.
- 자신에게 알맞은 운동을 규칙적으로 한다.
- 많이 걷고 움직이는 생활을 한다.

⑤ 술은 절제하고, 물을 충분히 마신다.
- 되도록 술을 마시지 않는다.
- 술을 마실 때는 하루 1잔 이내로 제한한다.
  (1잔은 소주로는 1.5잔, 맥주로는 1캔, 양주로는 1잔에 해당된다.)
- 물을 자주 마신다.

⑥ 세 끼 식사와 간식을 꼭 섭취한다.
- 세 끼 식사를 규칙적으로 한다.
- 조금씩 자주 섭취한다.

⑦ 음식은 먹을 만큼 준비하고, 오래된 것은 먹지 않는다.
- 음식은 한꺼번에 많이 만들지 않는다.
- 남은 음식은 바로 냉장 보관하고, 오래된 것은 버린다.

〈보건복지부〉

참고문헌

강남이 · 이정윤, 〈성남 지역 노인 영양교육 프로그램의 효과 분석〉, 한국식품영양학회지 18(4) : 357~366, 2005
건강보험심사평가원, 〈의료보험통계연보〉, 2000
구재옥 · 김정희 · 변기원 · 손정민 · 이정원 · 이종현 · 최영선, 《생활주기영양학》, 파워북, 2011
김은경 · 남혜원 · 박영심 · 명춘옥 · 이기완, 《생애주기영양학》, 신광출판사, 2011
김화영, 〈건강 노인의 개념 설정을 위한 영양학적 모색〉, 2006년 대한지역사회영양학회 춘계학술대회 '건강노인을 지향하는 새로운 영양관리 패러다임' pp. 10~15, 2006
박미연 · 김금란 · 이다정 · 김진문 · 박필숙, 〈경북 예천 농촌지역 거주노인의 연령대별 영양소 및 식품섭취량 조사〉, 한국영양학회지 39(1) : 58~73, 2006
박영숙 · 이정원 · 서정숙 · 이보경 · 이혜상, 《영양교육과 상담》, 교문사, 2010
손숙미, 〈우리들의 건강식 : 노년기의 영양관리 ; 노인의 만성질환과 영양관리〉, 건강생활 34~35, 2005
이경은, 〈노인 급식의 패턴 변화와 산업화 전망〉, 2006년 대한지역사회영양학회 춘계학술대회 '건강노인을 지향하는 새로운 영양관리 패러다임' pp. 35~41. 2006
이윤나 · 이해정 · 이행신 · 장영애 · 김초일, 〈독거노인의 영양실태와 개선 방안〉, 2006년 대한지역사회 영양학회 춘계학술대회 '건강노인을 지향하는 새로운 영양관리 패러다임' pp. 16~34, 2006
이정원 외, 〈우리나라 노인의 영양부족 위험 진단을 위해 개발된 간이조사표의 타당성 평가〉, 한국영양학회지 33(8) : 864~872, 2000
이정원 · 이미숙 · 김정희 · 손숙미 · 이보숙, 《영양판정》, 교문사, 2010
이현옥 · 오세인 · 조혜경 · 최미경 · 김미현, 《생애주기영양학》, 교문사, 2011
임경숙 · 이태영, 〈노인의 영양섭취상태에 영향을 미치는 인구사회학적 요인 분석〉, 한국영양학회지 37(3) : 210~222, 2004
장학철, 노인당뇨병소연구회 심포지움, 노인당뇨병의 관리, 임상영양요법 및 운동요법이 청장년 당뇨병과 다른가? 대한당뇨병학회 춘계학술대회 19 : 287~292, 2006
전병율, 〈고령화시대의 영양정책 방향〉, 2006년 대한지역사회영양학회 춘계학술대회 '건강 노인을 지향하는 새로운 영양관리 패러다임' pp. 42~50, 2006
최희정 · 김경업 · 정효숙 · 정숙자 · 김성희, 〈경남 남해지역 장수노인의 영양섭취량에 영향을 미치는 요인〉, 대한영양사협회 학술지 11(1) : 21~27, 2005
통계청, 〈2005 인구주택총조사 전수집계 결과(인구부문)〉, 2006
통계청, 〈2004년 사망원인 통계 결과〉, 2005
홍주영, 〈건강과 식이 12 : 노인의 건강과 영양관리 산업보건〉, 191: 32~38, 2004
Brown JE et al. Nutrition through the life cycle. wadworth, 2001
Kretchmer N, Zimmerman M. Developmental nutrition. Allyn & Bacon, 1997
Munro H, Schlieff G. eds, Nutrition of the elderly. Raven Press, New York, 1992.
OECD Health data, 1998
Rolfes SR, DeBruyne LK, Whitney EN. Life Span Nutrition Conception through Life, West/Wordsworth, ITP, 1998

CHAPTER

10

운동과 영양

1. 신체 운동과 에너지
2. 운동과 대사율
3. 운동의 종류
4. 에너지 대사
5. 에너지 측정법
6. 에너지계
7. 에너지계를 위한 영양소
8. 휴식 시와 운동 시의 에너지원

CHAPTER

10

운동과 영양

1. 신체 운동과 에너지

1) 에너지 대사

영양소가 갖고 있는 화학적 에너지를 기계적 에너지와 기타 다른 에너지로 전환시키는 과정을 에너지 대사라고 한다. 이 에너지 대사 과정에서 발생한 열에너지는 생명 유지와 체온 조절 및 각종 신체 활동 등에 이용된다.

신체 내 대사 과정은 동화 작용과 이화 작용으로 분류된다. 동화 작용은 합성 과정으로 기초 영양소들로부터 복잡한 신체 구성물들이 합성된다. 예로서 웨이트 트레이닝을 통하여 근육의 양이 증가하고, 혹은 지구력 트레이닝을 통해 산소 사용을 좋게 하는 세포 효소들의 양이 증가된다. 이화 작용은 분해 과정으로 근 글리코겐이 포도당으로 분해되고, 결국에는 이산화탄소와 물로 되는 것이 이화 작용의 예이다. 에너지 대사는 수많은 요인에 의해 영향을 받는데, 주요 요인 중의 하나가 운동이다.

2) 기초대사율

인체는 세포 내에서 분해 및 합성 반응을 수행하며 이 과정에서 에너지를 지속적으로 사용한다. 심장 수축, 호흡, 호르몬의 분비 같은 자동적인 신체 기능과 신경계의 활동 역시 에너지를 소비한다.

기초대사, 혹은 기초대사율(BMR)은 호흡, 심장박동, 혈액순환, 소화 및 생명 유지를 위해 필요한 최소한의 에너지양을 말하며 대개 식후 12~15시간이 지난 후 육체적 정신적으로 안정된 상태에서 누운 자세에서 산소 섭취량과 이산화탄소 생성을 측정한다. 적절한 계산을 통해 기초대사율이 결정하여 보통 칼로리/체중(Kg)/시간으로 표현한다.

3) 기초대사율 영향 인자

기초대사율은 나이, 성별, 체격, 기후 등과 관련이 있다.

(1) 나이

기초대사율은 생후 1~2년에 가장 높고, 성인 이후 나이가 증가함에 따라 서서히 줄어드는데, 이는 나이가 들어감에 따라 체지방이 서서히 증가하는 것과 활동량이 감소하는 것과 관련이 있다.

(2) 성별

남성이 여성에 비해 근육이 많고 지방이 적기 때문에 여성이 남성에 비해 기초대사율이 낮다. 기초대사율의 남녀의 차이는 약 10~15%이다.

(3) 체격

체격이 큰 사람이 기초대사율이 높다. 마른 사람들은 체중에 비해 많은 체표면 비율이 많은 열방사를 일으키기 때문에 통통한 사람보다 기초대사율이 높다. 체지방에 비해 근육 양이 많은 사람이 기초대사율이 높다. 체지방 양의 감소와 근육 조직의 증가는 기초대사율을 증가시킨다. 이러한 효과는 지방 조직에 비해서 근육 조직의 활동 수준이 증가하거나 체중에 비례하여 체표면의 비율이 증가하기 때문이다.

(4) 기후

날씨 또한 기초대사량에 영향을 미치는데, 추운 날씨에는 근육의 오한 때문에 기초대사율이 증가하고 더운 날씨에는 에너지 소비가 되는 심폐계의 수요량 증가와 땀 때문에 기초대사율이 증가한다.

(5) 수면

잠자고 있을 때는 순환기 및 호흡기를 제외한 거의 모든 기관이 휴식 상태로, 수면

시 에너지 대사량은 기초대사량에 비해 5~10%정도 낮다. 수면 상태에서는 부교감신경의 흥분으로 혈관이 확장되고 골격근이 이완되기 때문이다.

(6) 식품 섭취로 인한 열 발생 에너지양

음식의 소화 역시 기초대사율을 증가시킨다. 이러한 효과를 음식의 특이 동적 활동(Specific Dynamic Action, SDA)이라 한다. 식이의 구성 역시 기초대사율에 영향을 미친다.

탄수화물과 지방에 비해 단백질 대사에 보다 많은 에너지가 필요하다.

(7) 내분비 기능

호르몬 특히 갑상선호르몬은 기초대사량과 직접적인 관계가 있다. 갑상선 기능 항진 시 기초대사량이 증가하고, 반대로 갑상선 기능 저하 시는 기초대사량이 감소한다. 또한, 부신에서 분비되는 에피네프린도 기초대사량을 증가시킨다. 스트레스를 받으면 카테콜아민 분비가 증가되어 기초대사량이 높아진다.

(8) 기타

임신, 수유 시 기초대사량이 증가하고, 월경주기에 따라서도 기초대사량이 달라진다. 월경 직전에는 기초대사량이 증가하고 월경 시작 후는 감소한다. 영양 상태에 따라서도 기초대사량은 달라지며, 식이 섭취량이 감소하면 단기간에 기초대사량이 감소한다.

일반 성인에 있어서 1일의 에너지 총 소비량의 약 50%가 기초대사율로 계산된다. 기초대사율은 개인에 따라 약간의 차이가 있으며, 평균의 10% 이상이나 이하는 정상이다. 만약 두 사람이 체격과 활동량이 같으면서 같은 양의 음식을 섭취하면, 기초대사율이 높은 사람이 체중을 유지하는 데 유리하다.

휴식대사율(RMR)은 기초대사율에 비해 약간 높다. 이것은 기초대사율에 음식의 소화, 앉아 있는 것, 책 읽는 것, 서 있는 것, 혹은 앉아서 하는 활동 등과 관련이 있는 부가적인 에너지 소비를 더한 것이다.

〈표 10-1〉 기초대사량에 영향을 미치는 요인

증가 요인	감소 요인
근육량, 고열, 최근 식이 섭취량, 배란, 체표면적, 갑상선호르몬, 창상, 남성, 성장(어린이 · 임신), 유전, 니코틴, 카페인, 스트레스, 환경 온도가 낮을 때, 환경 온도가 높을 때	나이 증가, 열량 섭취량 감소, 영양불량, 유전, 월경 시작 후

4) 기초대사율 측정

기초대사율 측정에는 몇 가지 방법이 있다〈그림 10-1, 표 10-2, 표 10-3〉. 정확한 기초대사율을 측정하기 위해서는 표준 기초대사율 테스트가 필요하다. 앞에서 언급했듯이, 기초대사율은 각 개인에 따라 차이가 있다. 기초대사율을 표현하는 가장 일반적인 방법은 체중(Kg)당 칼로리이다. 〈표 10-2〉에 성인 남녀의 기초대사율을 계산하는 방법을 나타냈다. 이것은 성장하는 어린이들에게는 적용하는 것은 적절하지 않은 방법이다.

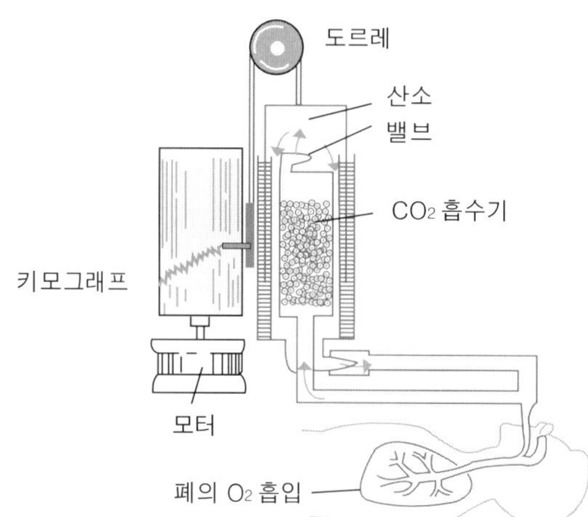

〈출처〉 Wllliams, E.R., and Caliendo, M.A. Nutrition : Principles, Issues, and Applications, McGraw-Holl Book Company, 1984)

〈그림 10-1〉 기초대사율 측정에 사용되는 Benedict 호흡 측정기

《기초 영양학》. 민경찬 외, 광문각. 2011

기초대사율은 나이에 따라 10년 동안 약 2%씩 더 감소한다. 30대에 2%, 40대에 4%, 50대에 6%로 계속 기초대사율은 저하된다. 또 다른 측정 방법을 〈표 10-3〉에 나타내었다. 이 방법으로 얻은 기초대사율의 측정치는 위의 측정치보다 높다. 주요한 점은 어떠한 방법을 사용하든지 얻을 수 있는 수치는 단지 대략적일 뿐 정확한 것은 아니라는 점이다.

〈표 10-2〉 1일 기초대사율 측정 방법(I)

성인 남자 :	성인 여자 :
기초대사율 측정 = 1Kcal/Kg 체중/시간	기초대사율 측정 = 0.9Kcal/Kg 체중/시간
예 : 70Kg 남자	예 : 55Kg 여성
70 × 1Kcal = 70Kcal/시간	55 × 0.9Kcal = 49.5Kcal/시간
70 × 24시간 = 1,680Kcal/일	49.5 × 24시간 = 1,188Kcal/일
기초대사율 : 1,700Kcal/일	기초대사율 = 1,200Kcal/일

《운동과 영양》, 한상철, 태근출판사, 2005

〈표 10-3〉 1일 기초대사율을 측정 방법(II)

성인 남자 :
기초대사율 측정 = 체중 (Kg)에 2.2를 곱하면 lb로 환산된다.
체중(lb)의 끝자리 수에 0을 첨가한다.
이 수치에다 체중(lb)의 두 배를 더한다.
예 : 70Kg 남자
70 × 2.2 = 154 lb
1540 + (2 × 154) = 1848kcal/일

성인 여자 :
기초대사율 측정 = 체중 (Kg)에 2.2를 곱하면 lb로 환산된다.
체중(lb)의 끝자리 수에 0을 첨가한다.
이 수치에다 체중(lb)을 더한다.
예 : 55Kg 여성
55Kg × 2.2 =121lb
1210 + 121 = 1331Kcal/일

《운동과 영양》, 한상철, 태근출판사, 2005

2. 운동과 대사율

1) 운동이 대사율에 미치는 영향

대사율에 영향을 미치는 가장 중요한 요소는 운동의 강도 혹은 속도이다. 보다 빨리 움직이기 위해서는 근육은 보다 빨리 수축해야 하고 더 많은 에너지를 소비한다. 이 외에도 운동의 다른 요소들에 의해 대사율은 좌우된다.

(1) 운동의 성질

1.5Km의 수영은 같은 거리를 달리는 것보다 더 많은 칼로리를 소비하며, 1.5Km를 달리는 것은 같은 거리를 자전거를 타고 가는 것보다 많은 에너지가 소비된다.

(2) 운동의 효율성

운동의 효율성이 칼로리 소비에 영향을 미친다. 수영 초보자는 많은 에너지를 소비하는 반면, 수영 선수는 수영을 보다 효율적으로 하기 때문에 칼로리를 절약한다.

(3) 운동의 종류

걷기, 조깅, 달리기와 같이 신체가 움직이는 운동을 할 때 체중이 무거운 사람이 많은 칼로리를 소모한다. 이것은 간단히 무거운 것을 움직이기 위해서는 많은 에너지가 필요하다는 것이다.

(4) 운동 기간 중 식이

고지방 식이가 운동 시에 역효과를 미치고 주어진 일을 수행할 때 많은 에너지가 소비된다. 미숙한 기량을 증진하기 위해서 또는 체중 증가의 목적으로 운동 시에 보다 많은 칼로리를 섭취하고자 고지방 식이를 선택하는 것은 바람직하지 않다.

2) 운동 중의 대사율

인간은 움직임을 위해 기본적으로 근육계가 구성되어 있다. 대부분의 다른 신체 조직들은 근육 조직을 위해 기여한다. 신경계는 근육 수축을 일으키고, 소화 조직은 영양소들을 공급한다. 심폐계는 호흡계와 협동하여 이러한 영양소들을 산소와 같이 운반한다. 내분비계는 근육 영양에 효과를 미치는 호르몬을 분비한다. 배설계는 노폐물

〈표 10-4〉 활동 종류별 에너지 소요량

증가 요인	증가 요인	에너지 소요량 (휴식대사량의 배수)
수면 휴양	수면, 앉아 쉬기	1.0
가벼운 일	운동, 카드놀이, 타이핑	1.4
보통 가벼운 일	사무실의 일, 서서 움직이기, 가벼운 부엌 일, 걷기	1.7
보통 중등일	간단한 청소, 빨래, 실험실 일, 산보	2.7
중등 일	빨래, 청소, 아이 보기, 페인트 칠하기, 조깅	3.4
심한 일	수리, 목공, 정원일, 달리기	5.0
격심한 일	격심한 운동, 농사, 광업, 나무 베기	6.0

《운동과 영양》, 한상철, 태근출판사, 2005

을 제거한다. 인간이 운동을 시작하면 근육 세포의 증가된 에너지 요구에 적응하기 위해 대부분의 조직들의 활동이 증가된다. 운동이 지속되는 형태에서 근육 세포의 주요한 요구는 산소이다.

대사율을 평가하는 주 방법은 운동 중의 산소 소비량을 측정하는 것이다.

운동의 강도와 산소 섭취량은 비례하여 운동의 강도가 높아지면 산소 소비량도 증가한다. 근육에 산소를 전달하는 데 주로 반응하는 두 가지 조직은 심장혈관과 호흡계이다. 그들의 반응과 산소 소비량 사이도 역시 비례 관계이다. 심박 수는 일반적으로 산소 소비와 비례 관계에 있고, 운동 중에 이러한 생리적 반응을 손목이나 목에서 측정하기 쉽기 때문에 많이 사용된다. 그러나 신체 적성의 수준, 성, 나이, 기량의 효율, 체지방 퍼센트, 그리고 환경의 조건들이 운동에 반응하는 심박 수에 영향을 미친다.

3) 규칙적인 운동의 효과

일반적으로 규칙적인 운동을 실시하게 되면 신체 전체적으로 긍정적인 변화가 일어난다.

우선 근육의 부피가 증가하고, 근육세포 내 산소 및 수많은 산화효소의 함유량이 많아진다. 근육세포의 에너지 연료, 특히 글리코겐 저장량 및 수분 함유량이 증가하고,

인대와 건과 같은 결합 조직이 단단해지고 굵어지며, 총 혈액량이 증가한다.

운동을 수행할 때에는 안정 시에 비해 산소 요구량이 많아져 심박출량이 증가되며, 운동 강도가 높아질수록 산소 섭취량이 많아지고, 호흡 능력과 1회 심박출량의 증가를 가져오게 된다. 또한, 근육들이 주위 정맥을 압박하기 때문에 정맥환류가 증가하여 심장으로 들어가는 정맥혈의 양이 늘어나게 되고, 이와 같은 현상들은 근섬유의 비대, 근육의 면적, 근 혈류량, 근육의 모세혈관 수를 증가시킨다.

심장근육의 모세혈관이 발달하면 지구력이 향상되고, 심근의 벽도 두꺼워져 수축력은 증가되며 전체적으로 심장의 크기도 커진다. 따라서 심박출량, 심박 수, 산소 섭취량 등이 전반적으로 좋아진다.

규칙적으로 운동할 때는 근육에서 유리지방산이 사용되어 지질의 이용과 산화 능력이 증가하고 전체적으로 지질 대사가 늘기 때문에 자연히 혈당 및 혈중 지방이 낮아지며 지질의 연소로 몸에 좋지 않은 저밀도 콜레스테롤(LDL cholesterol)이 줄어들고, 몸에 좋은 고밀도 콜레스테롤(HDL cholesterol)이 증가하게 된다. 이는 콜레스테롤의 혈관 내 침착을 막아 관상동맥질환을 예방하고 고혈압이나 당뇨병, 뇌졸중 등을 예방하는데 도움이 된다. 이 외에도 내분비계, 소화기계, 근골격계뿐만 아니라 정신적인 면에서도 긍정적인 영향을 미치는 것으로 알려졌다.

3. 운동의 종류

1) 유산소 운동

유산소 운동이란 신체 활동 시 산소를 소모면서 운동하는 것으로 폐와 심장 및 혈관계의 활동을 활발하게 하여 신진대사를 왕성하게 한다. 숨이 차지 않으며 큰 힘을 들이지 않고도 할 수 있는 운동으로, 몸 안에 최대한 많은 양의 산소를 공급함으로써 심장과 폐의 기능을 향상시키고 강한 혈관 조직을 갖게 하는 효과가 있다. 유산소 운동의 경우 장기간에 걸쳐 규칙적으로 실시하면 고혈압, 동맥경화, 고지혈증, 허혈성 심장질환, 당뇨병 등의 성인병을 적절히 예방할 수 있다. 특히 유산소 운동은 에너지 소비 비율이 높으므로 비만 개선에 큰 도움이 된다.

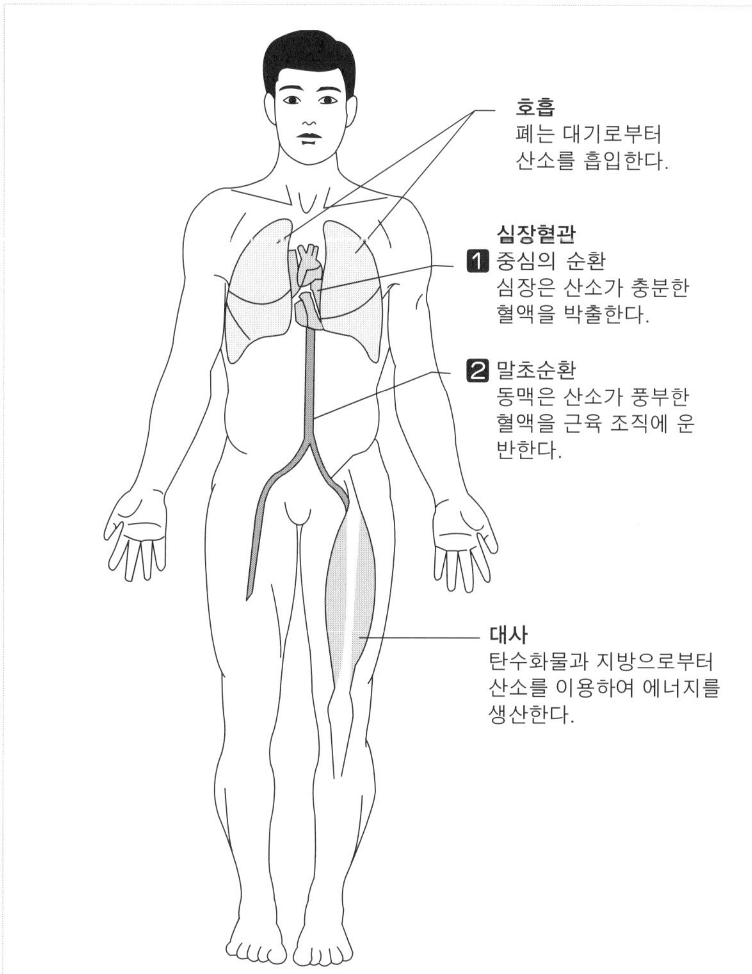

〈그림 10-2〉 산소 이용과 관련된 생리학적 반응

《운동 영양학 길라잡이》, 이명천 외, 라이프 사이언스, 2009

2) 유산소 운동의 특성

신체의 움직임은 해당 부위의 근육 수축에 의해서 이루어지며, 이를 위해서는 근육으로의 에너지 공급이 반드시 필요하다. 이때에는 인체의 고에너지 분자인 ATP가 분해될 때 만들어지는 에너지가 이용되는데, 인체 내 ATP는 운동을 하는 전 기간 동안 사용되기에는 불충분하므로 대부분의 ATP 재합성은 산소가 풍부하게 공급된 상태에서 식사를 통해 섭취한 3대 영양소인 탄수화물, 지질, 단백질로부터 만들어진다. 산소의 공급이 충분하다면 탄수화물인 포도당과 지질인 유리지방산, 단백질인 아미노산이 각각 산화 과정을 거쳐 최종적으로는 물과 이산화탄소로 분해되면서 ATP를 생성한다. 이 경우에는 젖산이라는 피로 물질이 축적되지 않기 때문에 에너지원이 고갈되지 않는 한 장시간 운동을 계속할 수 있다. 포도당의 경우 무산소 운동 시의 에너지원으로도 이용되나 지질과 단백질은 오직 유산소 운동 시에만 에너지원으로 이용된다. 더욱이 지방의 경우는 체내에 다량으로 축적되어 있기 때문에 보다 장시간에 걸쳐서 운동을 계속할 수 있다.

유산소 운동의 종류에는 산보, 속보, 달리기, 수영, 자전거 타기, 에어로빅 댄스 등이 있으며, 산보나 가벼운 달리기와 같이 강도가 낮은 운동에서는 이 유산소 시스템이 중요한 에너지 공급 시스템이 된다. 운동 종목에 따라서 무산소 운동인지 유산소 운동 인지가 정해지는 것은 아니며, 운동을 하는 본인의 체력 수준과 운동 방식에 따라 정해진다. 따라서 대부분의 운동은 체력에 따라 숨이 차지 않을 정도로 서서히 지속적으로 할 수 있다면 유산소 운동이 된다.

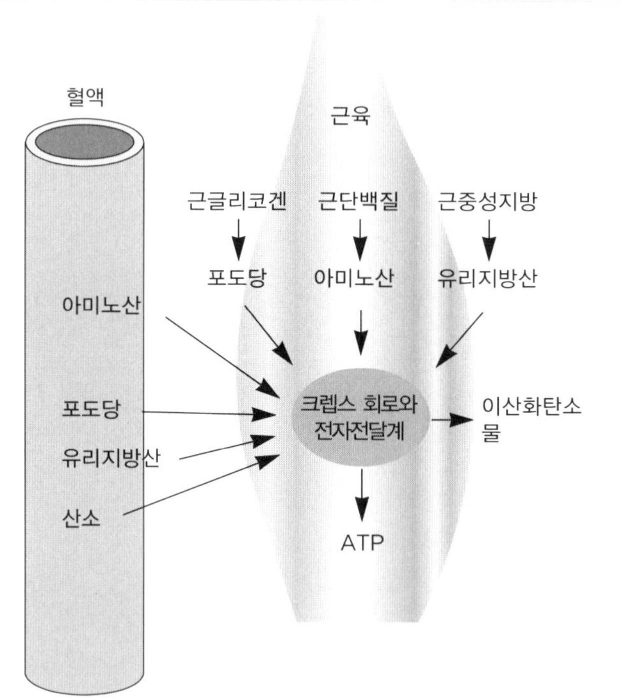

유산소성 에너지 시스템. 근육은 포도당 및 지방산의 혈약을 통한 공급에 의해서 글리코겐 및 중성지방과 적은 양의 단백질 및 아미노산을 저장하고 있으면서 크렙스 회로 및 전자전달계로 유입되기 위한 복합적인 화학적 변화를 수행한다. 이러한 과정에서 산소는 전자에 대한 최종 수용체이며 많은 양의 ATP가 생성된다. 유산소성 에너지 시스템은 4~5분 이상의 긴 시간 동안 지속되는 지구성 종목의 운동수행 과정에서 주로 이용된다.

〈그림 10-3〉 유산소성 에너지 시스템

《운동 영양학 길라잡이》, 이명천 외, 라이프 사이언스, 2009

3) 무산소 운동

유산소 운동과는 달리 무산소 운동은 운동 시 근육에 에너지를 공급하는 형태가 다르다. 유산소 운동은 산소를 공급받아 세포 내 미토콘드리아에서 에너지를 발생시키는 것이며, 무산소 운동은 산소 공급이 없는 상태에서 에너지를 발생시키는 것을 말한다. 유산소성과 무산소성의 주요한 차이는 에너지를 생산하기 위해 사용되는 에너지원, 즉 영양소가 다르다는 것이다. 유산소 운동의 경우 탄수화물과 지질, 단백질의 3대 영양소 모두를 에너지원으로 사용하지만, 무산소 운동의 경우는 일부 크레아틴인산을 이용하지만 3대 영양소 중 탄수화물인 포도당만을 에너지원으로 이용한다.

4) 무산소 운동의 특성

무산소 운동은 근육 내에서 산화 작용에 의한 에너지 공급 비율이 50% 이하일 때를 말한다. 따라서 유산소 운동으로 잘 알려진 수영이나 달리기도 단거리로 시행할 경우 운동 강도가 커지므로 무산소 운동이 될 수 있고, 무산소 운동으로 많이 알려진 웨이트 트레이닝도 아주 가벼운 중량으로 많은 횟수를 시행할 경우 유산소 운동이 될 수 있다. 무산소 운동의 경우 근육에 걸리는 부하가 대개 크기 때문에 순발력, 근육 및 인대의 강화에 효과적이다.

웨이트 트레이닝은 잘 알려진 무산소 운동 중 하나로 웨이트 트레이닝을 시행할 때에는 체력, 건강 상태 등을 고려하여 선택해야 한다. 또한, 웨이트 트레이닝의 효과는 단기간에 나오는 것이 아니며 장기간에 걸쳐 정기적으로 운동을 계속해야 좋은 결과를 얻을 수 있다.

4. 에너지 대사

신체의 많은 복잡한 기능을 수행하기 위해서 우리 몸은 끊임없이 에너지 공급을 받아야 한다. 에너지는 호흡, 심장 박동, 혈액순환, 간, 신장 기능을 원활히 하기 위해서 뿐만 아니라 섭취된 식품의 소화, 흡수 및 신진대사를 위해서 또한 필요하다. 그 외에도 휴식 또는 운동 시, 특수한 호르몬을 분비하는 여러 내분비선의 기능 및 신경계의 적절한 흥분과 전도를 가능하게 하기 위하여, 또한 신체에 필요한 새로운 조직의 합성 등을 위하여 에너지가 필요하다.

우리의 몸은 화학적 에너지를 저장하고, 그것이 전기 신경 자극을 일으키는 전기에너지를 제공하고, 열을 제공하여 추운 날씨에도 체온을 정상으로 유지시키고 근육을 수축하는 기계적 에너지를 제공하여 움직일 수 있게 한다. 인간의 몸은 휴식 상태 동안에도 지속적으로 에너지를 사용한다.

5. 에너지 측정법

신체에서 발생하는 에너지, 즉 대사율의 측정법에는 직접적인 방법과 간접적인 방법이 있다. 대사율은 단위 시간에 신체에서 발생되는 에너지를 말한다.

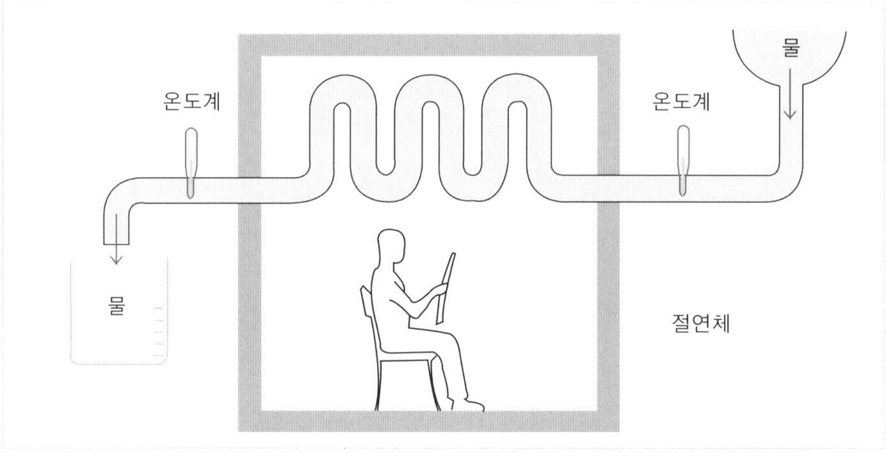

〈그림 10-4〉 직접 에너지 측정 방법에 의한 에너지 필요량 측정
《기초 영양학》, 민경찬 외, 광문각, 2011

1) 직접적인 에너지 측정법

직접적인 에너지 측정 방법은 완전히 열이 절연된 방 속에서 활동하는 사람에게서 발생하는 열을 측정하는 방법이다. 이 방은 절연되어 있기 때문에 피실험자가 생산 방출하는 열은 순환하는 물로 흡수된다. 적당한 공기 유통을 위해 산소의 공급과 탄산가스를 흡수시키는 장치도 부착되어 있다. 이 방법은 인체의 대사율을 비교적 정확

하게 측정할 수 있는 방법이나, 비용이 많이 들고 특수한 설비가 필요하므로 사용이 제한된다. 그러므로 인체의 대사율을 측정하는 데는 비교적 시행하기 간편한 간접적 에너지 측정법이 보편적으로 사용된다.

2) 간접적인 에너지 측정법

간접 열량 측정법은 에너지 소비 시 발생되는 열량을 직접 측정하는 것이 아니라, 호흡 시의 산소 소모량이나 이산화탄소 배출량을 측정해 에너지 소모량과 상관관계를 나타내는 공식을 적용시켜 간접적으로 소모량을 계산하는 방법이다. 신체 내에서의 에너지 방출 반응은 산소의 지속적인 공급에 달려 있다. 그러므로 산소 소비량을 측정함으로써 에너지 대사를 간접적으로 측정할 수 있다. 이 측정 방법은 직접 측정하는 방법보다 기구가 비교적 간단하며, 신속하면서도 정확하게 측정할 수 있다.

신체 내 음식물 산화로 유리되는 에너지양은 일정량의 산소를 소비하는 한편 일정량의 탄산가스를 생산한다는 사실을 이용하는 것이 간접법이다. 음식물 대사에 소모되는 산소 소비량은 음식물의 성분에 따라 다르다. 탄수화물의 산화 시 소모되는 산소량은 지방이나 단백질이 산화될 때 소모되는 산소량보다는 적다.

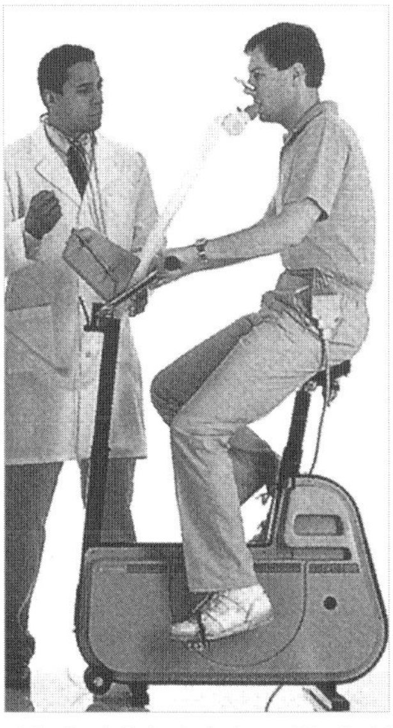

(소모한 산소량을 측정하여 에너지 소비를 계산할 수 있다.)

〈그림 10-5〉 간접 에너지 측정법

《기초 영양학》, 민경찬 외, 광문각, 2011

6. 에너지계

역도 같은 운동 종목은 강력한 근력이 주로 요구되지만 테니스 같은 종목에선 빠른 반사 작용과 손과 눈의 조화가 요구된다. 포환 던지기에 필요한 폭발적인 파워에서 마라톤과 같이 상당한 지구력 능력이 요구되는 것까지 다양한 대부분의 운동에서 에너지는 매우 중요하다.

신체는 ATP, PC, 근 글리코겐 등의 다양한 방법으로 에너지를 저장하고 있다. 이 에너지들이 근육 수축과 움직임을 제공하기 위해서는 근육에서 일정한 생화학적 반사 작용이 있어야 한다. 이러한 생화학적 반사 작용들은 인간의 에너지계를 분류하는 데 기초로 사용된다.

1) ATP-PC계

ATP-PC계는 아데노신삼인산과 인산크리아틴이 모두 인을 포함하고 있기 때문에 인산계라고도 한다. ATP는 근육 수축을 위한 즉각적인 에너지원이다. 이것은 근육에서 전기 자극이 도달할 때 즉각적으로 분비되는 에너지로, 근육들에 저장되어 있는 고 에너지 화합물이다.

2) 젖산계

젖산계는 근육 수축을 위한 즉각적인 에너지원으로 사용되지 않지만, 필요할 때 ATP를 빨리 보충하는 데 사용된다. 만약 강도가 높은 운동을 할 때 ATP-PC 다음의 에너지원은 근 글리코겐이다. 에너지로 사용하기 위해서, 근 글리코겐은 일련의 반응을 거쳐서 분해되어 ATP 형태로 된다. 이러한 과정을 글리코겐이 분해되는 의미로 해당 작용(glycolysis)이라 한다. 근 글리코겐은 근육세포에서 사용되는 산소의 양이 충분한지 아닌지에 따라 다르게 대사된다. 만약 산소의 사용이 가능하면 많은 양의 ATP가 형성된다. 이것을 유산소 해당 작용이라 한다. 만약 산소가 적거나 없을 때는 2개의 ATP만 형성되고, 부산물로써 젖산이 형성된다.

젖산계는 ATP를 즉각적으로 만드는 유리한 점이 있으나 능력이 제한되어 있다. 유산소 해당 작용과 비교해서 근 글리코겐에서 방출되는 ATP의 양은 매우 적은 편이고 피로의 원인이 되는 젖산이 부산물로 생성된다. 젖산은 근육 세포들 안의 산성도를 높이고, 정상적인 세포의 환경을 방해한다.

3) 산소계

이것은 신체에서 다른 에너지원으로부터 많은 양의 ATP를 생산한다. 근 글리코겐, 간 글리코겐, 혈당, 근육 중성 지방, 혈액 속의 중성 지방과 자유지방산, 지방세포의 중성지방, 그리고 신체 단백질이 ATP 생성을 위한 에너지원이 된다. 이들은 근육세포 속에서 산화되어야 하며 이러한 물질들이 포도당, 자유지방산, 아미노산으로 근육 세포 안에 들어가서 산소와 결합하여 복잡한 반응을 통하여 에너지, 이산화탄소, 물을 생산한다. 이러한 반응들은 세포의 미토콘드리아에서 일어난다. 일련의 산화 에너지 생성 과정을 크랩스 회로(Krebs cycle)라고도 한다.

7. 에너지계를 위한 영양소

ATP를 형성하기 위한 에너지원들은 탄수화물, 지방, 단백질에 저장된 에너지에서 나온다. 이런한 에너지의 변형과 사용에는 많은 비타민들과 무기질들이 관여한다. 몇 가지 비타민들은 에너지를 위해서 세포원에서 분비되어야 한다. 니아신은 해당 작용에서 주요한 기능을 하는 한편, 리보플라빈은 크렙스 회로와 전자수송계를 통해서 ATP 형성을 도와주는 조효소로서 필수적이다. 판토텐산은 아세틸 코엔자임A의 중추적 역할에 관여한다. 티아민은 근 글리코겐으로부터 아세틸 코엔자임 A를 형성하는 데 필요하다. 피리독신, 비오틴, 비타민 B_{12} 등도 역시 세포 안에서 에너지 변형에 다양하게 관여한다.

무기질들도 역시 세포 에너지 과정을 위해 필수적이다. 철은 중요한 화합물 중의 하나이다. 근육세포로 산소 운반을 돕는 것은 물론이고, 미오글로빈의 합성물이자 전자수송계의 한 부분인 시토크롬(cytochrome)의 일부분이다. 또한, 철은 세포 자체 안에서 적절한 산소의 사용을 위해서 필요하다. 아연, 마그네슘, 칼륨, 나트륨, 칼슘,

같은 기타 무기질들은 에너지 저장과 효소들의 활동의 일부분뿐만 아니라 근육 수축 과정에 다양한 방법으로 관여한다.

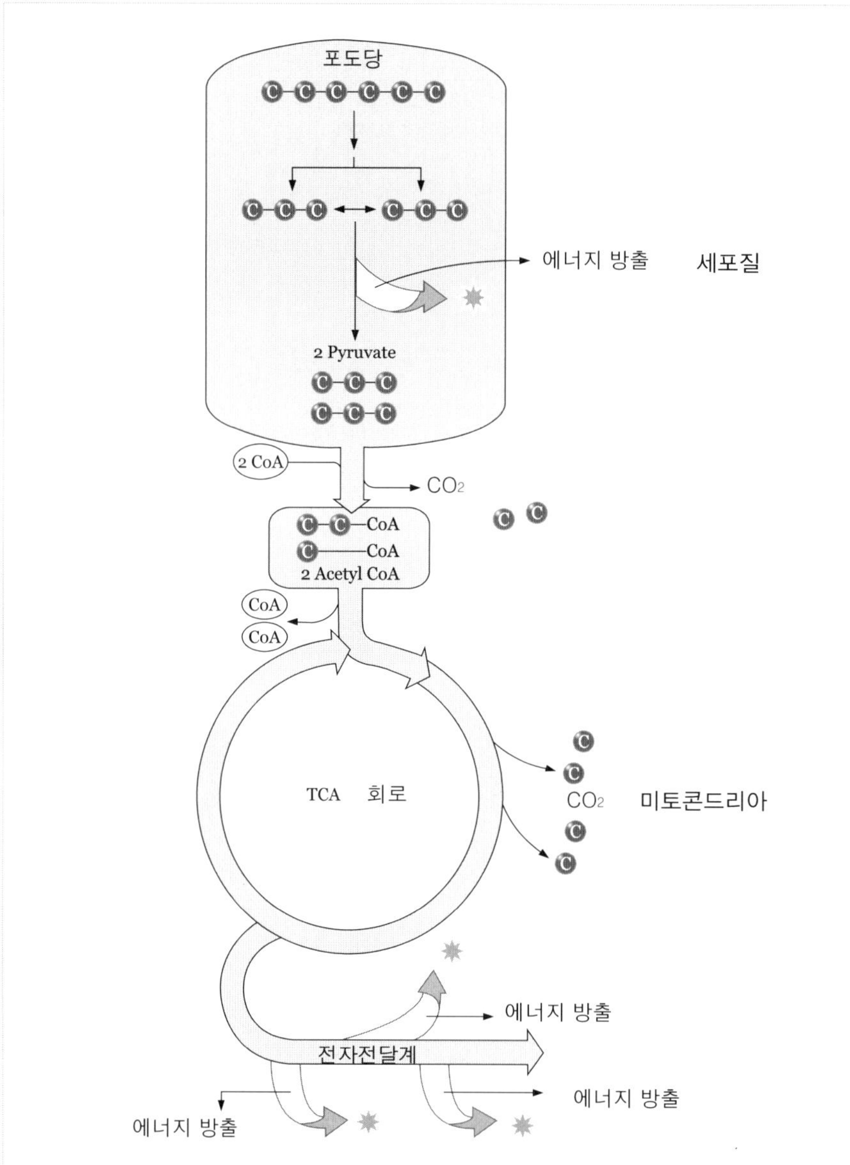

〈그림 10-6〉 크랩스 회로
《기초 영양학》, 민경찬 외, 광문각, 2011

8. 휴식 시와 운동 시의 에너지원

1) 휴식 시의 에너지원

앉아 있거나 서 있을 때와 같은 휴식 상태, 산책과 같은 가벼운 운동 상태를 최대 운동 시와 비교하면 에너지 소비는 상대적으로 낮다. 일반 성인의 경우 한 시간 앉아 있는 동안의 소비량은 총 75kcal인 반면 같은 시간 동안 가벼운 산책을 하면 약 200kcal가 사용된다. 또한, 달리기나 다른 높은 강도의 운동을 같은 시간 동안 하면 1200kcal 이상이 소비된다. 움직임에 따른 에너지 소비의 주요인은 근육 활동의 수준의 증가로 일어난다는 것을 알 수 있다.

탄수화물과 지방이 세포 안에서 산소와 결합되었을 때 휴식 동안의 주 에너지원이 된다. 식이의 구성은 이러한 두 영양소가 이용되는 것에 영향을 미칠 수 있다. 만약 많은 탄수화물을 섭취하면 에너지원으로 많은 탄수화물이 사용된다. 반대로 많은 지방을 섭취하면 보다 많은 지방이 사용될 것이다. 두 가지 영양소 중에 어느 영양소가 우선적으로 이용되는가 하는 데에는 많은 요인이 작용한다. 그러나 일반적으로, 탄수화물, 단백질, 지방이 모두 들어 있는 식이에서는 휴식 동안 소비되는 에너지계의 약 40%가 탄수화물에서, 그리고 약 60%가 지방에서 나온다.

정상적인 상황하에서는 신경계는 오직 포도당만을 사용하며, 신경 조직은 휴식 동안에 가장 활동적인 것 중의 하나이다. 혈당은 신경세포들의 에너지 기질로 공급되고, 이것은 간으로부터의 포도당에 의해 재보충된다. 휴식 시에 근육세포들은 근 글리코겐과 중성지방을 사용한다. 사용된 것은 혈당과 중성지방에 의해서 재공급된다.

2) 운동 시의 에너지원

신체 에너지원들에 영향을 미치는 수많은 상호 작용 요인들이 있다. 식이, 과거의 트레이닝, 인슐린과 기타 호르몬들, 신체 에너지 저장, 근 섬유 형태, 운동의 강도와 기간, 그리고 그 밖의 여러 요소들이 영향을 미친다. 대부분의 경우 어떠한 에너지가 주로 사용되는가 결정하는 데는 운동의 강도가 중요점이다.

운동의 강도는 주어진 활동을 하는 비율, 스피드, 혹은 템포이다. 일반적으로 어떤 일을 보다 빠르게 할 때 에너지 소비의 비율은 높아지고, 그리고 근육 수축을 위해 보다 빨리 ATP를 생성해야 한다. 빠른 근육의 움직임은 높은 비율의 파워 생성이라는 특성을 갖는다. 만약 100m를 가능한 한 빨리 달리려면 짧은 시간 내에 최대의 스피드를 발휘해야 한다. 반대로, 만약 5Km를 달리는 것은 낮은 파워 생성 혹은 지구력에 기인한다는 특징을 갖는다.

운동을 위한 에너지원은 파워와 지구력에 관계가 있다. 파워를 위주로 하는 운동에서는 운동의 끝 부분에서 높은 비율의 에너지 소비가 일어나고, 반면에 지구력 위주의 운동에서는 운동의 끝 부분에서 낮은 비율의 에너지를 소비한다.

세 가지 에너지계, 즉 ATP-PC계, 젖산계, 산소계는 모두 대부분의 운동선수들이 활동할 때 단일적으로 혹은 복합적으로 사용된다. ATP-PC계와 젖산계 둘 다 높은 강도의 종목에서 즉각적으로 ATP를 생성한다. 그러나 총 ATP 생성 능력이 제한되어 있기 때문에 짧은 기간 동안만 사용된다. 운동의 수행에 관련해서 100m 달리기와 같이 짧고, 강력한 근육 움직임에는 ATP-PC계가 주 에너지원이 되고, 반면에 400m와 800m 같은 중거리 동안에는 젖산계가 주요 에너지원이 되기 시작한다. 최대의 파워 생성이 1~20초간 필요한 어떠한 운동 종목에서든지 ATP-PC계가 주 에너지원이 된다. 30~120초 동안 지속되는 운동에서는 젖산계가 주 에너지원이 되기 시작한다.

산소계는 다른 두 에너지계에 비해 느리게 ATP를 생성한다. 그러나 총 ATP 생성 능력은 가장 크다. 산소계는 신체 트레이닝을 통해 증가시킬 수 있다. 그래서 ATP 생성은 비교적 높은 강도의 운동에서 필요로 하는 것을 충족시킬 수 있다. 5분 이상 하는 지구력 형태의 운동에서는 주로 산소계에 의존한다.

참고문헌

김정숙 · 김현오 · 이선희 · 정현숙 · 이혜준 · 남정혜 · 이정실, 《생애주기영양학》, 광문각, 2007
이명천 · 김기진 · 김미혜 · 김영수 · 박현 · 이대택 · 조정호 · 차광석, 《운동영양학 길라잡이》, 라이프 사이언스, 2009
정현숙 · 민정기 · 허채옥 · 이난희 · 원선임 · 이경연, 《새로운 생애주기 영양학》, 수학사, 2010
한상철, 《운동과 영양》, 태근, 2005
김정희 · 임경숙 · 이홍미 · 조성숙 · 김창선, 《운동과 영양》, 파워북, 2011
이현옥 · 오세인 · 조혜경 · 최미경 · 김미현, 《생애주기 영양학》, 교문사, 2011
이연숙 · 임현숙 · 안홍석 · 장남수, 《생애주기 영양학》, 교문사, 2011
구재옥 · 김정희 · 변기원 · 손정민 · 이정원 · 이종현 · 최영선, 《생활주기 영양학》, 파워북, 2011
김갑순 · 김영현 · 김현오 · 김현주 · 안창순 · 정현숙 · 한정순, 《생애주기 영양학》, 지구문화사, 2009

CHAPTER

11

스트레스와 영양

1. 스트레스의 정의
2. 스트레스의 특성
3. 스트레스의 원인
4. 스트레스에 의한 증상
5. 스트레스 진단 방법
6. 스트레스 반응 기전
7. 스트레스와 영양 문제
8. 스트레스의 치료

CHAPTER

11

스트레스와 영양

2009년 국민건강 영양조사 결과에 의하면, 19세 이상 성인의 스트레스 인지율이 최근 3년간 꾸준히 증가하여 30% 이상으로 나타났으며, 여성이 남성보다 스트레스를 더 많이 느끼고 있는 것으로 나타났다. 현대 사회의 생활 속에서 스트레스는 피할 수 없다.

스트레스는 일상생활에서 일어나는 사건에 대한 특별한 생리적 혹은 심리적 반응으로, 외부에서 가해진 자극에 대해 생체 항상성의 불균형과 그 후에 일어나는 방어반응으로서의 생체가 나타내는 반응의 총칭이다. 인간은 모체에서 태어나는 순간부터 스트레스를 경험하며 일생을 통해 계속된다.

스트레스는 정신 건강뿐만 아니라 신체적인 건강에도 큰 영향을 미친다. 따라서 스트레스를 적절히 대처하는 것이 건강 유지에 매우 중요하다.

1. 스트레스의 정의

Hans Selye는 스트레스를 "인체에 주어지는 자극에 대한 비특이적 반응"이라고 정의하였다. 좋은 자극이든 나쁜 자극이든 인체는 이 자극에 적응해야 하며, 이때 나타나는 것이 스트레스 반응이라고 하였다.

2. 스트레스의 특성

스트레스는 자극에 대한 신체 구성 물질들의 반응이므로 자극에 적응하기 위해 신체 구성 물질들이 활성화된다. 자극은 좋을 수도 있고 나쁠 수도 있다.

3. 스트레스의 원인

스트레스 반응을 일으키는 요인 혹은 자극으로는 사회적 스트레스원, 심리적 스트레스원, 심리사회적 스트레스원, 물리적 스트레스원, 정신적 스트레스원 등이 있다.

이러한 스트레스 원인 중에서 가족이나 친구의 죽음 등이 매우 정도가 심한 스트레스이다.

4. 스트레스에 의한 증상

스트레스에 의한 생리적 증세로는 구토·설사와 같은 소화기계 이상, 불규칙한 수면, 근육 강직, 두통이 나타나며, 뒷골이 땅기고 뻐근하며, 현관이 수축되거나 심장박동이 빨라지는 등의 심혈관계 반응이 나타난다. 이는 스트레스 시에 교감신경을 흥분시켜 아드레날린의 분비를 증가시키기 때문이다.

1) 심장박동의 증가

혈액의 공급을 증가시켜 심작박동이 불규칙하게 되고 가슴이 뛴다. 장기적으로 스트레스를 받으면 심장 부정맥과 심장마비 등이 올 수 있다.

2) 팔, 다리 통증

대근육으로 가는 혈액이 증가하여 팔, 다리 등에 경련이 오며 장기적으로 스트레스를 받으면 팔, 다리 등의 통증이 오게 된다.

3) 두통

뇌로 가는 혈액이 증가하여 뇌의 활동을 촉진하게 되나, 오래 지속되면 두통이 오고 장기적으로 스트레스를 받으면 뇌졸중 등이 올 수 있다.

4) 신장 기능 장애

증가된 혈액을 여과시키기 위해 신장 기능이 항진되며 장기적으로 스트레스를 받으면 신장 기능에 장애가 올 수 있다.

5) 수족 냉증

대근육이나 뇌로 가는 혈액량이 증가하므로 말초 조직으로 가는 혈액량이 감소하여 손발이 차고 축축해진다.

6) 심근경색, 뇌경색

혈액 내에 응고 요인이 증가하기 쉬우므로 심장혈관이나 뇌혈관이 막힐 수 있다.

7) 면역 체계 항진

감염 등을 극복하기 위해 면역 작용이 증가하게 된다.

8) 위장계 기능 감소

스트레스를 극복하기 위한 에너지를 공급하기 위해 간의 당 신생이 증가하고 글리코겐 합성은 감소하므로 스트레스성 당뇨 등이 나타난다. 소화가 잘 안 되고 변비나 위궤양 등의 증상이 나타날 수 있다.

5. 스트레스 진단 방법

구분	징 조	체크	평가
신체	숨이 막힌다.		4개 이상이면 스트레스 수준이 심각하다.
	목이나 입이 마른다.		
	불면증이 있다.		
	편두통이 있다.		
	눈이 쉽게 피로해진다.		
	목이나 어깨가 자주 결린다.		
	가슴이 답답해 토할 기분이다.		
	식욕이 떨어진다		
	변비나 설사가 있다.		
	신체가 나른하고 쉽게 피로를 느낀다.		
	반론이나 불평, 말대답이 많아진다.		
행동	일의 실수가 증가한다.		4개 이상이면 스트레스 수준이 심각하다.
	주량이 증가한다.		
	필요 이상으로 일에 몰입한다.		
	말수가 적어지고 생각에 깊이 잠긴다.		
	말수가 많아지고 말도 되지 않는 주장을 펼칠 때가 있다.		
	사소한 일에도 화를 잘 낸다.		
	화장이나 복장에 관심이 없어진다.		
	사무실에서 개인적인 전화를 하거나 화장실에 가는 횟수가 증가한다.		
	결근, 지각, 조퇴가 증가한다.		
	언제나 초조한 편이다.		
심리 · 감정	쉽게 흥분하거나 화를 잘 낸다.		4개 이상이면 스트레스 수준이 심각하다.
	집중력이 저하되고 인내력이 없어진다.		
	건망증이 심하다.		
	우울해지고 쉽게 침울해진다.		
	뭔가 하는 것이 귀찮다.		
	매사에 의심이 많고 망설이는 편이다.		
	하는 일에 자신이 없고 쉽게 포기하곤 한다.		
	무언가 하지 않으면 진정할 수가 없다.		
	성급한 판단을 내리는 경우가 많다.		

〈보건복지부〉

6. 스트레스 반응 기전

1) 쇼크기

Hans Selye의 스트레스 학설에 의하면 신체는 자극이 가해지면 자극의 종류에 따라 저항하거나 적응하는 공통된 반응이 나타나는데 이것을 범적응 증후군이라 한다. 스트레스가 가해지면 신체는 자극에 저항하거나 적응해서 조직 단백질의 이화 작용이 촉진되어 저항력은 떨어진다. 이 시기를 '쇼크기'라고 하며 자극의 강도에 따라 몇 분에서 24시간 정도 걸린다.

2) 저항기

지속되는 스트레스에 견디고 있는 시기로 회복기에 들어가기 전 단계이다. 부신피질호르몬인 cortisol의 작용으로 에너지 공급이 활발하게 일어나고 신체는 방어기구를 작동하여 스트레스에 순응한다. 이 시기에는 부신의 비대, 근육단백질이나 혈중 알부민 등 체단백질의 소모, 저장 지방의 감소, 부신피질호르몬의 전구체인 콜레스테롤의 양, 비타민 C의 감소가 뚜렷하다.

3) 회복기

스트레스가 제거되면 회복기에 들어간다. 모든 장기의 기능이 회복되고 체력은 스트레스가 가해지기 전보다 증강되어 다음 스트레스에 대처할 수 있는 체제를 형성한다. 단백질의 동화 작용으로 근육단백질이 회복되고 지방의 이화 작용도 감소하여 체지방이 축적되며 체중도 원래의 상태에 가까워진다.

4) 피로기

스트레스가 오랫동안 강하게 지속되면 신체는 적응 능력을 초월해서 피로가 생기고 부신의 비대와 흉선, 림프절, 비장 등의 림프 조직이 위축된다. 심리적 스트레스는 위액 분비를 증가시키기 때문에 위·십이지장에 출혈 또는 궤양이 생길 수 있다.

7. 스트레스와 영양 문제

1) 음식의 과다 섭취 혹은 음식 거부

심리적 압박감으로 음식을 많이 먹게 되는데 특히 고당질성 간식을 선호하는 경향이 많아 비만이 될 수 있다. 반면에 스트레스를 받으면 식욕을 잃게 되는 경우도 있는데 이 경우에는 음식을 먹지 않는 거식 증상이 나타난다.

2) 알코올 섭취

적당량의 알코올 섭취는 스트레스를 해소할 수 있으나 알코올이 열량은 높고 다른 영양소는 없으므로 과음은 영양 불균형을 유발하고 비만을 초래하게 된다.

3) 흡연 증가

스트레스를 받으면 이를 해소하기 위해 흡연이 증가되는 경우가 많다.

8. 스트레스의 치료

스트레스를 줄이기 위해서는 먼저 스트레스의 원인을 파악하고 무엇이 스트레스를 주는지를 이해함으로써 현실적인 대처 방법을 모색해야 한다. 아울러 스트레스를 긍정적으로 해소할 수 있는 운동, 휴식, 음악 감상 등의 취미 생활을 통하여 자기 나름대로의 해소 방법을 찾는다.

스트레스는 정신적, 신체적으로 많은 영향을 미치고 있고, 식사 행동이나 영양 섭취에도 문제가 있으므로 영양관리는 매우 중요하다. 스트레스 상태에서는 양질의 단백질, 칼슘, 비타민 A, 비타민 B군을 충분히 섭취하도록 하며 하루 3끼를 균형되고 규칙적으로 섭취하도록 한다. 스트레스로 식욕이 저하될 때는 과즙, 과일 등으로 충분한 수분의 섭취와 감미, 산미로 식욕을 촉진시키며 소모되는 비타민 C를 충분히 공급한다. 음식은 신선하고 다양하게, 향신료나 약간의 자극성 식품을 이용하는 것도 식욕을 돋우는 한 방법이 될 수 있다.

1) 열량

스트레스를 받으면 체내 대사가 항진되므로 에너지 공급을 증가시켜야 한다. 스트레스 상태에서는 부신피질호르몬의 분비가 증가하여 기초대사가 일시적으로 30~40% 정도 증가하므로 충분한 열량이 필요하며 증가된 열량 대사에 필요한 비타민과 무기질의 공급이 충분하여야 한다.

2) 당질

정상 상태에서 뇌는 포도당이 유일한 열량원이다. 뇌세포에 공급되는 포도당이 너무 적으면 뇌가 충분히 활동을 할 수 없고, 너무 많으면 뇌의 작용이 과잉이 되어 신경과민이나 초조감 등이 발생할 수 있으므로 적정량을 섭취하도록 한다. 그리고 설탕과 같이 정제된 당의 섭취는 비타민 B군과 칼슘의 요구량을 증가시키므로 주의한다. 당의 공급 과잉은 뇌기능 과중으로 신경 과민, 화를 잘 내고 불안정한 상태 등의 장해를 보이므로 당의 과잉 섭취는 피하도록 한다.

3) 단백질

스트레스를 받으면 뇌하수체에서 부신피질자극호르몬을 분비하고 이에 의해 부신피질호르몬의 분비가 증가하므로 근육단백질이 분해되어 혈중 아미노산이 증가되고 질소 배설은 증가한다. 스트레스 상태에서는 질소가 6~20% 손실된다고 보고되고 있다.

단백질은 스트레스 완화 작용이 있으므로 단백질 섭취를 충분히 하면 스트레스에 대항할 수 있다. 스트레스에 대한 저항력을 증진시키기 위하여 간, 혈액, 피부, 근육 등에 저장 단백질을 증가시키는 것도 유효하며 영양과 동시에 체력에 적합한 운동도 중요하다. 특히 동물성 단백질, 대두 단백질을 충분히 섭취하여 필수아미노산이 충족되도록 한다.

4) 지방

포화지방산이나 콜레스테롤을 적게 섭취하고 불포화지방산의 섭취로 필수 지방산을 섭취하도록 한다.

5) 비타민 A

비타민 A의 섭취로 부신피질호르몬인 cortisol 합성이 저하된다는 보고와 광 자극에 비타민 A가 소모된다고 보고되고 있다. 또한, 비타민 A는 상피세포나 점막의 재생에 관여하므로 질병의 저항력과 위나 십이지장 궤양에 대하여 효과가 있으므로 충분히 섭취하도록 한다.

6) 비타민 B군

스트레스를 받으면 체내 신진대사가 항진되어 비타민 B군의 요구량이 증가한다. 비타민 B군은 신경 안정 유지에 필요한 영양소다. 비타민 B군의 섭취 부족 시 정서적 장애를 가져올 수 있고 스트레스 시에는 체내의 신진대사가 항진됨에 따라 비타민 B_1, B_2, B_6, 니아신, 엽산의 소모가 많아진다. 비타민 B_1의 결핍은 뇌신경세포 당 대사의 이상으로 뇌신경 장애를 일으킬 수 있다. 특히 스트레스를 받아서 단 음식 등의 당질 섭취가 많을 때는 비타민 B_1의 소비가 증가하므로 충분히 섭취하도록 한다. 비타민 B_6은 아미노산 대사에 관여하여 여러 가지 신경전달 물질의 생성이 떨어지고 뇌의 중추신경 장애가 일어난다. 니아신도 뇌 작용에 중요하므로 부족 시에는 현기증, 환각증, 착란 등의 정신 증세를 보인다.

7) 비타민 C

비타민 C는 부신과 뇌하수체에 고농도로 함유되어 있으므로 스트레스를 받으면 부신의 비타민 C의 농도가 감소하므로 비타민 C를 충분히 섭취하도록 한다. 이는 부신피질 호르몬의 합성 또는 부신수질 호르몬의 생성 시에 산화, 환원 반응에 이용, 소모되므로 그 농도가 감소하는 것이다. 호르몬계에서 비타민 C의 소비는 골격 중의 콜라겐 생성에 중요한 성분이고, 골격 중의 칼슘량도 감소되므로 골다공증이나 골격에 질병을 일으키기 쉽다. 그리고 비타민 C는 스트레스로 신진대사가 항진될 때도 크게 소비되므로 강하고 지속적인 스트레스는 그 섭취량을 증가시켜야 한다.

참고문헌

보건복지부, 〈2007년도 국민건강 · 영양조사 보고서〉, 2010

이영남 · 김경희, 〈외식업체에서 성인의 스트레스 및 식습관을 고려한 메뉴 개발 필요성에 관한 기초연구〉, 동아시아 식생활학회지 15(6) : 773~781, 2005

보건복지부, 〈2006년도 주민건강증진센터 시범사업 안내〉

구재옥 · 김정희 · 변기원 · 손정민 · 이정원 · 이종현 · 최영선, 《생활주기영양학》, 파워북, 2011

【저자소개】

정지영 창원문성대학교 식품영양과 교수
최향숙 경인여자대학교 식품영양과 교수
이정실 동우대학교 호텔조리과 교수
김소영 한국국제대학교 식품영양학과 교수
박혜진 창신대학교 식품영양학과 교수
김미옥 대구보건대학 호텔외식조리학부 교수

생애주기영양학

2012년 3월 12일 1판 1쇄 인쇄
2012년 3월 15일 1판 1쇄 발행

지은이: 정지영 · 최향숙 · 이정실 · 김소영
박혜진 · 김미옥
펴낸이: 박정태

펴낸곳: **광 문 각**

413-756
경기도 파주시 문발동 파주출판문화도시
500-8번지 광문각빌딩 4층
등 록: 1991. 5. 31 제12-484호
전화(代): 031)955-8787
팩 스: 031)955-3730
E-mail: kwangmk@unitel.co.kr
홈페이지: www.kwangmoonkag.co.kr

ISBN : 978-89-7093-670-3 93590

정가 : 21,000원

KSPA 한국과학기술출판협회회원